# 配电自动化系统运维工作手册

国网甘肃省电力公司　组编

## 内 容 提 要

本书为配电自动化作业应用辅导书，内容涵盖系统知识和专业技能，主要用于指导配电自动化运维技术人员现场工作。本书依据配电自动化岗位要求及员工培训需求，全面介绍了配电自动化运维人员必须掌握的理论知识及规范化、标准化的工作流程，重点从主站运维和终端运维两方面详细讲述了运维人员所需掌握的现场运行及维护技能。全书共分五章，包括配电自动化基础知识、配电自动化运维管理、配电自动化故障处理、配电自动化系统运维能力提升和新型配网。

本书内容翔实，符合配电自动化一线运维人员现场工作需求，具有较强的实用性，可供从事配电自动化运维人员及自动化相关电力工作者学习和参考。

**图书在版编目（CIP）数据**

配电自动化系统运维工作手册 / 国网甘肃省电力公司组编. —北京：中国电力出版社，2023.11
ISBN 978-7-5198-7941-9

Ⅰ. ①配… Ⅱ. ①国… Ⅲ. ①配电自动化–技术手册 Ⅳ. ①TM76-62

中国国家版本馆 CIP 数据核字（2023）第 118339 号

出版发行：中国电力出版社
地　　址：北京市东城区北京站西街 19 号（邮政编码 100005）
网　　址：http://www.cepp.sgcc.com.cn
责任编辑：杨淑玲（010-63412602）
责任校对：黄　蓓　王海南
装帧设计：王英磊
责任印制：杨晓东

印　　刷：三河市航远印刷有限公司
版　　次：2023 年 11 月第一版
印　　次：2023 年 11 月北京第一次印刷
开　　本：787 毫米×1092 毫米　16 开本
印　　张：13.75
字　　数：326 千字
定　　价：88.00 元

## 编辑委员会

主　　任　张祥全
副 主 任　王赟中　朱建军　牛继恩
委　　员　孙柏林　纪青春　吴建军　周　虎
　　　　　赵　军　李　玺　张　武

## 编写组主要成员单位

组编单位　国网甘肃省电力公司
主编单位　国网甘肃省电力公司电力科学研究院

## 编写人员

主　　编　朱建军　吴建军
副 主 编　周　虎　马振祺　范迪龙
编写人员　李雪埌　张光儒　张家午　陈　杰
　　　　　任浩栋　黄亚飞　孙巍巍　张艳丽
　　　　　周家戍　高　磊　梁有珍　陈青云
　　　　　满建越　杨　壮　刘彬煜　刘　玲
　　　　　秦沛琪　王　超　欧阳卫年　李　杰
　　　　　李高明　彭飞进　颜　亮　何　洁

# 前　言

配电自动化是提高配网供电可靠性、提升配网运行管理水平的有效手段，也是实现智能配网的重要基础之一，在国内各大城市的配网中得到了广泛应用。随着配电自动化建设规模的不断扩展，其运维管理体系的重要性日益显现。为积极服务配网精益化运维管理对人才的需求，提升配电自动化队伍的运维水平，国网甘肃省电力公司组织配电自动化运维专家，国网甘肃省电力公司电力科学研究院主持工作，面向一线配电自动化运维技术员，基于理论分析，结合现场实际，编写了本书。

本书为配电自动化作业应用辅导书，内容涵盖系统知识和专业技能，主要用于指导配电自动化运维技术人员现场工作。本书根据配电自动化岗位要求及员工培训需求，全面介绍了配电自动化运维人员必须掌握的理论知识及规范化、标准化的工作流程，深入剖析现场调试验收、运行管理及维护、故障处理等工作要点，使一线员工通过全方位的学习，掌握配电自动化的关键技术，切实提升配电自动化运维专业建设成效，促进配电自动化技术的发展及落地。

本书主要内容包括：绪论，介绍配电自动化技术的发展历程和趋势；第 1 章梳理配电自动化基础知识；第 2 章结合实际工作经验，详细讲解配电自动化运维管理的方法、流程、要求、注意事项等；第 3 章归纳了配电自动化不同类型故障的研判和处理方法；第 4 章综合分析配电自动化系统运维能力的提升；第 5 章介绍了新型配网，对配电自动化未来的发展进行技术展望。

在本书编写过程中，编写组进行了多方调研，广泛收集相关资料，并在此基础上进行讨论、总结和分析，以期所写内容能够使配电自动化运维人员熟知配电自动化的理论知识和运维技能，为配电自动化运维人才的培养提供教材支撑。但配电自动化技术标准在逐步完善，相关技术成熟度也在不断提高，书中所介绍的内容可能有所欠缺，恳请读者理解，并衷心希望广大读者提出宝贵的修改、调整、补充意见。

编者

2023 年 9 月

# 目　录

# 绪　论

1. 配电自动化技术发展历程

配电自动化（Distribution Automation，DA）是以一次网架和设备为基础，以配电自动化系统（Distribution Automation System，DAS）为核心，利用计算机及网络技术、通信技术、现代电子传感器技术等，将配网设备的实时、准实时和非实时数据进行信息整合和集成，实现对配网正常运行及故障情况下的监测、保护及控制等。

目前，典型的配电自动化系统总体架构如图 0－1 所示，主要包含生产控制大区和信息管理大区，两者一体化运行。生产控制大区部署地市级配电自动化系统（Ⅰ区），实现中压配网的感知控制、综合告警分析、负荷转供、分布式电源接入与控制、馈线自动化等功能；管理信息大区部署省级配电自动化系统（Ⅳ区），实现低压配网监控、设备状态管理、负荷精准控制、配网运维管理等功能。

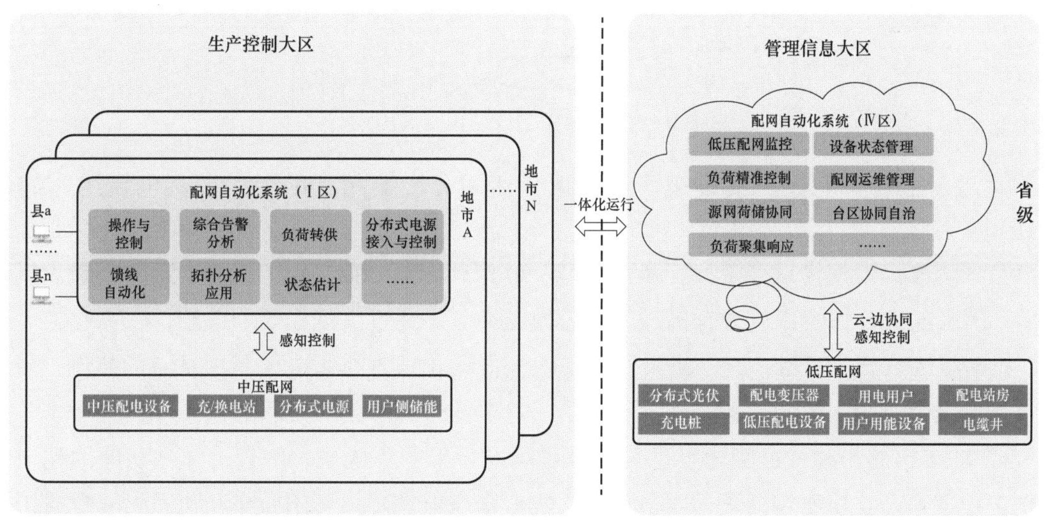

图 0－1　配电自动化系统总体架构

我国配电自动化技术起始可以追溯到 20 世纪 80 年代，到 20 世纪 90 年代中后期开展了大规模的试点工作。截至目前，我国的配电自动化技术在大规模应用的同时，仍在不断研究和探索。配电自动化技术在我国的发展大致可分为起始探索、大规模试点和智能配网建设三个阶段，如图 0－2 所示。

第一阶段：起始探索阶段，从 20 世纪 80 年代末期到 20 世纪 90 年代。20 世纪 80 年代末，石家庄和南通引入馈线重合闸和分段器试点。1996 年我国第一套馈线自动化系统

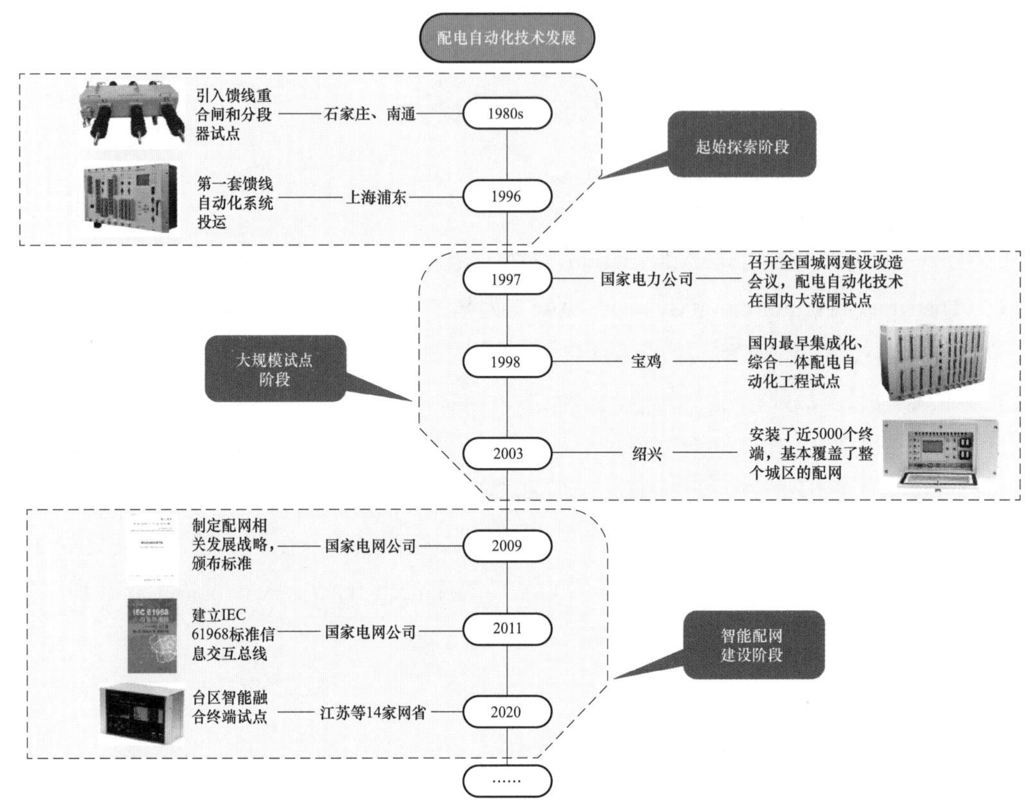


图 0-2　我国配电自动化发展历程

在上海浦东金藤工业区正式投运，通过重合器和分段器相互配合实现对电缆线路的故障处理。

第二阶段：大规模试点阶段，从 20 世纪 90 年代末至 2005 年。1997 年亚洲金融危机爆发后，国家电力公司组织召开全国城网建设改造会议，通过大规模城网改造，以实现扩大内需、拉动经济增长的目标，这一决议促进了配电自动化技术在国内大范围试点的热潮，多个城市开始大范围引入试点工程。

1998 年宝鸡市建成的配电自动化系统是国内最早的集成化、综合一体化功能的配电自动化工程试点，其功能包括了馈线自动化、配电变压器巡检、开闭所自动化、配网数据采集与配电 SCADA、配网仿真和优化、配电地理信息系统和用户故障修复等，系统实现了各子系统之间的信息和功能共享。

2003 年之前，国内有超过 100 个地级及以上城市开展了配电自动化试点工作，其中浙江绍兴在配电自动化试点过程中安装了接近 5000 个配电自动化终端，基本覆盖了整个城区的配网。

第三阶段：智能配网建设阶段，从 2009 年至今。2009 年国家电网有限公司明确提出建设“具有信息化、自动化、互动化的智能电网”，做出建设坚强智能电网发展规划，制定了配网相关发展战略，颁布了 Q/GDW 382—2009《配电自动化技术导则》等一系列标准，初步形成了配电自动化标准体系。在配网一次设备和馈线终端更加先进、网架结构日趋合理、相关理论研究取得突破和形成标准体系的前提下，配电自动化建设迎来了新一轮高潮。

2009～2011 年国家电网公司将北京、杭州、厦门和银川 4 个城市作为第一批试点地区，重启了配电自动化建设；将上海、天津、重庆、成都等 19 个城市作为第二批试点地区。此次试点与上一阶段相比，在配电自动化主站、终端、通信网络、测试技术、工程管理和实用性方面取得了显著进步，为配电自动化系统的实用化奠定了坚实的基础。

2011 年以后国家电网公司聚焦于配电自动化的实用化，建立了符合 IEC 61968 标准的信息交互总线，要求信息系统进行统一标准的信息交互，具有完备和实用的故障处理应用模块。同时，逐步开展配电自动化各项技术的完善，推进了配电自动化系统在全国范围的推广应用。

2012 年，国网江苏省电力有限公司先后在扬州、苏州、无锡等地开展了“一流配电网”建设工作，初步构建了统筹高效的“一流配电网”运营管理模式，到 2017 年江苏省配电自动化覆盖率已经达到 100%。作为配电自动化建设开展较早的省份之一，福建省在 2015 年年底已安装投运 DTU 7500 余个、FTU 300 余个、故障指示器 30 000 多台，市区的配电自动化覆盖率约 75%，县域约 43%。

同时，为了更好实现对配电台区设备运行状态进行监测、分析，国家电网公司下发一系列文件，推进台区智能融合终端发展应用。2018 年，国家电网公司明确提出了“探索实践以智能配变终端为核心的配电物联网技术”“构建低压配电网运行监测体系”相关要求。2020 年以来，台区智能融合终端在国网山东、江苏、浙江电力等 14 家电力公司开展了试点验证工作，并为规模化推广应用奠定了基础。到 2020 年年底，国家电网有限公司（简称国家电网公司）完成 43.6 万个台区智能融合终端建设。

2022 年 3 月，国家电网公司发布了《台区智能融合终端通用技术规范（2022）》和《台区智能融合终端功能模块通用技术规范（2022）》，规范了台区智能融合终端的设计、制造和测试等工作，并对其各类模块提出通用性和差异性要求。

随着配电自动化系统的发展，台区智能融合终端、馈线终端设备、智能传感器等设备的应用，智慧台区、智慧站房等工程也随之兴起，配网设备全景监测能力与日俱增，配网“透明化”程度越来越高，为配电物联网建设落地提供了可靠保障。

2. 配电自动化发展趋势

随着科技的不断进步，配电自动化发展应用展现出多样化、集成化、智能化、数字化的新特征，如图 0－3 所示。

（1）应用多样化。尽管我国配电自动化技术的发展经历了三个阶段，但是由于不同地区经济发展水平、电网网架结构参差不齐，单一的配电自动化技术无法满足不同地区的差异化需求，因此我国配电自动化技术呈现出应用多样化的特征，不同的技术有其适应范围。

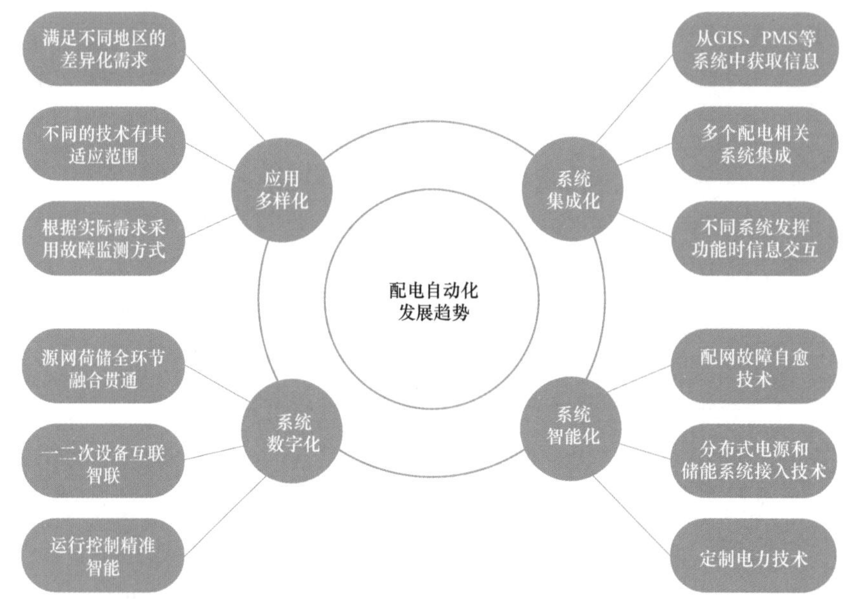


图 0-3　配电自动化发展趋势

不同供电区域根据需求选择集中型、就地型等馈线自动化方式外，基于简单实用的“二遥”配电终端（故障指示器）实现故障定位的配网故障定位技术仍在不少地区发挥重要作用。

（2）系统集成化。配电自动化系统不是单一的实时监控系统，而是将营销系统、供电服务指挥系统、PMS、GIS 等多个与配电有关的应用系统集成起来形成综合应用的系统。为了规范各应用系统间的集成和接口，国际电工委员会制定了 IEC 61968 系列标准，提出运用信息交换总线（即企业集成总线）将若干个相对独立、相互平行的应用系统整合起来，使每个系统在发挥自身作用的同时，还可实现信息交互，形成一个有效的应用整体。不仅减少了系统之间的接口数量，而且具有标准化、互换性强和便于扩展等优点。

（3）系统智能化。配电自动化与实现智能电网密切相关，主要表现在三个方面：一是配网故障自愈技术，即利用自动化装置或系统，监视配电线路的运行状况，及时发现线路故障，定位出故障区间并将故障区间隔离，在减少人为操作的同时使得电网能够快速恢复正常运行，降低电网扰动或故障对用户的影响。二是分布式电源和储能系统的接入技术。分布式电源和储能系统不断发展应用，为配电自动化技术提出了新的要求，配电自动化技术应能够实现对有源配电网的管理和控制，优化配电网运行。三是定制电力技术。定制电力技术应用于配电自动化系统中，可以实现系统实时优化，满足高层次用户的需求。

（4）系统数字化。目前新型电力系统下分布式新能源的高比例渗透、电力电子设备的高比例接入、电力与电子装备的高度融合以及多元产销用户的出现为配电自动化带来了深刻变革和重大挑战。未来适应新型电力系统的配电自动化技术需能实现源网荷储全环节融会贯通、一二次设备互联智联、运行控制精准智能等，促进海量配电终端设备、系统、数据的全天候、跨区域、跨系统全面感知、在线监测、精准预测、智能调控和弹性供给，有效化解分布式能源接入与电动汽车并网带来的复杂性和不确定性。

3. 甘肃配电自动化建设历程及现状

（1）甘肃配电自动化建设历程。

为贯彻国家发展改革委和能源局相关文件精神，2017 年，国家电网公司运检部下发《国网运检部关于做好“十三五”配电自动化建设应用工作的通知》等文件，要求全面开展配电自动化建设，在“十三五”末，实现公司配电自动化整体覆盖率达到 90% 以上。

国网甘肃省电力公司（简称甘肃公司）紧密围绕国家发展改革委、国家电网公司相关文件和要求，大力推进配电自动化建设。“十三五”期间，甘肃公司着力建设实用型简易配电自动化，在遵循配电自动化与配网网架“统筹规划、同步建设”的原则基础上，秉承节约投资、功能适用的理念，差异化、分步骤逐年实施，推进配网故障定位系统建设和深化应用，实现 10kV 配网故障的监测与定位。

2016 年，甘肃公司实现县域配网故障定位系统子站全覆盖，并相继接入 1115 条配电线路，配套安装 10 575 套故障指示器及 187 台单相接地信号源。

2017 年，县域配网故障定位系统线路覆盖率达到 53.34%；单相接地信号源覆盖率达到 26.84%。

2018 年，在国网甘肃省电力科学研究院建成配网故障定位系统主站（故障定位监控平台），实现对全省所有子站的监测与管理。县域配网故障定位系统线路覆盖率达到 91.88%；单相接地信号源覆盖率达到 82.32%。

2019 年以来，不断完善、深化配网故障定位系统应用，为配网检修、生产管理提供辅助决策信息，在配网运维检修、故障定位与抢修、重大事件保供电、供电可靠性提升等方面发挥重要作用。

“十四五”期间，按照国家电网公司配电自动化建设工作要求，甘肃公司继续深入推进配电自动化建设。自 2021 年开始，在持续深化应用配网故障定位系统的基础上，全面推进故障自愈型配电自动化建设，通过配电自动化主站部署完善及馈线终端（FTU）、站所终端（DTU）、一二次融合成套设备安装应用，逐步实现公司配网由故障定位向故障自愈转变升级。

“十四五”期间，甘肃公司以“就地型为主，集中型为辅”为整体思路，按照差异化原则推进配电自动化建设。在偏远落后地区或自动化改造困难区域，进一步深化“保护级差＋远传型故障指示器”的应用，充分发挥故障指示器对接地故障的快速、准确定位能力，提升配电线路单相接地故障处置效率。城网电缆线路，鼓励采用“级差保护＋集中型馈线自动化”或智能分布式馈线自动化模式，实现全自动故障处置；城网架空线路和农网线路，因地制宜推广“级差保护＋就地型馈线自动化”或“级差保护＋集中型馈线自动化”，实现人工少参与或不参与的故障处置模式。

同时，甘肃公司大力开展 10kV 配电变压器台区智能融合终端建设应用，配电变压器台区智能融合终端覆盖率大幅提高。依托配电自动化主站、台区智能融合终端、各类智能传感器等先进系统和设备，试点建设智慧台区，实现配电变压器台区设备全景监测，致力于打造数字化、智能化、透明化配电网。

（2）甘肃配电自动化建设现状。

目前，甘肃公司已建成配网故障定位系统，实现10kV线路故障的监测与定位。同时，建成配电自动化云主站系统，已具备实现故障自愈型配电自动化建设与改造的条件。

1）配网故障定位系统建设现状。甘肃公司配网故障定位系统由配网故障定位系统主站、配网故障定位系统子站、配电线路故障指示器等组成。系统通过故障指示器获取10kV线路实时运行数据，通过配网故障定位子站转发信息至集中监控平台主站（配网故障定位系统主站），实现故障拓扑、故障定位、数据分析，将故障定位结果发送至配网运维人员手机，为配网抢修及运维提供辅助决策信息。甘肃公司配网故障定位系统短路故障及接地故障处理流程分别如图0-4和图0-5所示。

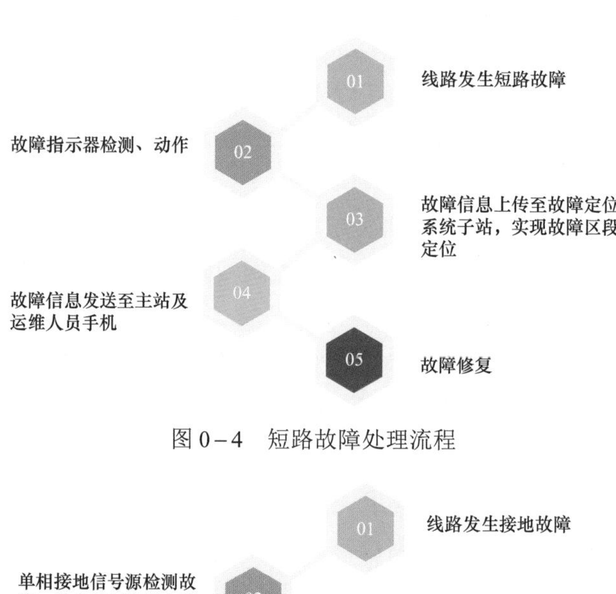


图0-4　短路故障处理流程

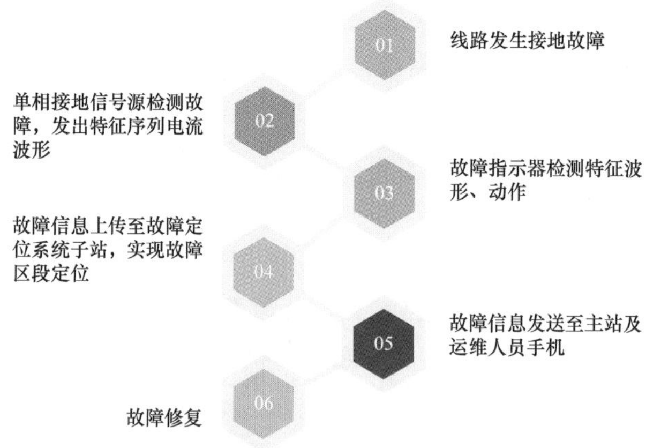


图0-5　接地故障处理流程

公司配网故障定位系统总体架构如图0-6所示，图中L1，L2，…，L87为在各个县市建成的故障定位系统子站。

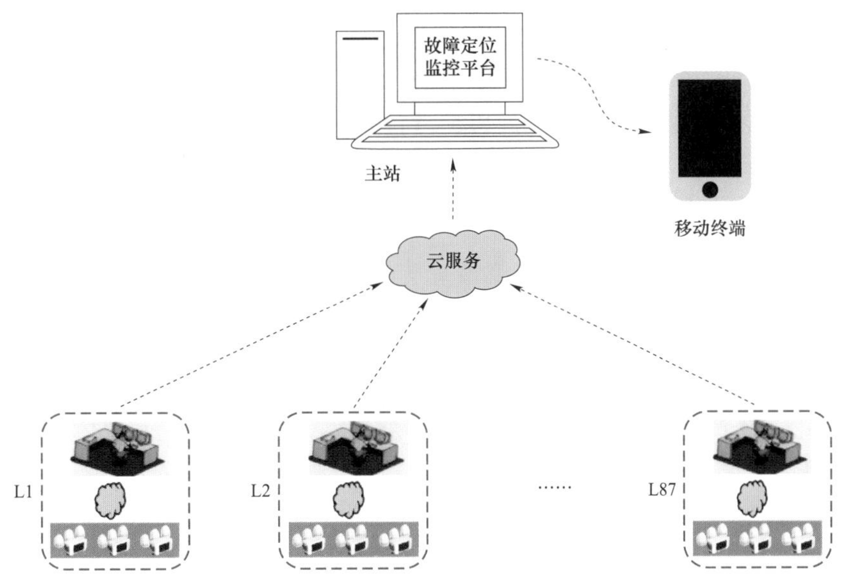


图 0-6　配网故障定位系统总体架构图

配网故障定位系统包括 1 个配网故障定位系统主站和 87 个县域故障定位系统子站。子站部署于各县公司，负责所辖范围内的故障指示器、单相接地信号源接入，实现该地区 10kV 线路的故障监测与定位。主站部署于省电科院，负责 87 个故障定位系统子站的接入与管理，实现全省接入线路图模管理、故障监测、设备运行状态监测、终端管理、告警及统计分析等功能，同时具备内网远程 Web 浏览功能，为市州公司及县公司提供故障浏览监测界面。

2）配电自动化系统建设现状。2021 年以来，甘肃公司加快配电网智能化改造，依托配农网工程及智能化改造，新建或升级改造配电自动化终端 3 万余台；同时为实现配网全业务信息的统一管控，建成基于大Ⅳ区的配电自动化云主站系统，为配电自动化技术的深化应用打下了坚实的基础。

① 配电自动化主站。甘肃公司按照“1+*N*”体系建设配电自动化主站，即在市（州）公司层面，由各单位建设配电自动化Ⅰ区监控主站，实现就地配网调度监控、运行状态管控等功能。在甘肃公司层面，建设基于大Ⅳ区的配电自动化云主站系统，实现全省设备状态管控、故障定位分析、自动化运维、低压运维管控、新能源接入、新业态创新等业务。

目前，甘肃各市（州）公司配调/县调使用系统主要有三类，各单位系统类型及建设现状见表 0-1。甘肃公司于 2022 年建成配电自动化云主站系统，已具备相关数据接入条件，并于 2022 年底投入运行。

表 0-1　国网甘肃省电力公司配网系统建设现状

| 序号 | 市（州）公司 | 系统类型 |
|---|---|---|
| 1 | 兰州、白银、平凉、酒泉、庆阳、新区公司 | D5200、OPEN3200 |
| 2 | 天水、嘉峪关 | OMS2.0 |
| 3 | 定西、武威、张掖、金昌、陇南、临夏、甘南 | D5000、OPEN3000、CSGC-3000E |

“1+$N$”体系的配电自动化系统可实现全省配网全量设备“可观、可测、可控”，支撑配网业务向“工单驱动”转型，通过业务工单的发起、执行、跟踪、督办，对配网运检业务进行数字化、透明化、痕迹化管控，保障甘肃公司配电自动化建设及应用水平，提高配网精益化运管理水平。

② 配电自动化终端。截至 2022 年 12 月，甘肃公司已实现“故障定位监测+配电自动化”100%全覆盖。目前，共接入各类配电自动化终端 3 万余台。

目前，对已建成配电自动化Ⅰ区监控主站的市（州）公司，安装的配网开关类终端（FTU、DTU）接入各自已有主站，台区智能融合终端统一接入省公司配电自动化云主站系统。对Ⅰ区主站尚未建成单位，暂时将开关类终端和台区智能融合终端全量信息接入配电自动化云主站系统，待市（州）配电自动化Ⅰ区主站建成后将配网开关类终端信息整体迁移至配电自动化Ⅰ区主站系统。

# 第1章　配电自动化基础知识

配电自动化系统主要由配电自动化系统主站、配电自动化系统子站（可选配）、配电自动化终端［馈线终端、站所终端、配电变压器终端（简称配变终端）等］和通信网络等部分组成，如图1.0－1所示。配电自动化系统集配电数据采集与监视控制（Supervisory Control and Data Acquisition，SCADA）、馈线自动化（Feeder Automation，FA）、配网分析应用和智能化功能等为一体，可以支撑配网调控运行、故障抢修、生产指挥、设备检修、规划设计等业务的精益化管理。

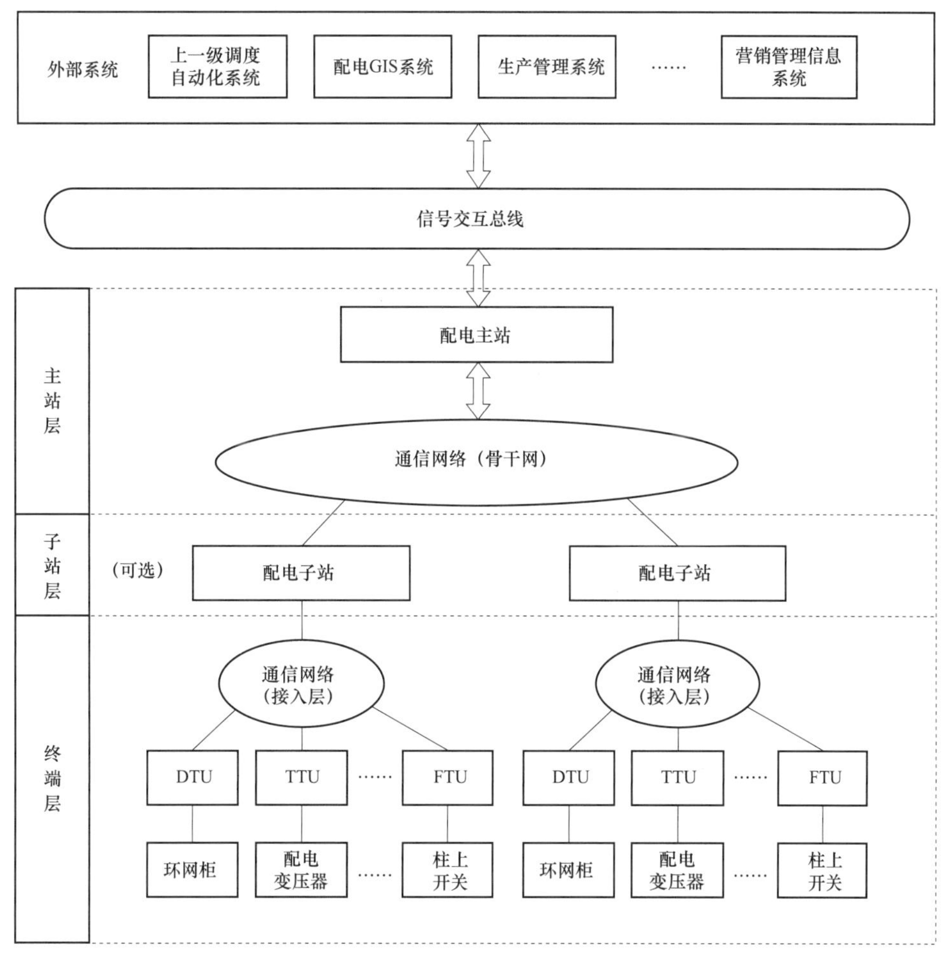


图1.0－1　配电自动化系统架构

# 1.1 配电自动化主站

## 1.1.1 定义和架构

配电自动化系统主站（简称配电主站）是配电自动化系统的核心部分，在配电自动化系统中对采集到的配网终端数据进行加工、处理，形成可以为调度控制人员提供配网运行状态监视分析和远方控制调节的计算机子系统，为运行控制和运维管理提供一体化应用，满足配网运行状态监视和运行状态管控需要。

主站主要由计算机硬件、操作系统、支撑平台软件和应用软件组成，具备横跨生产控制大区与管理信息大区的一体化支撑能力，满足配网的运行监控与运行状态管控需求。配电自动化主站从应用方面分为生产控制大区（一区）、安全接入区、管理信息大区（四区）三个部分。在建设方面分为三种模式：$N$+1 配电主站四区在省公司统一部署，地区公司部署一区系统；$N$+$N$ 配电主站一、四区在地市公司部署；1+1 配电主站一、四区均在省公司统一部署，地区公司仅部署工作站。

配电主站支撑平台包括系统信息交互总线和平台基础服务，完成数据采集与监控数据处理、实时数据库处理等功能。应用软件包括配网运行监控与配网运行状态管控两大类应用，完成操作与控制、事故反演、告警服务、系统运行管理、单相接地故障分析、停电分析、信息共享与发布等功能。

新一代配电自动化系统采集的配电终端数据信号通过有线或无线网络通道以规约报文形式输送到主站系统安全接入区的前置服务器，安全接入区前置服务器将收到的规约报文打包成文件并通过隔离装置传送至系统管理控制大区，此时的数据信号没有经过处理，称为生数据。生数据经过生产控制大区的前置服务器处理后成为熟数据，并送入配网安全监控和数据采集（DSCADA）服务器处理成为系统数据，最终得以展示和数据应用。生产控制大区信息与管理信息大区内容同步，用于网页发布展示，支撑配网运维和数据分析。

配网前置子系统（DFES）作为新一代配网系统中实时数据输入、输出的中心，主要承担了调度与配电终端之间、与各个上下级调度中心之间、与其他系统之间以及与调度中心内的后台系统之间的实时数据通信处理任务，也是这些不同系统之间实时信息沟通的桥梁。信息交换、命令传递、规约的组织和解释、通道的编码与解码、卫星对时、采集资源的合理分配都是前置子系统的基本任务，其他还包括报文监视与保存、为配电终端设备对时、设备或进程异常告警、SOE 告警、维护界面管理等任务。

DSCADA 是架构在统一支撑平台上的应用子系统，用于实现完整的、高性能的实时数据采集和监控，为其他应用提供全方位、高可靠性的数据服务。主要实现以下功能：配电数据采集与处理、操作与控制、数据计算与统计、单相接地信号接入及故障处理、综合告警分析、拓扑着色、负荷转供等。

DSCADA 子系统处理 DFES 子系统采集上来的实时数据，用户的数据监视和操作如远方遥控等都依赖于 DSCADA 子系统提供的强大丰富的功能，通过配电主站的人机界面，

DSCADA 子系统能够实现对现场开关的遥控分/合操作、对终端的软压板进行投退操作、对终端蓄电池进行遥控充/放电操作，对现场终端测控装置进行远方遥控复归操作等；对配电终端具备参数调阅及设定功能；能够通过信息交互接口对属于其他系统的设备控制操作。可以对相关的状态量、模拟量和计算量进行人工置数。可以对相关对象设置或清除标识牌，光字牌支持挂接标识牌。

目前配电自动化主站系统厂家主要有南瑞、许继、四方、东方电子等。由于南瑞科技生产的 D5200 系统应用较为普遍，因此本书主要以此系统为例进行功能和相关说明。

### 1.1.2 基本功能

配电自动化主站系统通常应具备以下基本功能：

（1）系统管理。系统配置、监控管理以及人机界面等功能，实现系统节点、应用和进程统一配置、监视和控制。

（2）通用服务。系统提供的统一服务和管理功能，主要包括图形、模型与数据库管理、告警服务、报表服务等。

（3）配电 SCADA。配电主站通过人机交互，完成对测控点分散的各种过程或设备的实时数据采集、本地或远程的自动控制，以及生产过程的全面实时监控，为配电网调度运行和生产指挥提供服务。

（4）配电高级应用分析（PAS）。对系统采集的运行数据进行分析计算，为调度等提供辅助决策。

（5）Web 发布。主站系统以服务的形式对外提供系统 Web 服务，实现实时信息及系统数据的 Web 发布；配电网运维管理人员可通过 Web 方式同步浏览、查询配网实时信息。

（6）与其他应用系统接口。指根据生产和管理需求，配电主站系统需要与其他应用系统交换数据，给供电企业内部其他部门提供配电网的综合信息。

## 1.2 配电自动化终端

### 1.2.1 定义和分类

配电自动化终端是安装在配电网的各种远方监测、控制单元的总称，完成数据采集、控制和通信等功能，主要包括馈线终端、站所终端、配变终端等，简称配电终端。配电自动化终端分类如图 1.2－1 所示。

馈线终端是安装在 10kV 配网架空线路杆塔等处的配电终端，适用于柱上开关的监测与控制。馈线终端按照功能可分为“三遥”（三遥指的是遥信、遥测、遥控）终端和“二遥”（二遥指的是遥信、遥测）终端，其中“二遥”终端又可分为基本型终端、标准型终端和动作型终端。基本型终端是用于采集或接收由故障指示器发出的线路故障信息，并具备故障报警信息上传功能的配电终端；标准型终端是用于配电线路遥测、遥信及故障信息的监测，实现本地报警，并具备故障报警信息上传功能的配电终端；动作型终端是用于配电线路遥测、遥信及故障信息的监测，并能实现就地故障自动隔离与动作信息主动上传的配电终端。按照结构可分为罩式终端和箱式终端。

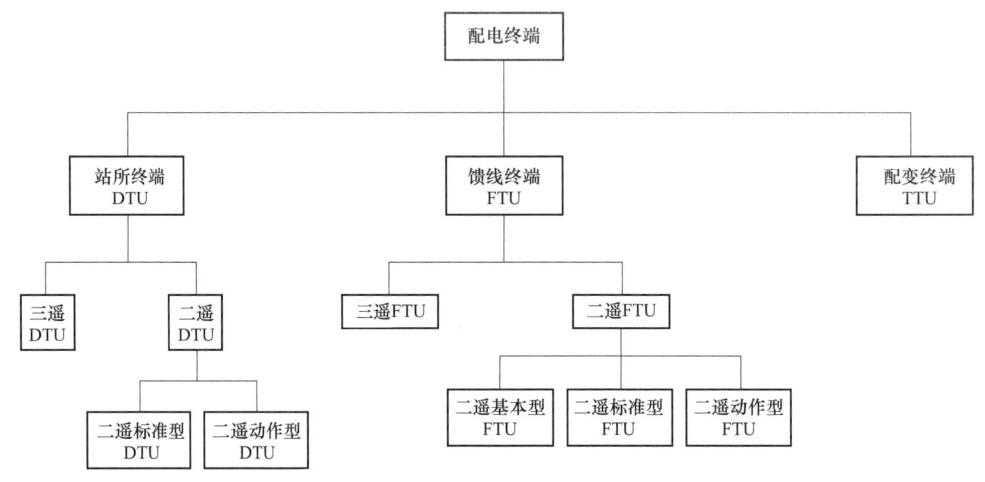


图 1.2－1　配电自动化终端分类

站所终端是安装在配电网开关站、配电室、环网柜、箱式变电站等处的配电终端，适用于上述设备的监测与控制。站所按照功能分为“三遥”终端和“二遥”终端，其中“二遥”终端又可分为标准型终端和动作型终端。

配变终端（又称台区智能融合终端）是安装在配电台区及用电侧的边缘物联节点设备，它实时监测配电变压器的运行工况，并能将采集的信息传送至配电主站或其他智能装置，提供配电网系统运行控制及管理所需的数据；可灵活接入智能电能表、用电采集终端、无功补偿设备、断路器、三相不平衡治理装置等各类低压智能设备，是构建低压配电物联网台区的重要支撑设备。

故障指示器是安装在配电线路上，用于检测线路故障，监测线路负荷等信息，具有就地故障指示、信息远传和故障录波等功能的监测装置，由采集单元和汇集单元组成。故障指示器按照功能可分为“一遥”（一遥指的是遥信）终端和“二遥”终端，按照应用对象可分为架空型、电缆型和面板型，按照接地检测方法可分为外施信号型、暂态特征型、暂态录波型和稳态特征型等。

## 1.2.2　基本功能

配电自动化终端包括以下基本功能：

（1）采集交流电压、电流，支持越上限上送。

（2）状态量采集。

（3）采集直流量。

以上采集能向上级发送。

（4）应具备自诊断、自恢复功能，对各功能板件及重要芯片可以进行自诊断，故障时能传送报警信息和自动复位。

（5）应具有热插拔、当地及远方操作维护功能；可进行参数、定值的当地及远方修改整定；支持程序远程下载；提供当地调试软件或人机接口。

（6）应具有历史数据存储能力，包括不低于 256 条事件顺序记录、30 条远方和本地操作记录、10 条装置故障记录等信息。

（7）配电终端应具备通信接口，并具备通信通道监视的功能。

（8）具备后备电源或相应接口，当主电源故障时，能自动投入。

（9）具备软硬件防误动措施，保证控制操作的可靠性。

（10）具备对时功能，接收主站（子站）或其他时间同步装置的对时命令，与系统时钟保持同步。

（11）具备实时控制和参数设置的安全防护功能。

### 1.2.3　应用场合

配电终端中馈线终端（FTU）一般应用在架空线路上，采集线路信息；站所终端（DTU）用于开闭站、环网柜、配电室等多间隔信息的采集；配变终端（TTU）用于变压器信息的采集。

## 1.3　配电自动化通信系统

### 1.3.1　定义

配电自动化通信系统是配电自动化的基本组成部分，指提供数据传输通道，实现配电主站、子站与配电终端信息交互的系统，包括配电通信网管系统、通信设备和通信通道，是配电自动化系统可靠运行的重要保障。其中，配电主站与配电子站之间的通信通道为骨干层通信网络，应具备路由迂回能力和较高的生存性，原则上应采用光纤传输网，在条件不具备的特殊情况下，也可采用其他专网通信方式作为补充；配电主站或配电子站至配电终端的通信通道为接入层通信网络，该网络可综合采用光纤专网、配电线载波、无线等多种通信方式实现统一接入、统一接口规范和统一管理，并支持以太网和标准串行通信接口。

### 1.3.2　通信方式分类

配电自动化系统通信方式主要包括配电网无源光网（Ethernet Passive Optical Network，EPON）、无线专网、无线公网、电力载波通信网、配网光纤专网等。具备遥控功能的配电自动化区域应优先采用专网通信方式，依赖通信实现故障自动隔离的馈线自动化区域宜采用光纤专网通信方式。光纤专网通信方式宜选择以太网无源光网络、工业以太网等专用光纤网络；配电线载波通信方式宜选择中压电力电缆屏蔽层载波等；无线专网通信宜选择符合国际标准、多厂家支持的宽带通信方式；无线公网通信宜选择 4G/5G 等通信方式。

1. 无源光网（EPON）

配网无源光网络系统由局端光线路终端（Optical Line Terminal，OLT）、用户端光网络单元（Optical Network Unit，ONU）以及光分配网络（Optical Distribution Network，ODN）组成，如图 1.3－1～图 1.3－3 所示。OLT 放置在中心局端，负责控制信道的连接、管理及维护。ODN 是基于 PON 设备的 FTTH 光缆网络，其作用是为 OLT 和 ONU 之间提供光传输通道。

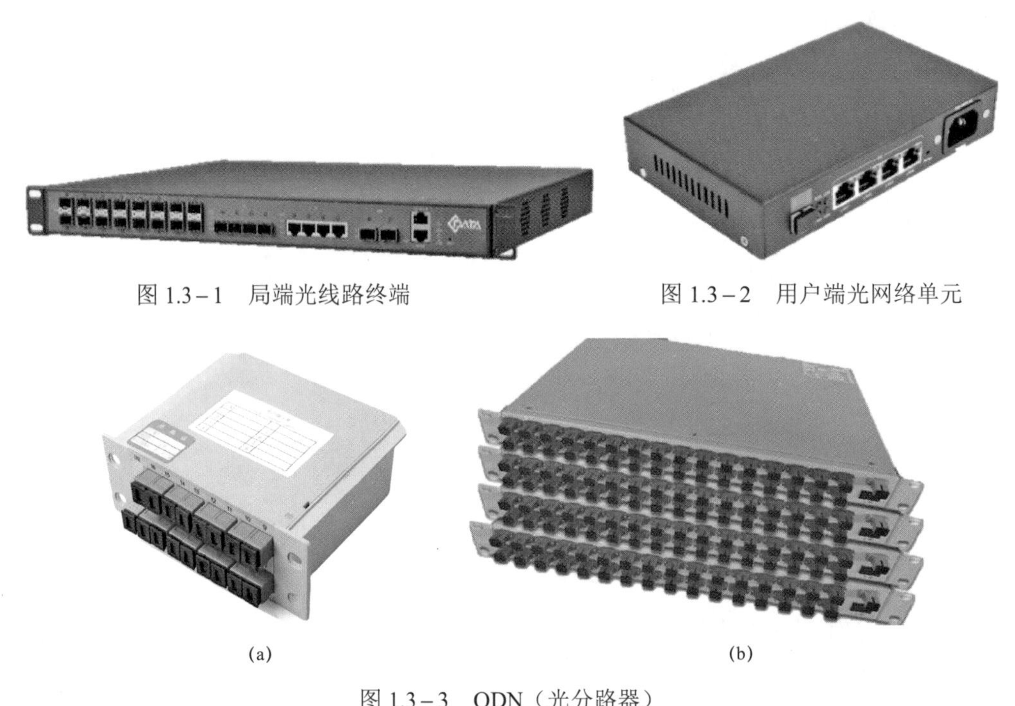

图 1.3－1　局端光线路终端

图 1.3－2　用户端光网络单元

(a)

(b)

图 1.3－3　ODN（光分路器）

（a）1 分 16 光分路器；（b）1 分 32 光分路器

2. 无线专网通信

无线终端接入设备（Customer Premise Equipment，CPE）是一种可以将 WiFi 信号转换为有线信号的设备，CPE 可下挂一个或多个有线终端设备（图 1.3－4），并接入无线 WLAN 网络。

CPE 终端是现场网络到接入网之间的网关，负责跨网传递数据。用户一侧在局部终网络中，网络一侧连接承载网络的用户线，将局部网络业务数据适配到承载网络，可以加载各种协议转换、数据缓存处理功能，可以泊接多个承载网络，提供承载网络资源管理，协助承载网络资源调度。

电力无线专网组网方式，一般是在各个 220/110kV 变电站/供电 N/高山上建设基站，而各配网业务接入节点 DTU、FTU 以及抢修车辆、灾变现场、应急通信需求现场配置 CPE 终端进行回传，而各基站则采用光纤传输网、IP 数据网、微波网、卫星通信接入配网中心、应急指挥中心等，使得该电力无线专网可以利用微波网、卫星通信等基础平台迅速建立电力生产业务网络，满足各现场的业务需求。

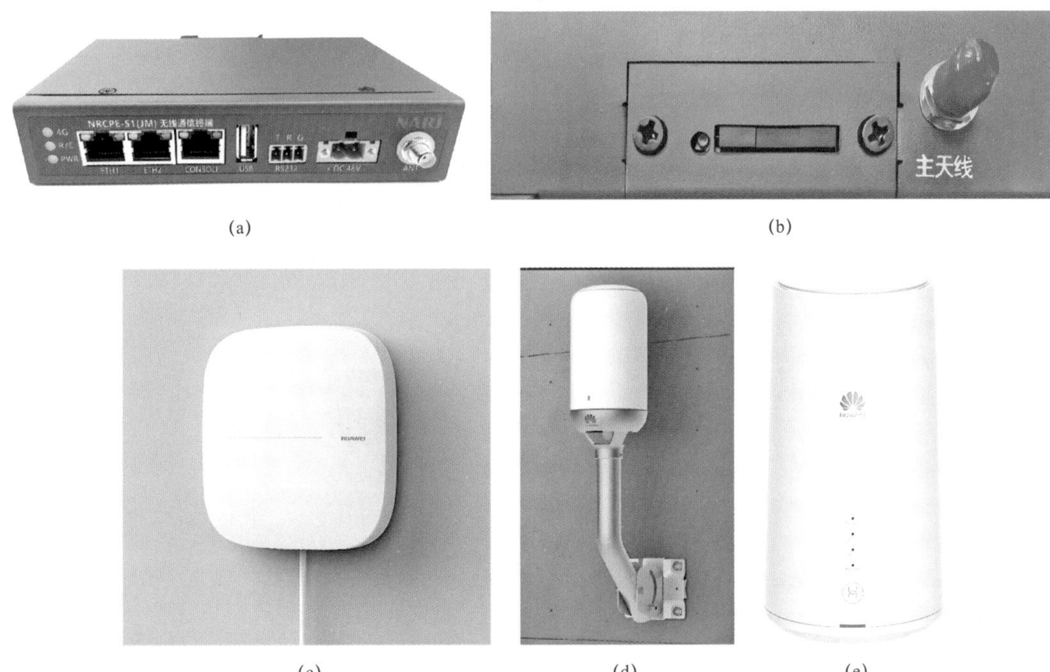


(a)　(b)　(c)　(d)　(e)

图 1.3－4　CPE 终端设备实物图

（a）电力专用 CPE 终端正面；（b）电力专用 CPE 终端背面；（c）商用挂壁式 CPE；（d）商用全向 CPE；（e）商用座式 CPE

而在日常中可以利用光纤传输网、IP 数据网作为配网自动化的专用通信网络，以满足配网自动化对通信通道的需求。具体组网示意图如图 1.3－5 所示。

3. 无线公网通信

无线公网通信是指使用由电信部门建设维护和管理面向社会开放的通信系统和设备所提供的公共通信服务。公共通信网具有地域覆盖面广、技术成熟可靠、通信质量高、建设和维护质量高等优点。利用公共通信方式，既可以传输电力系统的语音业务也可以传输自动化等数据信息业务。目前无线公网通信主要包括 GPRS、CDMA、4G、5G 等。GPRS 是一种基于 GSM 系统的无线分组交换技术，目的是为 GSM 用户提供分组形式的数据业务。CDMA 是在数字技术上的分支——扩频通信技术上发展起来的一种新的无线通信技术。

4. 电力线载波通信

电力线载波通信是利用电力线作为传输通道来实现数据传送的一种通信方式，根据传输线路电压的等级，可以将电力线载波通信分为高压载波（35kV 及以上）、中压载波（10kV）和低压载波（380/220V）。其中，中压载波通信是利用 10kV 中压配电线作为传输通道的一种通信方式，主要应用于配电自动化领域。

中压载波通信由于使用现有的、完善的配电线作为传输通道，不需要线路投资的有线专网通信方式，具有投资少、设备简单、施工容易、维护管理方便等优点。中压载波系统由主机、从机、耦合器组成，如图 1.3－6 所示。

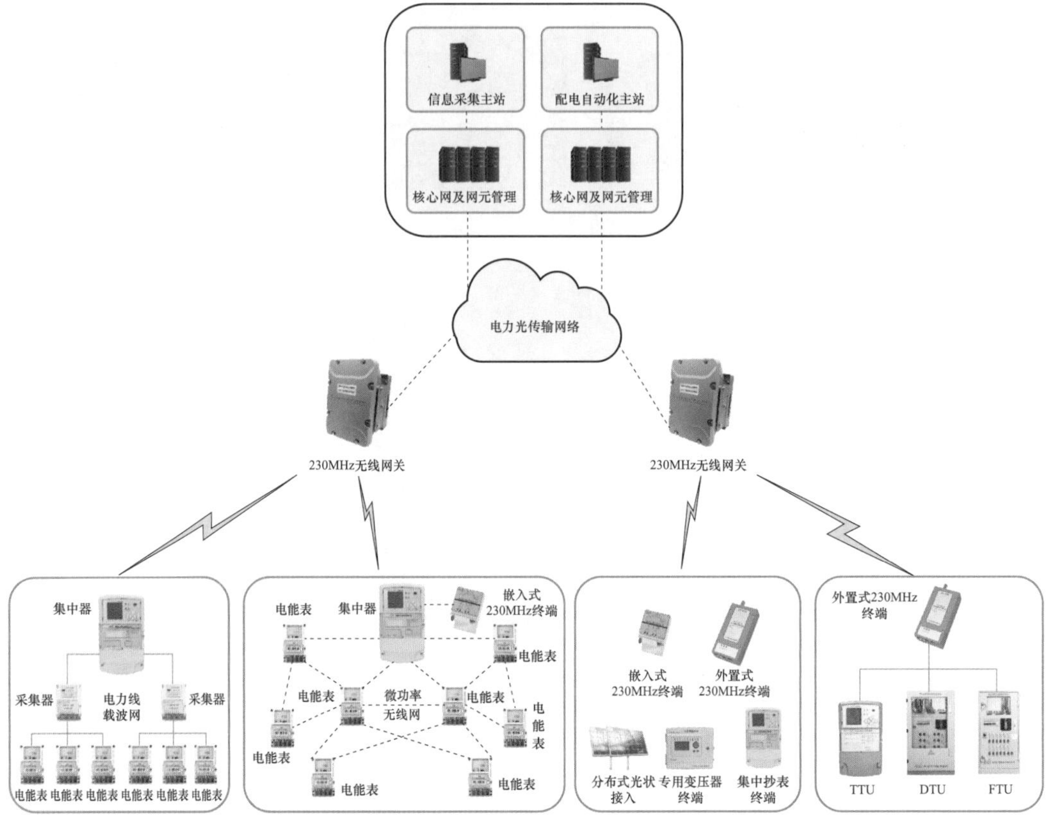


图 1.3－5　电力无线专网的组网方式

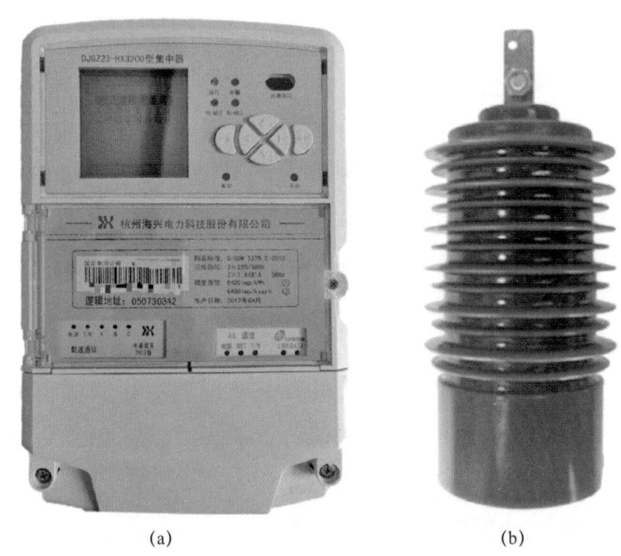


(a)　　(b)

图 1.3－6　中压载波系统主机、从机和耦合器

（a）中压载波系统主机、从机；（b）耦合器

中压载波通信是一种采用 OFDM 调制解调方式，利用现有 10kV 配电线路作为通信传输介质进行透明传输的通信方式，属于电力线载波范畴。通过中压载波通信耦合器搭建中压载波通信机与 10kV 配电线路的载波通信通道。中压载波通信从机从变压器低压侧配电箱中的集中器获取信息，调制后经 10kV 耦合器耦合到 10kV 线路，中压载波通信主机通过 10kV 耦合器从 10kV 线路接收到载波信号，解调后经 GPRS 发送到配电自动化主站。图 1.3－7 所示为中压电力线载波通信组网结构示意图。

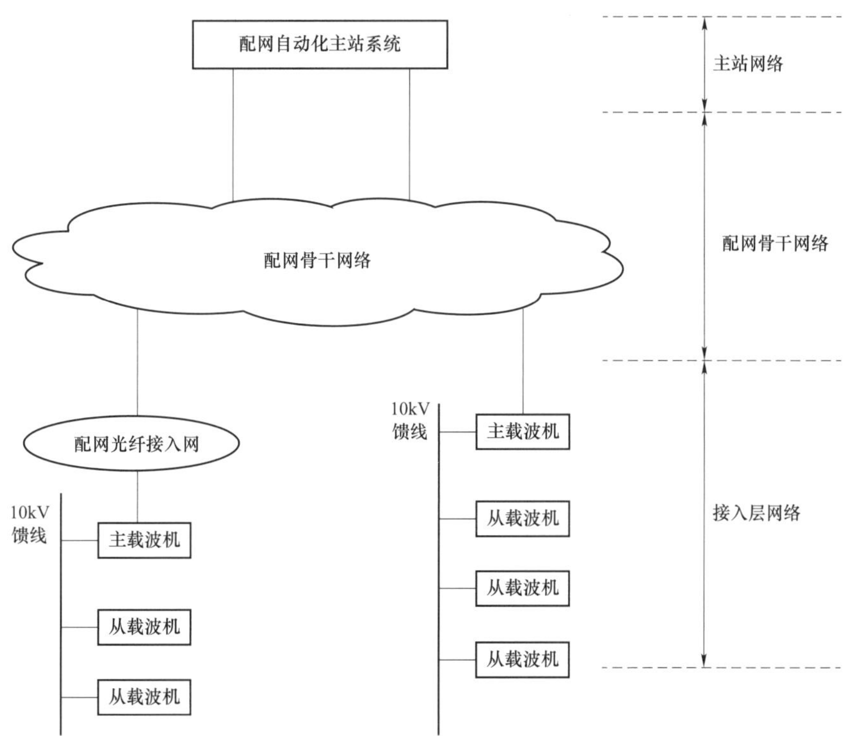


图 1.3－7　中压电力线载波通信组网结构示意图

# 1.4　配电自动化系统安全防护

## 1.4.1　目的和原则

为防范黑客及恶意代码等对电力二次系统的攻击侵害以及由此引发电力系统事故，故建立电力二次系统安全防护体系，以保障电力系统的安全稳定运行。

电力二次系统安全防护的总体原则是“安全分区、网络专用、横向隔离、纵向认证”。

## 1.4.2　安全防护架构及要求

配电自动化系统划分为生产控制大区和管理信息大区。生产控制大区可以分为控制区（安全区Ⅰ）和非控制区（安全区Ⅱ）；管理信息大区内部在不影响生产控制大区安全的前提下，可以根据各企业不同安全要求划分安全区。根据应用系统实际情况，在满足总体安全要求的前提下，可以简化安全区的设置，但是应当避免形成不同安全区的纵向交叉连接。

电力调度数据网应当在专用通道上使用独立的网络设备组网，在物理层面上实现与电力企业其他数据网及外部公用数据网的安全隔离。电力调度数据网划分为逻辑隔离的实时子网和非实时子网，分别连接控制区和非控制区。

生产控制大区的业务系统在与其终端的纵向连接中使用无线通信网、电力企业其他数据网（非电力调度数据网）或者外部公用数据网的虚拟专用网络方式（VPN）等进行通信的，应当设立安全接入区。

在生产控制大区与管理信息大区之间必须设置经国家指定部门检测认证的电力专用横向单向安全隔离装置。生产控制大区内部的安全区之间应当采用具有访问控制功能的设备、防火墙或者相应功能的设施，实现逻辑隔离。安全接入区与生产控制大区中其他部分的连接处必须设置经国家指定部门检测认证的电力专用横向单向安全隔离装置。

在生产控制大区与广域网的纵向连接处应当设置经过国家指定部门检测认证的电力专用纵向加密认证装置或者加密认证网关及相应设施。

安全区边界应当采取必要的安全防护措施，禁止任何穿越生产控制大区和管理信息大区之间边界的通用网络服务。生产控制大区中的业务系统应当具有高安全性和高可靠性，禁止采用安全风险高的通用网络服务功能。

依照电力调度管理体制建立基于公钥技术的分布式电力调度数字证书及安全标签，生产控制大区中的重要业务系统应当采用认证加密机制。

电力监控系统在设备选型及配置时，应当禁止选用经国家相关管理部门检测认定并经国家能源局通报存在漏洞和风险的系统及设备；对于已经投入运行的系统及设备，应当按照国家能源局及其派出机构的要求及时进行整改，同时应当加强相关系统及设备的运行管理和安全防护。生产控制大区中除安全接入区外，其他地方应当禁止选用具有无线通信功能的设备。图 1.4－1 所示为电力监控系统安全防护总体结构模型。

根据业务系统或其功能模块的性能（实时性）、使用者、主要功能、设备使用场所、各业务系统间的相互关系、广域网通信方式以及对电力系统的影响程度等，按以下规则将业务系统或其功能模块置于相应的安全区。

实时控制系统、有实时控制功能的业务模块以及未来有实时控制功能的业务系统应当置于控制区。

应当尽可能将业务系统完整置于一个安全区内。当业务系统的某些功能模块与此业务系统不属于同一个安全分区内时，可以将其功能模块分置于相应的安全区中，经过安全区之间的安全隔离设施进行通信。

不允许把应当属于高安全等级区域的业务系统或其功能模块迁移到低安全等级区域；但允许把属于低安全等级区域的业务系统或其功能模块放置于高安全等级区域。

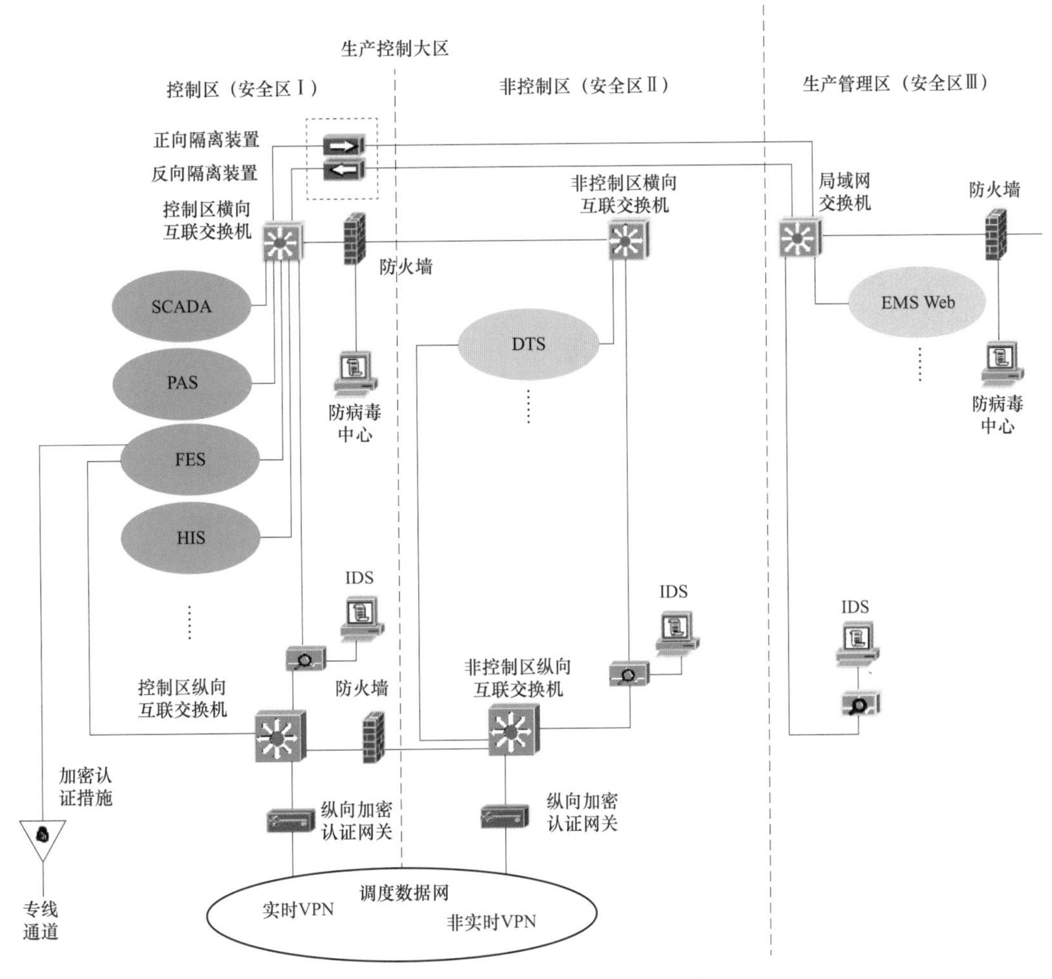


图 1.4－1　电力监控系统安全防护总体结构模型

对不存在外部网络联系的孤立业务系统，其安全分区无特殊要求，但需遵守所在安全区的防护要求。

对小型县调、配调、小型电厂和变电站的电力监控系统可以根据具体情况不设非控制区，重点防护控制区。

对于新一代电网调度控制系统，其实时监控与预警功能模块应当置于控制区，调度计划和安全校核功能模块应当置于非控制区，调度管理功能模块应当置于管理信息大区。

安全区结构方式主要有三种：链式结构、三角结构和星形结构。图 1.4－2 所示为电力监控系统安全区互联总体结构示意图。

链式结构的控制区具有较高的累积安全防护强度，但总体层次较多，三角结构有较高的通信效率，但需要较多的安全隔离设施。星形结构便于集中控制，因为端用户之间的通信必须经过中心站。由于这一特点，也带来了易于维护和安全等优点，但这种结构中心系统必须具有极高的可靠性。

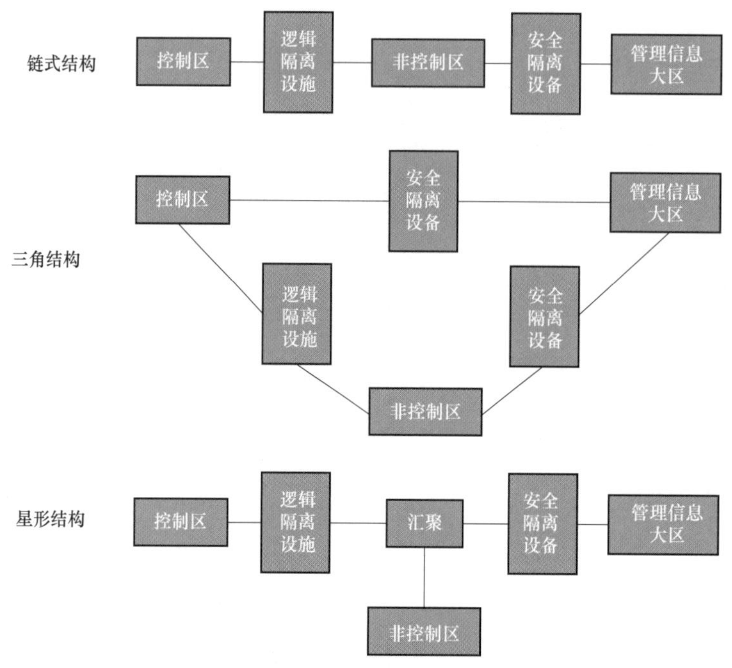


图 1.4-2　电力监控系统安全区互联总体结构示意图

### 1.4.3　常见安全防护设备

基于电力二次系统安全防护的总体原则是“安全分区、网络专用、横向隔离、纵向认证”，配电自动化系统常见安全防护设备有电力专用横向单向安全隔离装置、电力专用纵向加密认证装置、电力专用安全拨号网关及终端、防火墙、入侵检测系统、防病毒系统等。另外，还有部署在安全分区边界并设置了访问控制策略的交换机和路由器、堡垒机、恶意代码防护系统、电力调度数字证书系统、安全审计、网管、综合告警系统、公网专用安全通信网关、公网专用安全通信装置，实现电力二次系统网络及信息安全防护功能的系统或设备。

1. 电力专用横向单向安全隔离装置

电力专用横向单向安全隔离装置是电力二次系统安全防护体系的横向防线，在生产控制大区与管理信息大区之间必须部署经国家指定部门检测认证的电力专用横向单向安全隔离装置，隔离强度应接近或达到物理隔离。电力专用横向安全隔离装置作为生产控制大区与管理信息大区之间的必备边界防护措施，是横向防护的关键设备，分为正向型和反向型两种，如图 1.4-3 所示。正向型横向隔离装置用于内网到外网的数据单向传输，反向型隔离装置用于外网到内网的数据单向传输。

2. 电力专用纵向加密认证装置

电力专用纵向加密认证装置位于电力控制系统的内部局域网与电力调度数据网络的路由器之间，用于安全区Ⅰ/Ⅱ的广域网边界保护，可为本地安全区Ⅰ/Ⅱ提供一个网络屏障，同时为上下级控制系统之间的广域网通信提供认证与加密服务，实现数据传输的机密性、完整性保护，如图 1.4－4 所示。按照“分级管理”要求，纵向加密认证装置部署在各级调控中心及下属的各厂站，根据调度通信关系建立加密隧道。

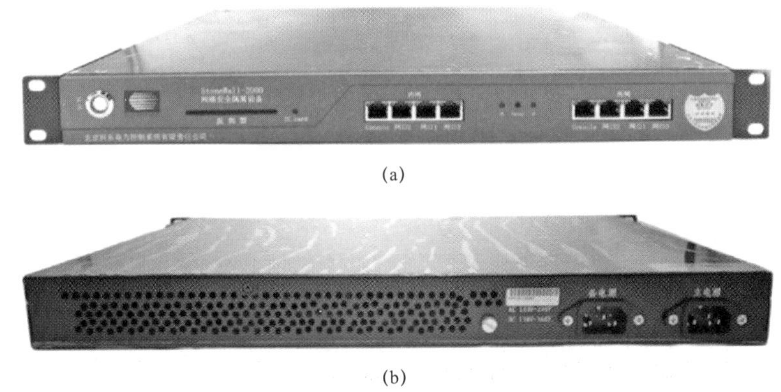

(a)

(b)

图 1.4－3　正反向物理隔离装置

（a）正面；（b）背面

3. 电力专用安全拨号网关及终端

配网通信网关主要包括了远动通信安全网关（主站）以及加密通信模块（终端）两者组成的安全防护方案，主要应用于工业控制系统远程通信、电力配网自动化安全防护、小水电数据采集、变电站临时调试通道等安全防护。

远动通信安全网关（主站）综合了网络隔离、数字证书、防火墙、数据加密等安全技术，内置高速硬件加密卡，能并发支持与数量众多的子站终端进行数据通信，满足大规模接入需求。

加密通信模块（终端）是针对工业控制自动化终端的通信密码设备，采用用户认证、隧道管理、密钥管理、信息加解密等技术，主要用于完成身份认证、隧道接入、数据加密与解密等功能。由于终端数量多、通信流量小，加密通信模块（终端）采用了低成本、低功耗、集成度高的处理器，以硬件模块嵌入或外挂终端的方式接入。配网通信网关及终端如图 1.4－4 所示。

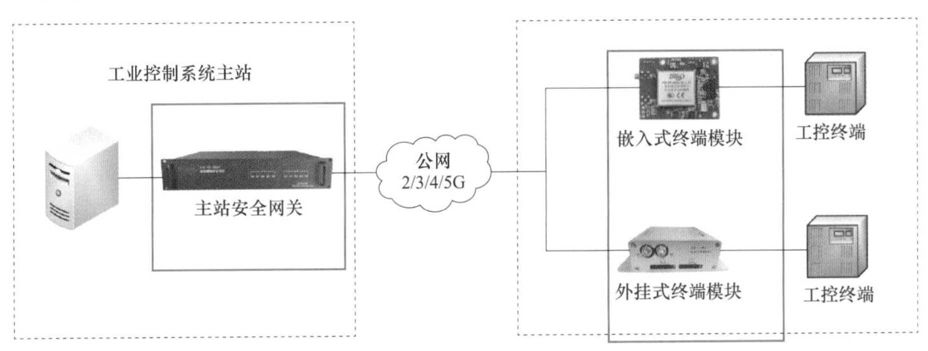


图 1.4－4　配网通信网关及终端

4. 防火墙

防火墙是一种由软件、硬件组成的系统，用于在两个网络之间实施访问控制策略，常见的防火墙一般为专用的硬件装置，当然也可在路由器或其他网络设备中实现防火墙功能，如图 1.4－5 所示。一般将防火墙内部的网络定义为“可信赖的网络”，将防火墙外部的网络称为“不可信赖的网络”。防火墙部署在内外网之间，可根据配置好的策略，检查所有的数据包，以阻止或允许数据通过。

图 1.4－5　防火墙

5. 入侵检测系统

入侵检测系统（Intrusion Detection Systems，IDS）从专业上讲就是依照一定的安全策略，通过软、硬件，对网络、系统的运行状况进行监视，尽可能发现各种攻击企图、攻击行为或者攻击结果，以保证网络系统资源的机密性、完整性和可用性。做一个形象的比喻，假如防火墙是一幢大楼的门锁，那么 IDS 就是这幢大楼里的监视系统。一旦小偷爬窗进入大楼或内部人员有越界行为，只有实时监视系统才能发现情况并发出警告。图 1.4－6 所示为入侵检测装置。

图 1.4－6　入侵检测装置

6. 防病毒系统

防病毒系统不仅是检测和清除病毒，还应加强对病毒的防护工作，在网络中不仅要部署被动防御体系（防病毒系统），还要采用主动防御机制（防火墙、安全策略、漏洞修复等），将病毒隔离在网络大门之外。通过管理控制台统一部署防病毒系统，保证不出现防病毒漏洞。因此，远程安装、集中管理、统一防病毒策略成为企业级防病毒产品的重要需求。

在跨区域的广域网内，要保证整个广域网安全无毒，首先要保证每一个局域网安全无毒，也就是说，一个企业网的防病毒系统是建立在每个局域网的防病毒系统上的。应该根据每个局域网的防病毒要求，建立局域网防病毒控制系统，分别设置有针对性的防病毒策略。从总部到分支机构，由上到下，各个局域网的防病毒系统相结合，最终形成一个立体的、完整的企业网病毒防护体系。

电力监控系统必须采用防病毒措施，以及时发现网络和主机系统的安全漏洞和病毒入侵，消除电力监控系统的安全隐患。防病毒措施应遵循如下原则：

生产控制大区、管理信息大区应分别部署防病毒管理中心，分别对生产控制大区、管理信息大区进行防病毒统一管理，禁止生产控制大区与管理信息大区共用一套病毒代码管理服务器，对于生产控制大区应采用专用安全 U 盘等进行病毒代码的离线更新。对于变电站电力监控系统，可采用杀毒 U 盘定期查杀的方式执行。生产控制大区和管理信息大区防病毒策略的设定、病毒定义码的更新、病毒查杀记录的汇总以及事件报告等应纳入运行维护管理制度。

7. 交换机

网络交换机（Switch）是一个扩大网络的器材，能为子网络中提供更多的连接端口，以便连接更多的计算机，如图 1.4－7 所示。随着通信业的发展以及国民经济信息化的推进，网络交换机市场呈稳步上升态势。它具有性价比高、高度灵活、相对简单和易于实现等特点。以太网技术已成为当今最重要的一种局域网组网技术，网络交换机也成为最普及的交换机。

交换机是由原集线器的升级换代而来，在外观上看和集线器没有很大区别。由于通信两端需要传输信息，而通过设备或者人工来把要传输的信息送到符合要求标准的对应的路由器上的方式，这个技术就是交换机技术。从广义上来分析，在通信系统里对于信息交换功能实现的设备，就是交换机。

图 1.4－7　交换机

8. 堡垒机

堡垒机是在一个特定的网络环境下，为了保障网络和数据不受来自外部和内部用户的入侵和破坏，而运用各种技术手段监控和记录运维人员对网络内的服务器、网络设备、安全设备、数据库等设备的操作行为，以便集中报警、及时处理及审计定责。从功能上讲，它综合了核心系统运维和安全审计管控两大主干功能；从技术实现上讲，它通过切断终端计算机对网络和服务器资源的直接访问，而采用协议代理的方式，接管了终端计算机对网络和服务器的访问。

# 1.5 配电自动化故障处理原理

## 1.5.1 短路故障保护原理

配电网短路故障主要采用配电网继电保护和馈线自动化处理。发生短路故障时，配电线路电流和电压发生显著变化，可以通过检测故障电流和故障电压的方式检测短路故障，由配电网继电保护装置就近隔离故障点，也可以在变电站出线开关继电保护动作后，由集中型馈线自动化系统隔离故障点。当配电线路开关既不具备短路电流切断能力，又不具备可靠的通信条件实现集中型馈线自动化时，可以采用就地型馈线自动化系统确定故障位置并隔离故障。

1. 电流保护

由于相间短路故障时相电流显著上升，电流保护动作迅速、简单可靠、易于整定管理，因此，交流配电网相间短路故障保护主要采用电流保护。相间短路故障电流保护包括三段式电流保护和反时限过电流保护。一些长距离放射式配电线路的末端短路，相间短路电流可能与负荷电流相差不大，可以为电流保护引入电压元件作为闭锁条件提高保护的灵敏性。对于双侧电源供电的线路（如采用闭环运行方式的配电线路），可采用方向电流保护实现相间短路保护的选择性。

（1）三段式电流保护。

三段式电流保护包括瞬时电流速断保护、限时电流速断保护以及定时限过电流保护，三种电流保护区别在于按照不同原则来整定启动电流和动作时限。瞬时电流速断保护，简称电流速断保护或电流Ⅰ段保护，在检测到电流超过整定值时立即动作发出跳闸命令。限时电流速断保护，简称电流Ⅱ段保护，主要用于切除被保护线路上瞬时电流速断保护区以外的故障。定时限过电流保护，简称电流Ⅲ段保护，其作用是作为本线路主保护的近后备保护，并作为下一级相邻线路的远后备保护，不仅能保护本线路全长，而且也能保护相邻下一级线路全长。

（2）反时限过电流保护。

反时限过电流保护是保护的动作时间与保护输入电流大小有关的一种保护。电流越大，动作时间越短；电流越小，动作时间越长。反时限过电流保护能够很好地防止冷启动电流引起的误动，并可在保证选择性的情况下，使靠近电源侧的保护具有较快的动作速度。其动作特性与导体的发热特性相匹配，特别适合用作配电变压器、电动机等电气设备的热保护。由于反时限过电流保护配置整定较为复杂，国内配电网应用较少。

（3）方向电流保护。

对于双侧电源供电的线路（如采用闭环运行方式的配电线路），仅靠电流保护无法保证相间短路保护的选择性，需要增加故障方向判别元件，构成方向电流保护。如图 1.5－1 所示的配电线路，给电流保护加装一个短路电流方向闭锁元件，并将动作方向规定为短路电流由母线流向线路，k1 点短路时，保护 4 不动作，保护 3 与保护 5 配合；而 k2 点短路时，保护 3 不动作，保护 2 与保护 4 配合，实现双侧电源或含分布式电源的配电线路短路保护。

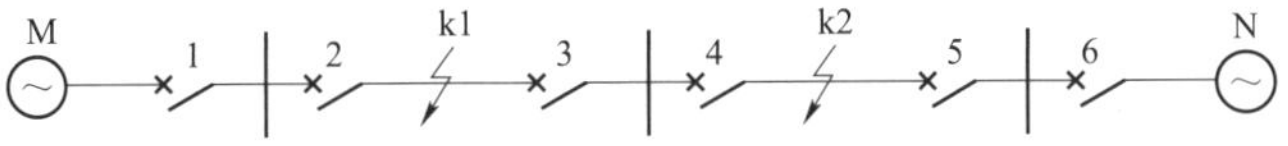

M 1 2 k1 3 4 k2 5 6 N

图 1.5－1　方向电流保护说明图

（4）短路电流近似计算。

采用电流保护时，短路电流计算是配电网短路保护配置整定的基础。电力线路短路电流的精确计算公式复杂，计算难度大。由于配电线路较短，三相参数较为平衡，线路上负荷分散并且相对较小，线路分布电容及其并联补偿电容器影响不大，因此，对于大多数辐射式配电线路在短路电流计算时，可假定线路三相参数对称并忽略负荷、线路分布电容及其并联补偿电容器的影响，采用近似计算公式计算。

1）三相短路电流近似计算。配电线路三相短路电流有效值的近似计算公式为

$$I_{\mathrm{k}}^{(3)}=\frac{cU_{\mathrm{N}}}{\left|Z_{\mathrm{s1}}+Z_{\mathrm{L1}}+R_{\mathrm{k}}\right|} \tag{1.5-1}$$

式中：$U_{\mathrm{N}}$ 为系统额定电压；$c$ 为电压系数，其取值可参考 GB/T 15544—2023《三相交流短路电流计算》，$cU_{\mathrm{N}}$ 为系统等效电压源电压；$Z_{\mathrm{s1}}$ 为变电站中压母线后的系统正序阻抗；$Z_{\mathrm{L1}}$ 为故障线路（变电站母线到故障点之间的线路）的正序阻抗；$R_{\mathrm{k}}$ 为故障电阻。

2）相短路电流近似计算。配电线路两相短路电流有效值近似计算公式为

$$I_{\mathrm{k}}^{(2)}=\frac{\sqrt{3}cU_{\mathrm{N}}}{\left|2(Z_{\mathrm{s1}}+Z_{\mathrm{L1}})+R_{\mathrm{k}}\right|} \tag{1.5-2}$$

3）相接地短路电流近似计算。小电阻接地配电网发生两相接地短路时，两个故障相的短路电流相等，其有效值计算公式为

$$I_{\mathrm{k}}^{(1,1)}=\left|\frac{\sqrt{3}(Z_0+3R_{\mathrm{k}}-aZ_1)cU_{\mathrm{N}}}{Z_1(Z_1+2Z_0+6R_{\mathrm{k}})}\right| \tag{1.5-3}$$

式中：$Z_1=Z_{\mathrm{s1}}+Z_{\mathrm{L1}}$，$Z_0=Z_{\mathrm{s0}}+Z_{\mathrm{L0}}$，$Z_{\mathrm{s0}}=3R_{\mathrm{n}}+Z_{t0}$，其中，$Z_{\mathrm{s0}}$ 为变电站中压母线后系统的零序阻抗；$Z_{\mathrm{L0}}$ 为故障线路的零序阻抗；$R_{\mathrm{n}}$ 为主变中性点接地电阻；$Z_{\mathrm{t0}}$ 为主变零序阻抗；$a=\mathrm{e}^{\mathrm{j}120}$ 为运算因子。

2. 电压保护

电力线路发生相间短路故障时，相间电压（线电压）也会发生显著变化，可以利用电压的变化配置短路故障电压保护。当线路首末端短路电流相差不大以及运行方式变化比较大时，电流速断保护的保护区与灵敏度无法满足要求，引入电压速断保护，将电压速断保护元件与电流速断保护元件串联使用，也称为电压电流联锁速断保护。电压电流联锁速断保护具有灵敏度高、保护区稳定的优点。

（1）电流电压联锁速断保护。

以图 1.5－2（a）所示配电线路为例说明。设系统等效电源电压为 $U_{\mathrm{S}}$，系统经常出现的

运行方式下的系统阻抗为 $Z_S$，设线路全长的阻抗值为 $Z_L$，将电压电流联锁速断保护区设定为线路全长的 80%，母线到保护区末端的线路阻抗值 $Z_1 = 0.8Z_L$，电流速断保护元件的动作电流定值为

$$I_{set} = \frac{U_S}{Z_L + Z_S} \tag{1.5-4}$$

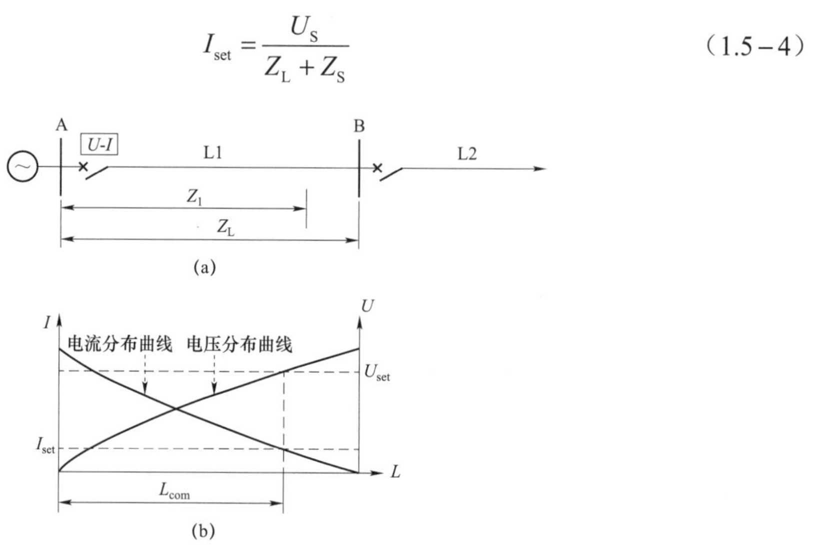


图 1.5－2　电流电压联锁速断保护工作原理示意图

（a）典型配电线路保护保护区；（b）电压和电流的分布曲线

当系统运行方式发生变化时，电流保护的保护范围将发生变化。当两种运行方式的变化较大时，保护区范围变化也较大，仅采用电流元件难以保证保护区的稳定性。接入线路的线电压作为电压保护元件与电流保护元件串联构成电压电流联锁速断保护，电压保护元件的动作电压定值为

$$U_{set} = \sqrt{3} I_{set} Z_L \tag{1.5-5}$$

图 1.5－2（b）给出了在系统经常出现的运行方式下发生短路故障时，电压和电流的分布曲线，根据电压速断元件与电流速断元件的整定值，电压电流联锁速断保护的保护区为 $L_{com}$。在系统的最大运行方式下，电源阻抗呈最小值，下一级线路出口短路时，本保护的电流速断元件可能误动，但母线 A 电压的残压较高，电压速断元件不会动作，整套保护不会误动，从而保证了选择性。在系统的最小运行方式下，电源阻抗呈最大值，下一级线路出口短路时，本保护的电压速断元件可能误动，但电流速断元件不会动作，同样能够保证选择性。

（2）电流闭锁电压速断保护。

配网发生相间短路故障时，故障点上游各开关检测的电压随着远离故障点而升高，如图 1.5－3 所示，开关距离故障点位置的不同，电压也不同。各开关可以采用统一的电压判据实现短路故障保护，就近隔离故障点。由于配电线路上的开关一般不具备电压采集条件，过去配电线路中电压保护应用较少。随着配电网一二次融合成套开关的推广应用，给电压保护提供了实用化条件。

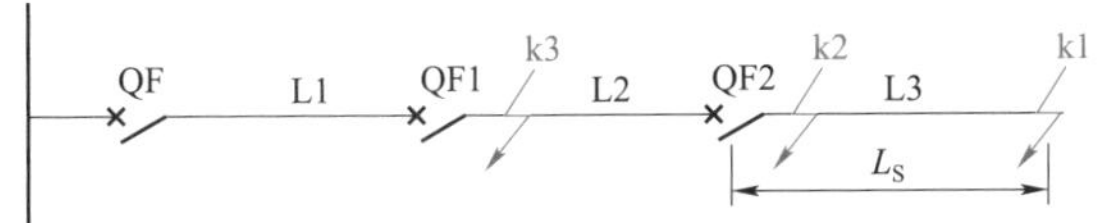


图 1.5－3　电压保护动作示意图

线路末端 k1 处发生短路故障时，断路器 QF2 检测的电压为

$$U_{QF2}=\frac{X_{L3}E_{PP}}{X_S+X_{L1}+X_{L2}+X_{L3}} \tag{1.5-6}$$

式中：$E_{PP}$ 为系统相间电压；$X_L$ 为各段线路阻抗；$X_S$ 为变压器内阻抗。

相对于线路阻抗，变压器内阻抗较小可以忽略。当线路上各分段开关之间距离大致相等时，线路分段开关上的电压与额定电压之比基本上等于故障点到本开关距离和故障点到母线距离之比。

为了防止电压保护误动，可以采用过电流元件作为电压速断保护的闭锁条件，电流元件不满足条件时闭锁电压速断保护跳闸动作。采用电流闭锁电压速断保护方案，可有效实现主干线路分段开关保护的选择性，同时简化保护配置和运维工作。

3. 纵联保护原理

电流保护和电压保护都是反映保护安装处测量电流、电压的保护，将其用于电力线路保护时，受运行方式变化和测量误差等因素的影响，无法做到无延时地快速切除故障线路上所有点的短路故障，对于接有电压暂降敏感用电负荷的场合将导致母线电压暂降时间长而影响用电设备正常工作。一些特殊情况下，如闭环运行的配电环网线路和高渗透率的有源配电网，常规的电流保护或电压保护也难以满足保护可靠性、选择性和速动性的要求。相间短路故障采用纵联保护可以在保证动作绝对选择性的前提下，快速切除故障。传统的纵联保护技术一般采用光纤通信，成本较高，施工难度大。5G 通信的快速发展，为纵联保护在配网的应用提供了有利条件。配网常用的纵联保护包括分布式电流保护和纵联电流差动保护。

（1）分布式电流保护。

分布式电流保护利用上下级保护装置之间交换故障检测信息，判断故障是否在保护区内，实现有选择性的快速动作，解决传统电流保护因多级保护配合带来的动作延时长的问题。图 1.5－4 所示为辐射式配电线路分布式电流保护系统（为便于叙述，假设该配电线路中只有 4 台配电变压器），其中包括线路出口断路器保护 P1、主干线路分段断路器保护 P3 和 P5、分支线路断路器保护 P4 与配电变压器断路器保护 P2 共 5 套保护。

主干线路上 k1 处故障，P1 检测到短路电流启动，而其他保护不启动。P1 接收不到下级保护启动的信息，在启动后延时 0.15s 动作于跳闸。主干线上 k2 处故障，P1、P3 启动。P1 在 0.15s 内接收到 P3 启动的信号，闭锁保护。P3 在 0.15s 内接收不到下级保护启动的信号，动作于跳闸。QF5 下游 k3 处故障，P1、P3、P5 启动，P1 和 P3 均收到下游启动信息，闭锁保护，P5 直接动作于跳闸。配电变压器 T1（k4 处）故障，P1、P2 启动，P1 收到 P2

的启动信号，闭锁保护，P2 直接动作于跳闸。配电变压器 T2（k5 处）故障，其熔断器保护 FU2 动作切除故障（熔断器熔断时间小于 0.1s）。保护 P1、P3、P4 启动，在 0.1s 内检测到短路电流消失，3 个保护均返回，不会出现越级跳闸的现象。

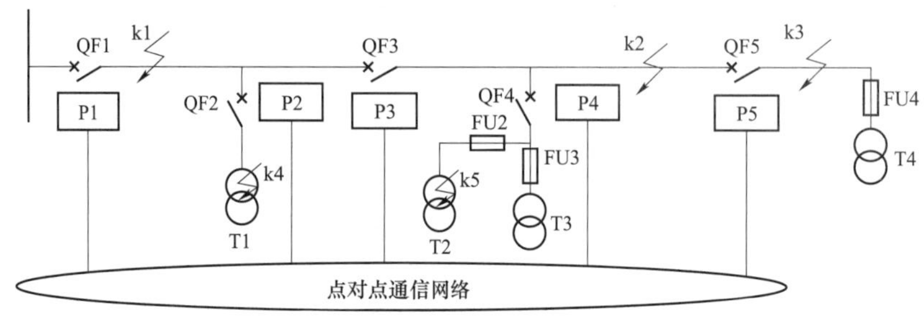


图 1.5－4　辐射式配电线路分布式电流保护系统

（2）纵联电流差动保护。

纵联电流差动保护利用被保护线路两端电流波形或电流相量之间的特征差异构成保护。

如图 1.5－5 所示线路，两端的电流互感器通过导引线连接起来，电流差动继电器跨接在回路中间。设线路两端一次侧相电流为 $\dot{I}_M$ 和 $\dot{I}_N$，电流互感器二次侧电流为 $\dot{I}'_M$ 和 $\dot{I}'_N$，装设于线路两端的电流互感器型号相同，变比为 $n_A$，电流的参考方向是由保护安装点指向线路。忽略线路分布式电容电流、负荷电流和分布式电源电流的影响，流入差动继电器的电流 $\dot{I}_r$ 为

$$\dot{I}_r = \dot{I}'_M + \dot{I}'_N = \frac{1}{n_A}(\dot{I}_M + \dot{I}_N) \qquad (1.5-7)$$

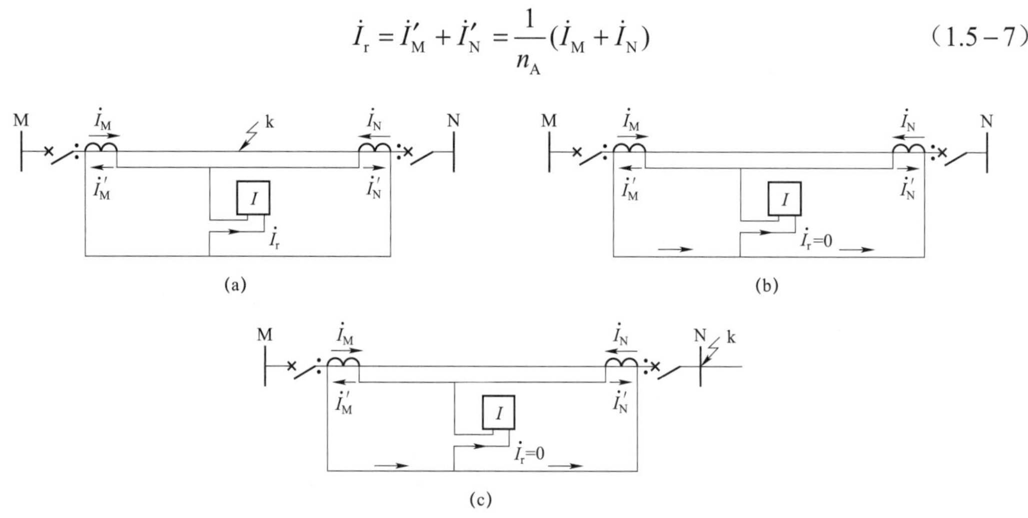


图 1.5－5　纵联电流差动保护原理示意图

在系统正常运行或被保护线路外部短路时，实际上是同一个电流从线路一端流入，另一端流出，即具有穿越特性特征，流入差动继电器的电流为零，继电器不动作；而在保护范围之内短路时，无论是双侧电源供电还是单侧电源供电，两侧电流相量之和就是流入短路点的

总电流。可见，流过差动继电器的电流在被保护线路内部短路时与系统正常运行以及外部发生短路时相比，具有明显的差异，保护具有绝对的选择性，因此，纵联电流差动保护被称为最理想的保护方式。

纵联电流差动保护通信通道主要有导引线与光纤两种形式。导引线差动保护使用导引线将继电器动作信号送到线路的另一端，主要用于变压器、发电机和母线的保护，不适用于配电线路。光纤差动保护通过装设于线路两侧的微机保护装置，将三相电流互感器的二次电流转换为包含幅值和相位信息的相量，通过光纤通道送到对侧进行比较。由于光纤铺设的成本较高，一般仅用于对供电可靠性要求较高的核心城区电缆线路为主的配电网。随着 5G 通信的快速发展，基于 5G 通信技术的配电网纵联差动保护得到了有效应用。

### 1.5.2　接地故障检测原理

配电网接地故障的检测与处理方法与中性点接地方式有关，中性点采用低电阻接地方式时，接地故障的检测与处理主要采用零序过电流法，通过配电网继电保护或馈线自动化实现接地故障的就近隔离和非故障区段恢复供电，具体原理和处理方法与短路故障类似。中性点采用不接地方式或者消弧线圈接地方式时，一般称为小电流接地方式。小电流接地方式配电网发生单相接地故障（一般称为小电流接地故障）时，故障电流小，电弧不稳定，故障检测与处理的原理和低电阻接地方式差别较大，本节主要介绍小电流接地方式配电网发生单相接地故障时的检测与处理。

根据所利用信号的不同，小电流接地故障检测原理可以分为利用故障工频量的检测原理、利用故障暂态量的检测原理、主动式故障检测原理和馈线自动化接地故障处置原理四类。

1. 工频量检测原理

基于接地故障工频量的检测方法主要有零序电流群体比较法、零序无功功率方向法、零序有功功率方向法以及零序电流幅值法。

（1）工频量零序电流群体比较法。

工频量零序电流群体比较法也称稳态量群体比较法，是一种综合利用各出线零序电流幅值和相位信号的群体比幅比相选线方法。故障时，先比较所有出线的零序电流幅值，选择幅值最大的若干条线路参与相位比较。在电流幅值最大的线路中，选择与其他线路相位相反的线路为故障线路，如果所有线路电流相位均相同则为母线接地。

稳态量群体比较法是由中国电力科技工作者在 1980 年代发明的，曾获得了广泛的应用。这种方法仅适用于中性点不接地系统中，谐振接地系统中，受消弧线圈的影响，故障线路零序电流幅值可能小于非故障线路，相位也比较接近，因此，无法再根据出线零序电流的幅值与相位关系实现故障选线。此外，实际接地故障中有一定比例的间歇性接地故障，这些故障的接地电流很不稳定，难以准确地计算零序电流的幅值与相位，无法保证故障选线的可靠性。

目前，利用稳态量群体比较法已被暂态量群体比较法所代替。

（2）无功功率方向法。

在中性点不接地配电网中，忽略系统对地电导电流的影响，故障线路上零序电流 $\dot{I}_{k0}$ 相位滞后零序电压 $\dot{U}_0$ 90°，零序电流无功功率从线路上流向母线；非故障线路上零序电流 $\dot{I}_{h0}$ 相位超前零序电压 $\dot{U}_0$ 90°，零序电流无功功率从母线流向线路，如图 1.5－6 所示。

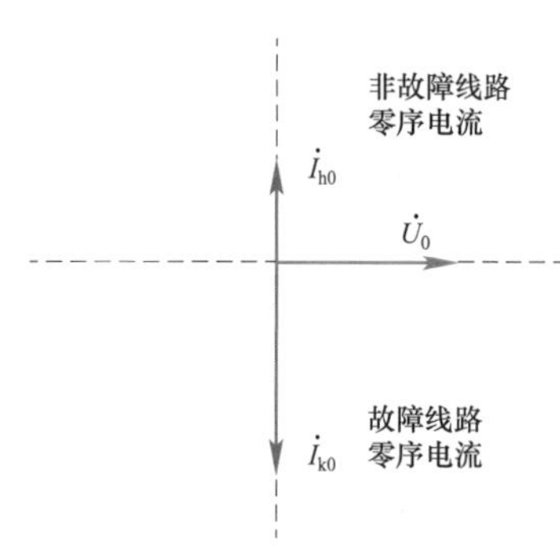


图 1.5－6　中性点不接地配电网中零序电流与零序电压的关系

零序电流无功功率方向法通过比较出线的零序电流与零序电压之间的相位关系检测零序无功功率的方向，如果某线路的零序电流相位滞后零序电压 90°，将其选为故障线路；否则，零序电流相位超前零序电压 90°，将其选为非故障线路。因为是以零序电流中的无功分量作为故障量，因此该方法又被称为 $I\sin\varphi$ 法。

零序电流无功功率方向法不需要采集其他线路的信号，有自具性，可以集成到出线保护装置里，在欧洲一些国家与日本有着广泛的应用。其缺点也是不适用于谐振接地系统，对于间歇性接地故障来说，接地电流存在严重的畸变现象，影响保护的正确动作。

（3）有功功率方向法。

实际的配电线路存在对地电导，消弧线圈自身存在有功损耗，因此，接地故障产生的零序电流中存在有功电流。图 1.5－7 所示为考虑了对地电导影响的谐振接地配电网零序等效网络，可以看出，故障线路Ⅰ中零序电流中的有功分量从线路流向母线，非故障线路Ⅱ和Ⅲ中零序电流的有功分量从母线流向线路。因此，可以通过检测零序有功功率的方向实现故障选线。因为是以零序电流中的有功分量作为故障量，因此该方法又被称为 $I\cos\varphi$ 法。

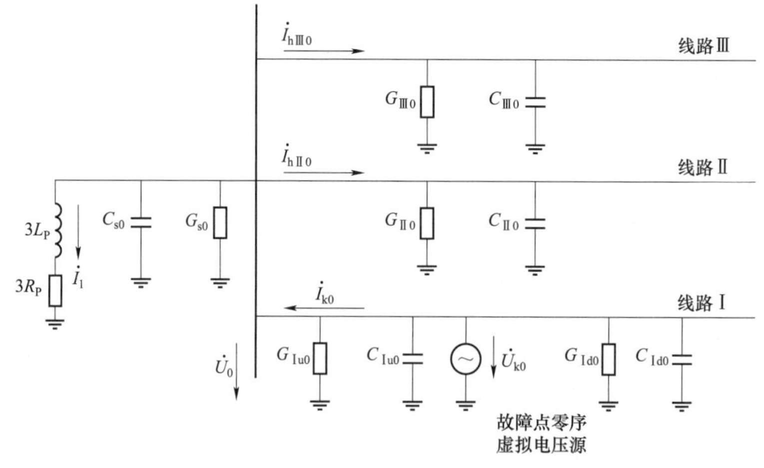


图 1.5－7　谐振接地系统零序等效网络

图 1.5－7 中 $C_{\text{I u0}}$、$C_{\text{I d0}}$、$C_{\text{II}0}$、$C_{\text{III}0}$、$C_{s0}$ 分别为故障点与母线间线路对地电容、故障点下游线路对地电容、非故障线路Ⅱ对地电容、非故障线路Ⅲ对地电容、母线及其背后电源对地电容；$G_{\text{I u0}}$、$G_{\text{I d0}}$、$G_{\text{II}0}$、$C_{\text{III}0}$、$G_{s0}$ 分别为故障点与母线间线路对地电导、故障点下游线路对地电导、非故障线路Ⅱ对地电导、非故障线路Ⅲ对地电导、母线及其背后电源对地电导；$L_p$、$R_p$ 分别为消弧线圈的电感与电阻。

有功功率法在法国、意大利与日本等国有着广泛的应用，中国的不少变电站也安装有功功率选线装置。这种方法优点是能够克服消弧线圈的影响，缺点是需要投入并联电阻，增加了投资，放大了接地残余电流，存在安全隐患；此外，在接地电流存在严重的畸变时，也会影响保护的正确动作。

（4）零序电流幅值法。

零序电流幅值法通过判断零序电流是否越限检测接地故障，这种方法一般仅用于用户分界开关。如图 1.5－8 所示，S1 为分界开关，$C_c$ 为分界开关下游用户供电系统相对地电容，$C_k$ 为除分界开关下游用户供电系统外本线路相对地电容，$C_b$ 为除本线路外的系统总相对地电容，$L_p$ 为消弧线圈电感，S2 为消弧线圈投入开关。

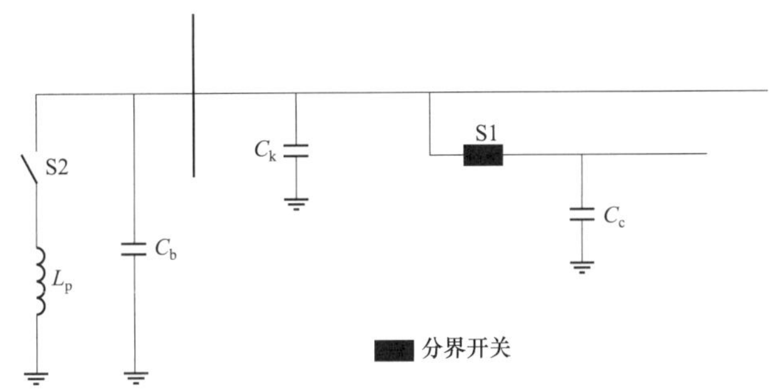


图 1.5－8　含分界开关的配电网示意图

在分界开关上游系统侧发生接地故障时，流过分界开关的零序电流是其下游用户系统电容 $C_c$ 的电流。在用户系统发生故障时，流过分界开关的零序电流等于流过接地点的残余电流减去用户系统电容 $C_c$ 的电容电流。一般来说，分界开关安装处下游用户线路比较短，用户线路及其用电设备的对地电容 $C_c$ 比较小，多数情况不超过 1A，而不论是中性点不接地系统或者消弧线圈接地系统，在发生金属性接地故障时接地点残余电流在 3A 以上，流过分界开关的电流不小于 2A，因此，采用零序过电流法，按照躲过用户系统最大电容的原则选择电流定值，即可在系统侧发生接地故障时可靠不动作，而在用户系统内发生故障时保护动作切除故障。

零序过电流分界法仅适用于用户系统电容电流较小的情况。在用户系统电容电流较大时，在用户系统发生接地故障时，流过分界开关的零序电流可能小于其零序过电流保护整定值，导致分界开关拒动。在用户系统发生高阻接地故障时，分界开关也会拒动。

2. 暂态量检测原理

小电流接地故障产生的暂态零序（模）电流幅值远大于稳态零序电流值（可达稳态电流幅值的十几倍），且不受消弧线圈的影响，即使在电压过零时故障，暂态零序电流的幅值仍然接近稳态工频电容电流的幅值，利用暂态量进行故障选线，可以提高选线的灵敏度与可靠性。目前应用的暂态量选线方法主要有暂态量零序电流群体比较法、首半波法、暂态方向法、行波法、相电流突变法、暂态零序电流波形相似法等。

（1）暂态量零序电流群体比较法。

由于暂态信号不受消弧线圈补偿的影响，在瞬时性故障和间歇性电弧故障时暂态信号优势明显，因此，零序电流群体比较法多用暂态量来实现。非故障线路暂态零序电流为本线路对地分布电容电流，而故障线路暂态零序电流为其背后所有非故障线路暂态零序电流之和，因此故障线路暂态零序电流幅值一般大于所有非故障线路，可以通过比较变电站所有出线的暂态零序电流幅值选择故障线路，称为暂态零序电流群体幅值比较法。

图 1.5－9 所示为中性点不接地配电网中三条线路的实际接地故障的暂态零序电流录波图，可见故障线路零序电流的幅值远大于另外 2 条非故障线路。

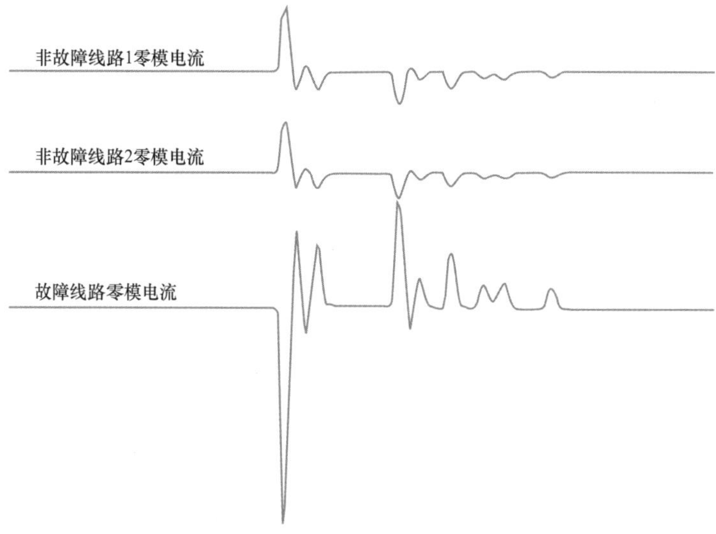


图 1.5－9　配电网实际接地故障的暂态零序电流录波图

暂态零序电流群体极性比较法是比较变电站母线各出线的暂态零序电流的极性，如果某一线路和其他所有线路反极性则该出线为故障线路，如果所有线路都同极性则为母线接地故障。

（2）首半波法。

首半波法是由德国人在 1950 年代提出的，其依据为：在第一个暂态半波内，暂态零序电压与故障线路的零序电流极性相反，而与非故障线路的暂态零序电流极性相同。图 1.5－10（a）给出了一个现场实际记录的暂态零序电压和故障线路暂态零序电流波形，从中可以看出，暂态零序电流一般是按指数衰减的交流分量，持续若干个暂态周期；在暂态过程的第一个半波时间（首半波）$T_b$ 内，暂态零序电压 $u_0(t)$ 和故障线路的暂态零序电流 $i_{k0}(t)$ 极性相反。

但是在首半波后的暂态过程中，暂态零序电压与故障线路暂态零序电流的极性关系会出现变化，即首半波原理利用第一个 1/2 暂态周期（即只能利用 $T_b$ 时间）内的信号，后续的暂态信号可能起相反的作用而导致误选。即使是滤除了工频分量和高频分量后的暂态电压电流信号，其在暂态过程中的极性关系也是交替变化的，如图 1.5－10（b）所示。首半波法其极性关系成立的时间非常短（如 1ms 以内）且不确定，难以保证保护动作的可靠性。此外，在出现高阻接地故障时，故障初始零序电压的幅值很小，导致无法准确判断零序电压初始极性，造成故障选线失败。

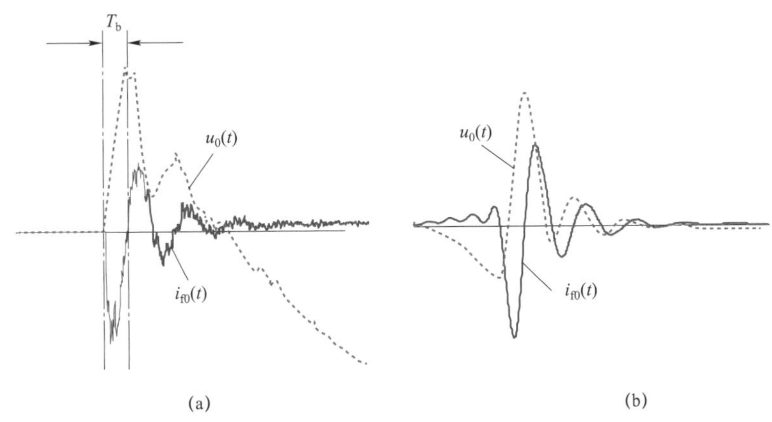


图 1.5－10　实际故障的暂态零序电压与故障线路暂态零序电流波形

（a）电压与电流原始信号；（b）滤波后的暂态电压与暂态电流

（3）暂态方向法。

如图 1.5－11 所示，故障线路的暂态零序电流由线路流向母线，而非故障线路的暂态零序电流方向与此相反，由母线流向线路。因此，通过检测暂态零序电流的方向可以鉴别出故障位置。图中 $G_{\text{I u0}}$、$G_{\text{I d0}}$、$G_{\text{II0}}$、$C_{\text{III0}}$、$C_{s0}$ 分别为故障点与母线间线路对地电容、故障点下游线路对地电容、非故障线路Ⅱ对地电容、非故障线路Ⅲ对地电容、母线及其背后电源对地电容。

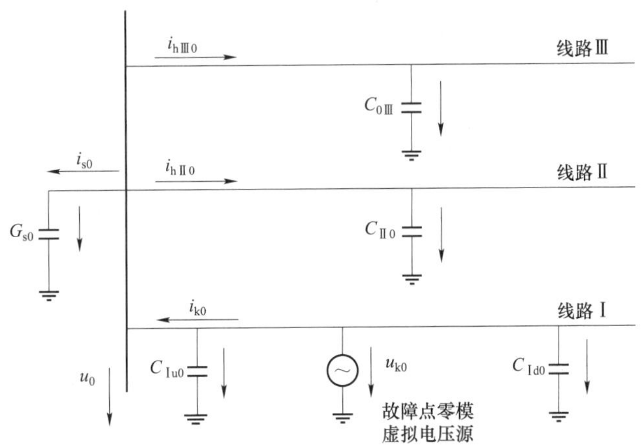


图 1.5－11　中性点不接地配电网暂态零序等效网络

对于非故障线路 $j$，暂态零序电压与电流信号 $u_0(t)$ 、 $i_{j0}(t)$ 满足关系

$$i_{j0}(t)=C_{j0}\frac{\mathrm{d}u_0(t)}{\mathrm{d}t} \tag{5-8}$$

式中， $C_{j0}$ 为非故障线路电容。

故障线路 $k$ 的暂态零序电压 $u_0(t)$ 与电流 $i_{k0}(t)$ 满足关系

$$i_{k0}(t)=-C_{b0}\frac{\mathrm{d}u_0(t)}{\mathrm{d}t} \tag{5-9}$$

式中， $C_{b0}$ 为所有非故障线路电容与母线及其背后系统分布电容之和。

可见，以暂态零序电压的导数为参考，检测暂态零序电流的极性就能检测暂态零序电流的方向，实现故障选线。暂态方向法避免了电流与电压极性关系在第一个半波后就变为相同的情况，克服了首半波法选线原理只在首半波内有效的缺陷。

暂态方向法仅利用检测点零序电压与零序电流信号，不需要其他线路的零序电流信号，具备自具性，可以将其集成到配电线路出线保护装置中，也可以用于配电网自动化系统终端中实现接地故障的区段定位隔离与保护。

（4）行波法。

在配电线路上发生接地故障最初的一段时间（微秒级）内，故障点虚拟电源首先产生的是形状近似如阶跃信号的电流行波，初始电流行波向线路两侧传播，遇到阻抗不连续点（如架空电缆连接点、分支线路、母线等）将产生折射和反射；初始电流行波和后续行波经过若干次的折、反射形成了暂态电流信号（毫秒级），并最终形成工频稳态电流信号（周波级）。

在母线处，故障线路电流行波为沿故障线路来的电流入射行波与其在母线上反射行波的叠加，非故障线路电流行波为故障线路电流入射行波的在母线处的透射波。对于含有三条及以上出线的母线，故障线路电流行波幅值均大于非故障线路，极性与非故障线路相反。因此，与工频电流和暂态电流选线方法类似，可利用电流行波构造幅值比较、极性比较、群体比幅比相以及行波方向等选线算法。区别主要在于两种方法利用了故障信号的不同分量，其技术性能也有所不同。由于暂态电流幅值（可达数百安培）远大于初始电流行波（数十安培），暂态电流的持续时间（毫秒级）大于初始行波（微秒级），从利用信号的幅值与持续时间来看，暂态选线方法所利用的信号能量均远大于行波选线方法。

（5）相电流突变法。

不接地系统配电网接地故障发生前，三相对称中性点位移电压 $u_0$ 为 0，没有故障电流（忽略系统不平衡参数的影响）；接地故障发生后，中性点出现位移电压 $u_0'$，流过故障线路始端除负荷电流与本线路电容电网外，还要加上流过接地点的故障电流，如图 1.5－12 所示。

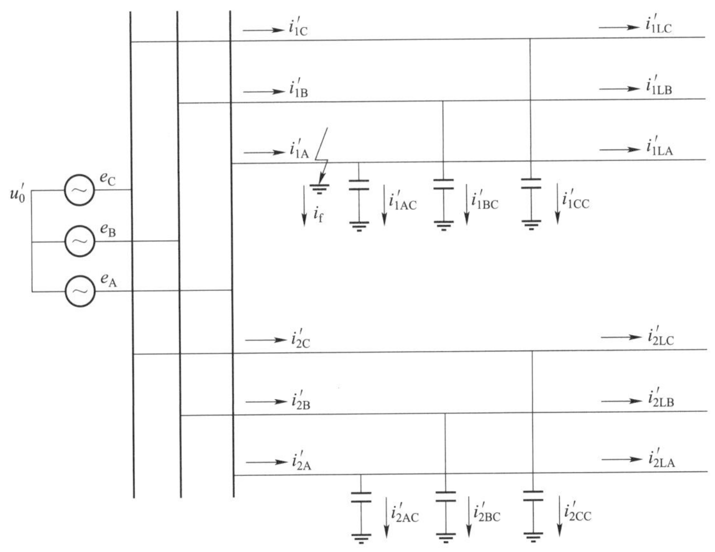


图 1.5－12　单相接地故障时相电流分布示意图

发生单相接地故障后，非故障线路各相电流突变量为对地电容电流，突变的大小相等，波形相同，具有相似性；对于故障线路而言，故障相突变电流为对地电容电流与故障点电流之和，而非故障相突变电流为对地电容电流，两者波形相差很大。因此可以利用相电流突变量波形之间的差异来确定故障线路。

实际系统中，负荷电流可达 400A 以上，而故障电流往往只有几安培，考虑装置的实际测量误差，在负荷电流比较大时，相电流突变量法难以保证故障选线的可靠性。

（6）暂态零序电流波形相似法。

配电线路上发生接地故障时，对于故障区段来说，上游端部开关的暂态零序电流流向母线，其数值等于故障区段与母线之间的线路对地电容电流与除故障线路外系统的对地总电容电流之和；下游端部开关的暂态零序电流流向下游线路，其数值上等于故障区段下游线路对地电容电流，因此，故障区段两端开关的暂态零序电流极性相反、幅值与波形有很大的差异。对于故障点上游的非故障区段来说，流过两端开关的暂态零序电流之差是本区段的对地电容电流，而本区段对地电容电流远小于通过其上游端部开关流向母线的暂态零序电流，因此，故障点上游非故障区段两端开关的暂态零序电流极性相同、幅值相近、波形相似，如图 1.5－13 所示。

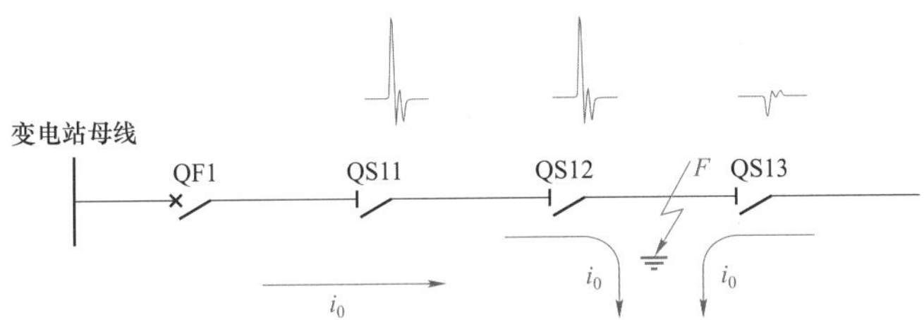


图 1.5－13　接地故障暂态零序电流分布特征

根据上面的分析，通过判断线路区段两端暂态零序电流的相似性可识别出故障区段：如果一个线路区段两端的暂态零序电流不相似，判断该区段为故障区段；否则，两个暂态零序电流相似，判断为非故障区段。实际工程中，配电自动化系统主站通过收集并处理故障线路上配电终端（或故障指示器）上报的暂态零序电流录波，识别故障区段。

3. 主动式检测原理

主动式选线方法利用专用一次设备或其他一次设备动作配合，改变配电网的运行状态产生较大的工频附加电流，或利用信号注入设备向配电网中注入特定的附加电流信号，通过检测这些附加电流信号选择故障线路或判断故障位置。

（1）投入中电阻法。

投入中电阻法是在出现接地故障且电弧不能自动熄灭后，投入与消弧线圈并联的电阻，如图 1.5－14 所示。根据电阻值的大小，分为中电阻与小电阻两种方法。投入小电阻的方法实质上是将谐振接地系统转换为小电阻接地系统，进而采用零序过电流法实现接地故障的保护。投入中电阻的方法，使故障线路零序电流出现 20～40A 阻性电流增量，采用有功功率法或零序电流突变量法实现故障选线。有功功率法原理已在前面介绍过。零序电流突变量选线法利用故障线路零序电流在并联电阻投入前后的变化量实现故障选线，其优点是不需要测量零序电压，易于实现，但仅适用于低阻接地故障，因为在发生高阻接地故障时零序电流主要取决于过渡电阻，投入的并联电阻在故障线路零序电流中产生的突变量很小，难以保证故障选线的可靠性。

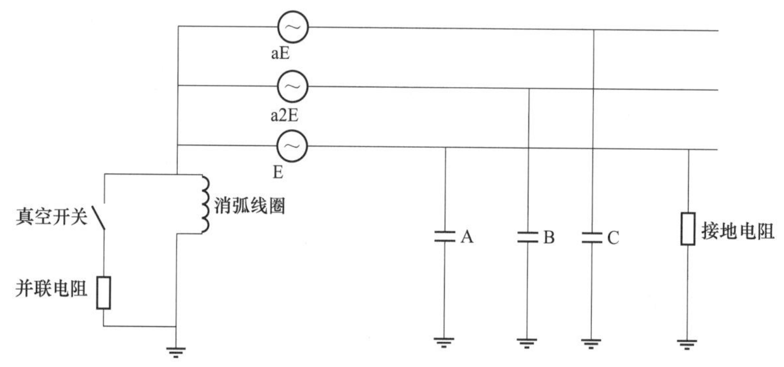


图 1.5－14　投入与消弧线圈并联电阻的电路图

（2）扰动法。

另外一种主动式选线方法是改变消弧线圈补偿度，利用故障线路零序电流在消弧线圈调整前后的变化实现故障选线，其特点与并联中电阻时采用的零序电流突变量法相同。

（3）S 注入法。

1990 年代，中国电力科技工作者发明了一种通过电压互感器注入间谐波（220Hz）的选线方法，利用间谐波信号经过故障线路流入接地点的特点，通过检测并比较出线上检测到的间谐波信号的幅值实现故障选线，在线路上采用固定安装的故障指示器或移动探头在线路上检测注入的间谐波信号，检测装置在接地点前能够检测到间谐波信号，而在接地点后检测不到，据此判断出故障的位置。这种方法需要安装信号注入设备，且仅适用于比较稳定的低阻接地故障，现在已很少使用。

（4）外施信号法。

外施信号法是指当系统发生单相接地故障时，通过信号发生装置检测到零序电压升高到设定值并持续一定时间后，控制内部的高压开关投入，使故障线路上的负荷电流叠加一个与开关动作规律相同的特征电流信号作为接地故障判据，特征电流流经故障线路、接地故障点和大地后返回外施信号发生装置。安装在线路上的故障指示器检测到该电流信号后给出告警信息的接地故障检测方法。

在单相接地故障发生后能够使故障线路段产生具有图 1.5－15 规定的特征电流信号$\Delta I$，作为接地故障检测判据。外施信号产生的最大电流不大于 60A。

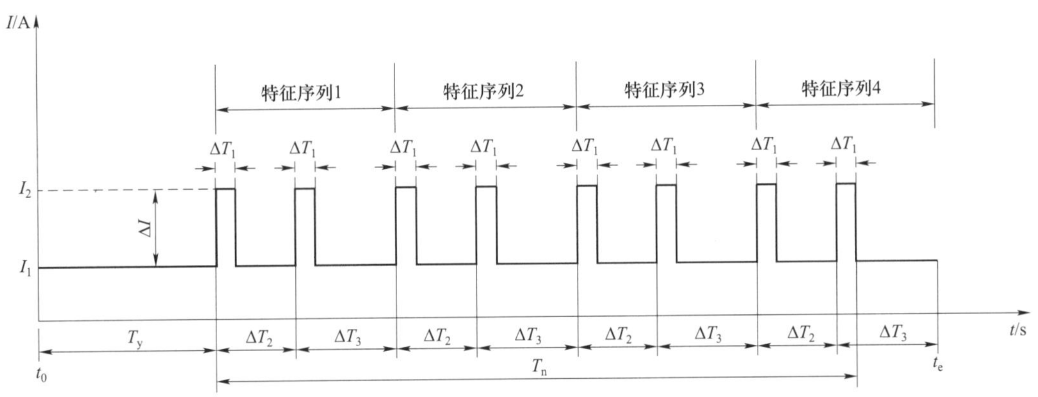


图 1.5－15　外施信号时序

其中，时序具体参数要求如下：

$\Delta T_1$：120ms（±20ms）。

$\Delta T_2$：800ms（±10ms）。

$\Delta T_3$：1000ms（±10ms）。

$\Delta I = I_2 - I_1$，最小值不小于 10A。

每次单相接地故障产生的特征序列不少于 4 个。

当接地故障发生后，装置控制故障相开关短时合闸进行熄弧，同时启动录波。如果熄弧成功，处理结束；如果故障依然存在，装置首先控制故障相的超前相对应的开关按照一定规律进行合分动作，以产生图 1.5－15 所示的特征信号，然后再控制滞后相对应的开关按照同样的规律进行合分动作。

安装在线路上的配电终端或故障指示器能实时上送三相电压、零序电压等遥测信息和交流电源失电、接地线断线等告警信息，检测到施加的电流信号后给出故障告警信息或动作。

4. 馈线自动化原理

馈线自动化是利用自动化装置或系统，监视配电网的运行状况，及时发现配电网故障，进行故障定位、隔离和恢复对非故障区域的供电的系统。按照信息处理方式的不同，馈线自动化可以分为主站集中型馈线自动化、就地重合型馈线自动化和智能分布式馈线自动化。

（1）主站集中型。

主站集中型馈线自动化借助通信手段，通过配电终端和配电主站的配合，在发生故障时依靠配电主站判断故障区域，并通过自动遥控或人工方式隔离故障区域，恢复非故障区域供电。主站集中型馈线自动化包括半自动和全自动两种方式。

集中型馈线自动化适用各种网架结构和线路类型，对变电站出线开关、线路开关、保护定值等无特殊要求，但需要满足配电自动化系统相关安全防护要求。集中型馈线自动化，可作为就地型馈线自动化和级差保护的补充，在上述馈线自动化完成隔离故障和恢复故障区域上游供电后，完全隔离故障区域并通过负荷转供恢复故障区域下游健全区域供电。因涉及接收 EMS 转发变电站出线开关信息、维护线路配置信息及维护主配网模型的需求，集中型馈线自动化的维护工作多在主站端进行。

（2）就地重合型。

就地重合器型馈线自动化不依赖于配电主站和通信的故障处理策略，由终端收集、处理本地运行及故障等信息，实现故障定位、隔离和恢复对非故障区域的供电。电压时间型是最为常见的就地重合器式馈线自动化模式，根据不同的应用需求，在电压时间型的基础上增加了电流辅助判据，形成了电压电流时间型和自适应综合型等派生模式。

1）电压时间型。

电压时间型馈线自动化是通过开关“无压分闸、来电延时合闸”的工作特性配合变电站出线开关二次合闸来实现，一次合闸隔离故障区间，二次合闸恢复非故障段供电。

2）电压电流时间型。

典型的电压电流时间型馈线自动化是通过检测开关的失电压次数、故障电流流过次数、结合重合闸实现故障区间的判定和隔离；通常配置三次重合闸，一次重合闸用于躲避瞬时性故障，线路分段开关不动作，二次重合闸隔离故障，三次重合闸恢复故障点电源侧非故障段供电。

3）自适应综合型。

自适应综合型馈线自动化是通过“无压分闸、来电延时合闸”方式，结合短路/接地故障检测技术与故障路径优先处理控制策略，配合变电站出线开关二次合闸，实现多分支多联络配电网架的故障定位与隔离自适应，一次合闸隔离故障区间，二次合闸恢复非故障段供电。

在实际应用过程中，就地重合器式馈线自动化根据各地网架结构以及需求侧重点的不同，进行了多种逻辑的改进，派生了更多有特殊针对性的模式。

就地重合式馈线自动化不依赖于通信和主站，实现故障就地定位和就地隔离。重合器式馈线自动化一般需要变电站出线开关多次重合闸（2 次或 3 次）配合。配电线路采用就地重合器式馈线自动化模式时，该线路上的所有配电终端均应按照同一馈线自动化模式进行配置。

（3）智能分布式。

智能分布式馈线自动化通过配电终端相互通信自动实现馈线的故障定位、隔离和非故障区域恢复供电的功能，并将处理过程及结果上报配电自动化主站。其实现不依赖主站，动作可靠，处理迅速，对通信的稳定性和时延有很高的要求。智能分布式馈线自动化可分为速动型分布式馈线自动化和缓动型分布式馈线自动化。

1）速动型馈线自动化。

应用于配电线路分段开关、联络开关为断路器的线路上，配电终端通过高速通信网络，与同一供电环路内相邻分布式配电终端实现信息交互，当配电线路上发生故障，在变电站出口断路器保护动作前，实现快速故障定位、故障隔离和非故障区域的恢复供电。

2）缓动型馈线自动化。

应用于配电线路分段开关、联络开关为负荷开关或断路器的线路上。配电终端与同一供电环路内相邻配电终端实现信息交互，当配电线路上发生故障，在变电站出口断路器保护动作后，实现故障定位、故障隔离和非故障区域的恢复供电。智能分布式馈线自动化适用于对供电可靠性要求特别高的核心地区或者供电线路，如 A+、A 类供电区域电缆环网线路，同时要求具备端端通信条件。

# 第 2 章　配电自动化运维管理

## 2.1　配电自动化主站运维管理

### 2.1.1　主站验收

配电自动化系统验收分为三个阶段，即工厂验收、现场验收、实用化验收。验收工作应按阶段顺序进行，只有在前一阶段验收合格通过后方可进行下一阶段验收工作。

1. 主站工厂验收

在系统搭建之前，设备在工厂按例会进行设备出厂前验收，对照设备清单可以进行设备验收和系统功能测试。主要包括系统硬件检查，基础平台、系统功能和性能指标测试等内容。

配电自动化主站设备主要包含交换机、服务器、工作站、正反向隔离装置、防火墙、安全网关、纵向加密认证装置、时钟同步装置、磁盘阵列等，在设备验收中应检查是否是双电源可靠供电、设备是否具备长期正常运行条件、是否异常告警等影响系统运行条件，若有则应为否决条件。

设备验收及系统功能测试过程中，生产厂家会根据采购合同约定要求的功能内容编写测试大纲，按大纲内容逐项进行验收即可。

（1）工厂验收流程。

1）工厂验收条件具备后，按验收大纲进行工厂验收。

2）严格按审核确认后的验收大纲所列测试内容进行逐项测试，逐项记录。

3）测试中发现有缺陷和偏差，允许被验收方进行修改完善，但修改后必须对所有相关项目重新测试，验收中发现的缺陷及整改应记录缺陷和整改报告。

4）若测试结果证明某一设备、软件功能或性能不合格，被验收方必须更换不合格的设备或修改不合格的软件，对于第三方提供的设备或软件同样适用。设备更换或软件修改完成后，与该设备及软件关联的功能及性能测试项目必须重新测试。

5）测试完成后形成验收报告，工厂验收通过后方可出厂。

（2）工厂验收报告要求。

1）工厂验收测试记录。

2）工厂验收偏差、缺陷汇总。

3）工厂验收测试统计及分析。

4）工厂验收结论。

2. 主站现场验收

现场验收是在机房完成主站系统搭建，主站硬件设备和软件系统完成现场安装、调试，具备接入条件的配电子站、配电终端已接入系统，系统的各项功能正常，具备现场运行条件后，由现场建设单位发起的验收。现场进行 72h 连续运行测试。验收测试结果证明某一设备、软件功能或性能不合格，被验收方必须更换不合格的设备或修改不合格的软件，对于第三方提供的设备或软件，同样适用。设备更换或软件修改完成后，与该设备及软件关联的功能及性能测试项目必须重新测试，包括 72h 连续运行测试。

现场验收测试结束后，现场验收工作小组编制现场验收测试报告、缺陷报告、设备及文件资料核查报告，现场验收组织单位主持召开现场验收会，对测试结果和项目阶段建设成果进行评价，形成现场验收结论。对缺陷项目进行核查并限期整改，整改后需重新进行验收。

现场验收通过后，主站系统进入试运行期。

3. 主站实用化验收

配电自动化实用化验收包括验收资料、运维体系、考核指标、实用化应用、安全防护等五个分项：

（1）验收资料评价内容包括技术报告、运行报告、自查报告、配电自动化设备台账等。

（2）运维体系评价内容包括运维制度、职责分工、运维人员、配电自动化缺陷处理响应情况等。

（3）考核指标评价内容包括配电终端接入情况、配电终端覆盖率、系统运行指标等。

（4）实用化应用评价内容包括图模质量、晨操开展情况、馈线自动化使用情况、数据维护情况等。

（5）检查内容涵盖所有县公司。

实用化验收按照国网公司要求，有具体的相应内容，应严格按照相关要求准备验收资料。新一代配网自动化验收细则评分标准见表 2.1－1。

表 2.1－1　　新一代配网自动化验收细则评分标准

| 序号 | 评价项目及要求 | 标准分 | 检查方法 | 评分标准及评分办法 | 自查分 | 实得分 | 备注 |
|---|---|---|---|---|---|---|---|
| 1 | 验收资料 | 100 | | | | | |
| 1.1 | 技术报告：<br>（1）需求分析；<br>（2）技术路线；<br>（3）技术方案等 | 20 | 查看提交报告 | 不满足要求的根据实际情况酌情扣分 | | | |
| 1.2 | 运行报告：<br>（1）巡视记录；<br>（2）缺陷记录；<br>（3）检修记录；<br>（4）运行日志；<br>（5）运行分析报告；<br>（6）故障分析报告 | 20 | 查看提交报告 | 不满足要求的根据实际情况酌情扣分 | | | |
| 1.3 | 用户报告 | 10 | 查看提交报告 | 不满足要求的根据实际情况酌情扣分 | | | |
| 1.4 | 自查报告 | 30 | 查看提交报告 | 不满足要求的根据实际情况酌情扣分 | | | |

续表

| 序号 | 评价项目及要求 | 标准分 | 检查方法 | 评分标准及评分办法 | 自查分 | 实得分 | 备注 |
|---|---|---|---|---|---|---|---|
| 1.5 | 配电自动化设备台账：<br>（1）配电主站设备台账（包括各地县）；<br>（2）配电终端台账（包括各地县）；<br>（3）配电通信设备台账（包括各地县） | 20 | 查看设备台账 | 要求设备台账清晰、完整、实用性强，供验收时参考，不满足要求的根据实际情况酌情扣分 | | | |
| 2 | 运维体系 | 100 | | | | | |
| 2.1 | 运维制度：<br>（1）岗位职责；<br>（2）培训管理；<br>（3）缺陷管理；<br>（4）巡视管理等 | 30 | 查看文件、运行日志、检修记录、培训管理记录、巡视记录、缺陷管理流程及记录等 | 不满足要求的项，每项扣5～10分，扣完为止 | | | |
| 2.2 | 职责分工：<br>（1）运维主体明确；<br>（2）工作流程清晰；<br>（3）消缺流程规范 | 30 | 查看文件、运行日志、检修记录、培训管理记录、巡视记录、缺陷管理流程及记录等 | 要求各部门职责划分清晰，相关运维机构已成立，并已实际运转。不满足要求的项，每项扣5～10分，扣完为止 | | | |
| 2.3 | 运维人员：<br>（1）熟悉所管辖或使用设备的结构、性能及操作方法；<br>（2）具备一定的故障分析处理能力 | 20 | 查看人员的培训记录，随机选取运维人员进行现场询问 | 不满足要求的项，每项扣5～10分，扣完为止 | | | |
| 2.4 | 配电自动化缺陷处理响应情况：满足相关运维管理规范要求以及配网调度运行和生产指挥的要求 | 20 | 查看缺陷处理记录、系统挂牌情况、实际缺陷流转流程 | 不满足要求的根据实际情况酌情扣分 | | | |
| 3 | 考核指标 | 150 | | | | | |
| 3.1 | 配电终端覆盖率：配电终端覆盖率不小于建设和改造方案的95%；配电终端覆盖率=（已投运的配电终端数量/建设和改造方案中应安装配电终端数量）×100% | 20 | 查看被验收单位提供的配电自动化设备台账和主站接入情况 | 覆盖率达不到95%，每降低1%扣1分，覆盖率低于80%此项不得分 | | | |
| 3.2 | 系统运行指标 | 100 | | | | | |
| 3.2.1 | 配电主站月平均运行率：≥99%；配电主站月平均运行率=（全月日历时间－配电主站停用时间）/全月日历时间×100% | 10 | 查看主站系统运行记录、被验收单位的自查报告和主站系统指标统计情况 | 运行率达不到99%，每降低1%扣5分，运行率低于95%此项不得分 | | | |
| 3.2.2 | 配电终端月平均在线率：≥95%；配电终端月平均在线率=［0.5×（所有终端在线时长/所有终端应在线时长）+0.5×（连续离线时长不超过3天的终端数量/所有终端数量）］×100% | 25 | 查看配电终端运行记录、被验收单位的自查报告和主站系统指标统计情况 | 在线率达不到95%，每降低1%扣2分，在线率低于85%此项不得分 | | | |

续表

| 序号 | 评价项目及要求 | 标准分 | 检查方法 | 评分标准及评分办法 | 自查分 | 实得分 | 备注 |
|---|---|---|---|---|---|---|---|
| 3.2.3 | 遥控成功率：≥98%；遥控成功率＝（考核期内遥控成功次数/考核期内遥控次数总和）×100% | 20 | 查看主系统运行记录、被验收单位的自查报告和主站指标统计情况 | 成功率达不到 98%每降低 1%扣 1 分，成功率低于 80%此项不得分 | | | |
| 3.2.4 | 遥信动作正确率：≥95%；遥信动作正确率＝所有自动化开关遥信变位与终端 SOE 记录匹配总数/所有开关遥信变位记录数 | 20 | 查看主站系统运行记录、被验收单位的自查报告和主站指标统计情况 | 正确率达不到 95%的每降低 1%扣 2 分，正确率低于 90%此项不得分 | | | |
| 3.2.5 | 馈线自动化成功率＝（馈线自动化成功执行事件数量/馈线自动化启动数量）×100% | 25 | 查看主站系统运行记录、配网故障分析报告、配网调控日志、被验收单位的自查报告 | 馈线自动化成功率低于 90%且有全自动馈线自动化动作成功记录得 20；馈线自动化成功率低于 90%、无全自动馈线自动化成功记录且有交互模式馈线自动化成功记录得 10 分；无馈线自动化成功记录不得分 | | | |
| 3.3 | 系统运行指标（Ⅳ区） | 30 | | | | | |
| 3.3.1 | 线路停电故障研判准确率＝（线路真实停电故障数量/系统研判线路停电故障数量）×100% | 15 | 根据导出的线路故障清单随机抽查 10 条故障，人工方式通过负荷曲线、现场询问等方式进行核实。<br>注：需排除因外部因素导致的研判错误，如计划停电报告不准确、线路运行图临时修改、图模维护与现场不准确等 | 正确率达不到 90%的每降低 1%扣 1 分，正确率低于 75%此项不得分 | | | |
| 3.3.2 | 配电变压器停电故障研判准确率＝（配电变压器真实停电故障数量/系统研判配电变压器停电故障数量）×100% | 15 | 根据导出的配电变压器故障清单随机抽查 10 条故障，人工方式是通过负荷曲线、现场询问等进行核实<br>注：需排除因外部因素导致的研判错误，如计划停电报告不准确、线路运行图临时修改、图模维护与现场不准确等 | 正确率达不到 95%的每降低 1%扣 1 分，正确率低于 80%此项不得分 | | | |
| 4 | 实用化应用指标 | 200 | | | | | |
| 4.1 | 基本功能应用 | | | | | | |
| 4.1.1 | 电网主接线及运行工况：要求配电线路和设备图形清晰、美观、实用，曲线、实时数据显示正常，符合逻辑 | 15 | 查看主站系统图形 | （1）图形不规范、不美观，发现 1 项扣 1 分。<br>（2）发现实时数据异常且无缺陷填报记录，发现 1 项扣 1 分 | | | |

续表

| 序号 | 评价项目及要求 | 标准分 | 检查方法 | 评分标准及评分办法 | 自查分 | 实得分 | 备注 |
|---|---|---|---|---|---|---|---|
| 4.1.2 | 告警：要求主站系统在电网出现故障或异常的情况下，能够迅速在屏幕的告警区显示简单明了的告警信息，并可根据告警信息调出相应画面，系统应保存事故及告警信息的内容，包括事件的性质、状态、发生时间、对象性质等 | 15 | 查看调控日志和主站系统运行记录 | （1）告警区告警信息分层分区不合理、不清晰，发现1项扣1分。<br>（2）告警信息与调控日志不对应，发现1项扣2分 | | | |
| 4.1.3 | 事件顺序记录（SOE）：要求在同一时钟标准下，站内和站间发生事件的顺序记录。事件顺序记录应按时间顺序保存，并可分类检索 | 15 | 查看主站系统运行记录 | SOE记录不全、时序不正确，发现1项扣1分 | | | |
| 4.2 | 馈线自动化使用情况：要求故障时能判断故障区域并提供故障处理的策略 | 15 | 查看配网故障分析报告、配网调控日志和主站系统运行记录等资料、FA动作分析报告 | 故障区域判断或故障处理策略不正确，发现1项扣2分 | | | |
| 4.3 | 数据维护情况：异动流程完善，数据维护的准确性、及时性和安全性满足配网调度运行和生产指挥的要求 | 15 | （1）查看异动管理制度，抽查异动流程记录；<br>（2）抽查部分配电线路的图形、设备参数、实时信息与现场实际及源端系统的一致性 | （1）异动管理制度不合理扣10分；异动流程执行不符合管理制度要求，发现1项扣2分。<br>（2）系统与现场不符，每发现1项扣2分 | | | |
| 4.4 | 配电线路图完整率：≥98%；配电线路图完整率=（配电主站图形化的配电线路条数/配电线路总条数）×100% | 15 | 查看配电线路台账和主站系统图形 | 完整率达不到98%，每降低1%扣2分 | | | |
| 4.5 | 停电故障研判与发布：能够展示停电故障范围、地理图、单线图定位，并发布到抢修平台 | 15 | 抽查10条线路故障、分线故障查看能否展示故障范围，抢修平台查看是否有线路抢修工单 | （1）单线图定位、范围显示不准确，发现1条扣1分。<br>（2）地理图定位、范围显示不准确，发现1条扣1分。<br>（3）故障事件无法推送到抢修，扣5分 | | | |
| 4.6 | 配网运行异常分析：能够展示配网运行异常事件清单，包括不限于中压线路、配电变压器、低压设备运行异常，如设备重载、过载、三相不平衡、运行缺相、漏电流越限等，并能够发布到供电服务指挥系统 | 15 | 抽查10条配网异常，查看历史负荷数据或现场确认异常是否准确，查看供电服务指挥系统是否有异常事件待处理 | （1）系统与实际不符，每发现1项扣2分。<br>（2）异常事件无法推送供电服务指挥指挥系统，扣5分 | | | |
| 4.7 | 运行预警监测：能够展示配网运行预警清单，包括不限于中压线路、配电变压器、低压设备预警监测，如设备电压越限、单相重载等，并能够通过短信等方式通知设备主人 | 15 | 抽查10条预警信息，查看历史数据或现场确认预警是否准确，查看短信发送记录是否有对设备主人发送 | （1）预警与实际不符，每发现1项扣1分。<br>（2）预警事件无法短信通知设备主人，扣5分 | | | |

续表

| 序号 | 评价项目及要求 | 标准分 | 检查方法 | 评分标准及评分办法 | 自查分 | 实得分 | 备注 |
| --- | --- | --- | --- | --- | --- | --- | --- |
| 4.8 | 终端运行管理：能够实现配电终端运行管理，包括参数管理、设备运行监测、故障处理、缺陷分析等，能够对终端运行异常进行监测，对异常进行处理，对设备故障进行缺陷分析，并形成相应的历史记录 | 15 | 抽查部分终端运行状态，查看终端异常分析是否准确，异常是否能够闭环处理，是否进行设备缺陷分析，查看是否有各类终端运行异常和缺陷的历史记录 | 不满足要求的根据实际情况酌情扣分 | | | |
| 4.9 | 短信应用：能够实现各类订阅短信的正常发送，能够查询短信发送历史记录 | 5 | 抽查发送的短信是否正确，包括各类需要短信报送的事件是否真实发生，设备主人是否正确收到短信通知 | 发现 1 条事件未成功推送短信扣 1 分 | | | |
| 4.10 | 信息交互接口 | 45 | | | | | |
| 4.10.1 | 配电主站与电网调度控制系统接口 | 15 | 现场查看，检查配电主站运行记录 | 接口未通不得分，未实现常态化应用扣 5 分 | | | |
| 4.10.2 | 配电主站与 PMS2.0 系统接口 | 15 | 现场查看，检查配电主站运行记录 | 接口未通不得分，未实现常态化应用扣 5 分 | | | |
| 4.10.3 | 配电主站与供电指挥平台接口 | 15 | 现场查看，检查配电主站运行记录 | 接口未通不得分，未实现常态化应用扣 5 分 | | | |
| 5 | 安全防护 | 50 | | | | | |
| 5.1 | 配电主站等级保护测评 | 10 | 查看测评资料 | 未进行等级保护测评的不得分，已测评未备案扣 5 分 | | | |
| 5.2 | 配电主站边界防护 | 25 | 现场检查各个边界防护情况 | 一个边界防护情况不满足扣 5 分，直至扣满 25 分 | | | |
| 5.3 | 主站及终端数据传输的双向加密情况 | 10 | 要求所有接入配电主站的终端，均需经过安全接入区接入，实行双向身份认证、数据加密 | 现场检查接入的终端，有一个终端接入不满足要求扣 5 分，直至扣满 10 分 | | | |
| 5.4 | 账号口令情况 | 5 | 账号口令采用强口令，严禁使用无口令或单一口令 | 抽查人员账号，若不满足扣 5 分 | | | |

## 2.1.2 主站设备调试

1. 准备工作

在系统完成调试，正常运行后，进行系统运维和系统调试工作前，必须做好系统备份工作，确保在工作过程对出现的纰漏进行修复。备份与恢复工具是为方便备份及恢复 D5200 可执行程序、动态库、配置文件等而开发的，可以提供脚本方式和图形界面方式供用户备份或恢复文件。

备份方式分为全备份、增量备份两种方式。全备份对目录做完全备份，增量备份是在前一次全备份的基础上仅对发生变化的文件做备份。若要异地备份，需要指定一台专用的备份服务器。

脚本方式一般配置在 crontab 中做定期备份。备份的最小时间间隔为一天，若某天已做全备份，可以再做全备份替换原有备份，但不能再做增量备份，此项工作一般由运维厂家在系统建设中；同理，若已做增量备份，可以再做增量备份，但不能再做全备份。

（1）系统备份启动及退出。

系统备份与恢复工具的配置文件为 sys_backup.conf。

方法：命令行输入 sys_backup。

将打开系统备份与恢复界面，默认是备份标签页，如图 2.1－1 所示。

1）左侧树形显示备份可选目录，可以复选。

2）备份到本地或远程。

3）创建增量备份。

4）创建全备份。

5）退出程序。

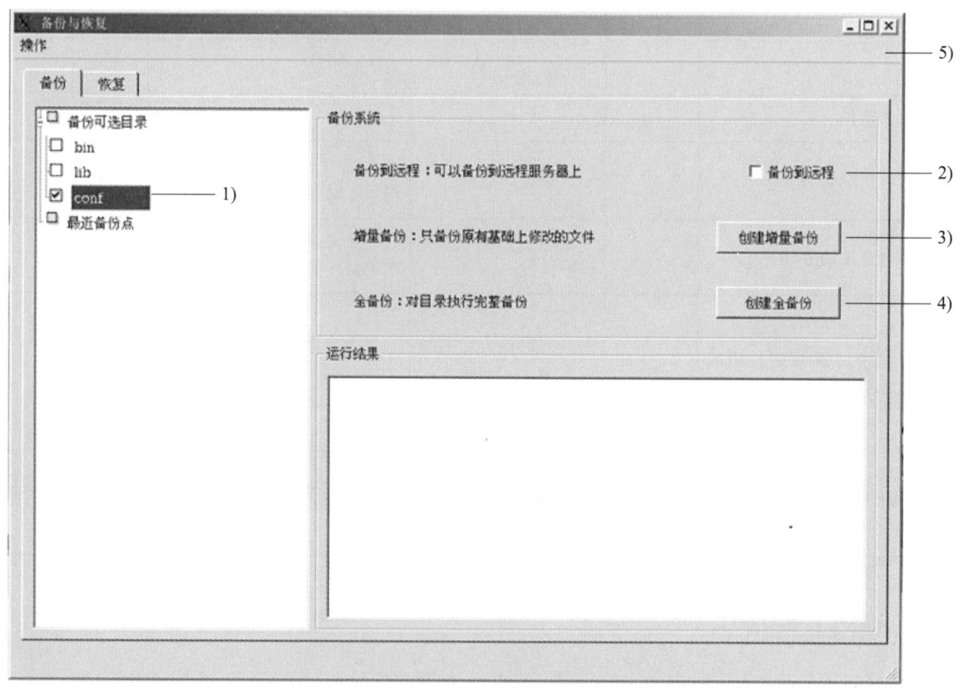


图 2.1－1　系统备份

操作步骤：选择需要备份的目录后，再选择是否需要备份到远程节点上，最后选择增量备份还是全备份。

点击恢复标签页，如图 2.1－2 所示。

1）选择本地已备份的目录及时间点。

2）恢复备份文件到临时目录下。

3）远程已备份目录及时间点。

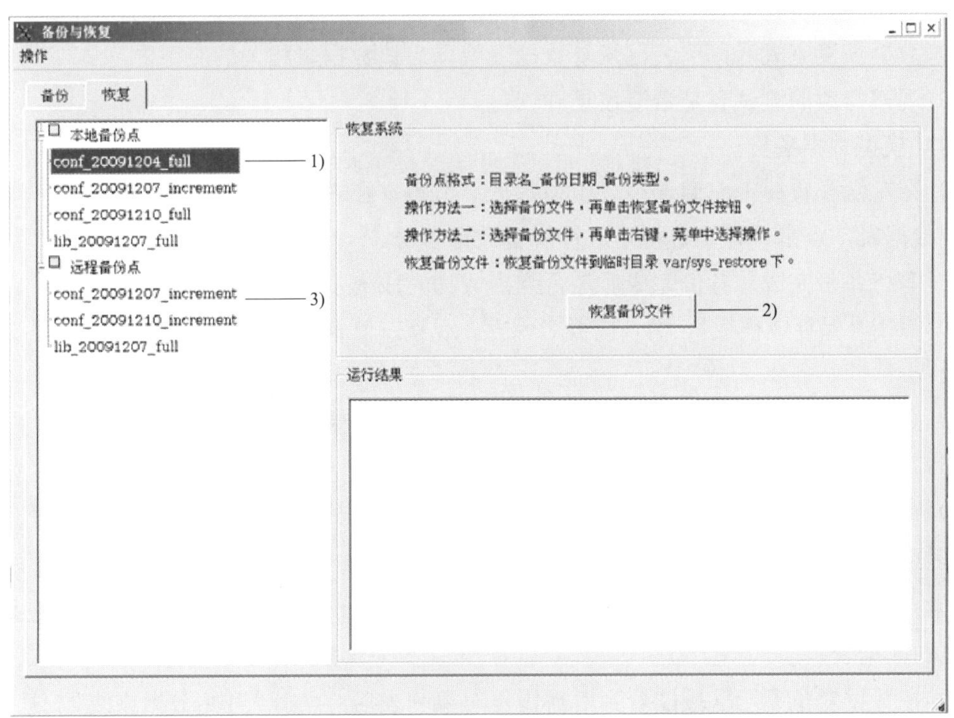


图 2.1－2　系统恢复

操作步骤：先选择需要恢复的目录，再选择恢复备份文件即可。

（2）模型备份与恢复。

exp_man 提供图形界面供用户备份和恢复关系（商用）数据库。

按照全库、模型数据的分类备份和恢复商用库。每种类型又可以继续细化，最小粒度为单张数据表，还可以自定义备份模板，方便用户使用。备份前可以检查当前空间是否满足备份的需要，备份完毕后记录出错日志（如果有错误），恢复完毕后记录恢复日志。

特别说明：exp_man 会按照登录用户的权限不同显示不同的内容。如果用户只具有商用库备份权限，则恢复部分的界面不会显示，反之亦然。如果用户商用库备份和恢复的权限都没有，则不能启动 exp_man。

全库数据备份：

1）在左侧配置树上左键选中“全库数据”节点，在右侧的配置界面中选择全库备份类型，然后点击“开始备份”进行全库数据备份。

2）等待备份完成，观察备份完成是否弹出对话框提示备份结果。

（3）全库模型恢复。

1）在左侧配置树上左键选中“商用库恢复”节点，从右侧的“库链接选择”下拉框中选择恢复目标库，点击右侧的“打开描述文件”按钮，读取上一步全库备份的描述文件，从数据列表中选择想要恢复的数据表，点击“开始数据恢复”进行数据库恢复工作。

2）数据恢复完成后，下装已恢复数据表或重启该数据表相关的应用。

3）观察修改的测试表是否能被正确恢复。

（4）模型数据备份。

1）在左侧配置树上左键选中“模型数据”节点，在右侧的模型数据列表中选择要备份的模型数据表，点击“开始备份”进行模型数据备份。

2）等待备份完成，备份完成后是否弹出成功完成提示。

3）点击“保存成模板”，输入模板名保存，观察左侧树形结构的模型数据下是否新增所存模板。

4）点击所存模板，观察右侧窗口显示是否自动选择模板所选备份表。

（5）模型数据恢复。

1）在左侧配置树上左键选中“商用库恢复”节点，从右侧的“库链接选择”下拉框中选择恢复目标库。

2）点击右侧的“打开描述文件”按钮，读取参测备份描述文件，从数据列表中选择想要恢复的数据表。

3）在数据对象显示区域能看到所需恢复对象列表后，点击“开始数据恢复”，进行数据库恢复工作。该表应能被正确恢复。

4）下装被测试表到实时库。

5）用 dbi 工具打开被修改的表，检查内容是否已经恢复成备份时状态。

2. 主站系统功能调试

主站系统具备多种功能，可以分别满足运维、调度、监控各种人员，在此区分了一下，主要将涉及主站运维人员部分进行描述。

图形管理能反映实时数据及设备状态，对于遥信变位、事故变位则立即反映，同时根据系统颜色配置表中的颜色来区别各个遥测量或设备的不同状态，在配电自动化系统主站方面是直观反映配网设备现场状态展示的工具，不管对于运维人员还是对于调度控制人员来说，都是系统最关键的部分。

馈线自动化功能等高级应用都是建立在图模准确的基础上进行的。同时对于运维人员来说，主站系统的设备状态和服务器运行状态是支撑主站正常运行的关键点，应具备自动切换和系统管理的可视化工具，包括整个系统以及各个应用的启/停，各个节点上应用状态的监视、主备状态监视、网卡状态监视、主备切换、系统所占用的 CPU 和磁盘资源的监视。在功能调试过程中，主要验证功能能否正确展示和使用。

（1）图形管理。

1）画面分层显示。画面可分多个图层，不同图层进行功能展示，比如第二图层可布局动态数据，这样在图模导入后不会覆盖原动态数据，只需要进行位置调整即可完成动态数据展示，降低工作量。可以删除、编辑和显示网络、本地图形文件。当删除时，删除图形信息表的记录，同时删除系统内所有 file_serv 服务器 graph 目录下的图形文件。本地图形进行处理后仅针对本台工作站或者服务器，不会影响其他用户。所有功能都通过图形管理器 GFileManager 进行管理网络图形文件、本地图形文件、图元。

① 打开一幅含多层画面的图形，观察图形浏览器左下方的当前层次显示。

② 点击工具栏的放大、缩小按钮或直接修改放大倍数，观察图形的变化。

③ 观察“当前层次”的变化，是否与编辑图形时设置的相符。

2）画面区域选择。

① 打开一幅图形。

② 在显示区域按住鼠标左键向右下方拖动，拉出放大显示区域，松开鼠标。

③ 观察所选图形区域的放大显示是否，是否有发生偏移，定位是否。

④ 在显示区域按住鼠标左键向左上方拖动，拉出缩小显示区域，松开鼠标。

观察所选图形区域的缩小显示是否，是否有发生偏移，定位是否。

3）图形文件管理。

① 打开图形网络或者本地文件页面，选中网络、本地文件列表中的文件，添加到选中文件列表中。

② 然后选中要操作的文件项，可以进行删除、编辑和显示等操作。

4）图形导出。

① 调显各类方式图形（厂站接线图、潮流图、系统配置图、曲线图元图形、列表图元图形、分层图形）。

② 点击“文件”下拉菜单中“导出”选项，选择保存路径，输入保存文件名，导出 png 和 jpg 格式的像素图。

③ 用图片查看工具打开所保存的图形文件，查看图形保存情况。

（2）系统管理。

通过系统功能程序进行系统管理，用以监视各个系统设备的状态，包括工作站状态、服务器状态、功能进程状态，主要是各个节点上应用状态的监视、主备状态监视、主备切换功能，系统启停分别用 sys_ctl start 和 sys_ctl stop 进行。

1）手动主/备切换。

① 在命令窗口输入 showservice，观察各应用服务器的主备机状态。

② 输入命令“app_switch 节点名 应用名 主/备”，可以实现主备机的切换。

③ 再输入 showservice 命令，观察该应用的主备机状态是否改变。

④ 检查切机前后模拟遥信变位是否丢失。

⑤ 告警客户端应显示应用主/备切换告警信息。

2）应用的常规状态监视和自动切换。

① 选择一台基础应用服务器作为测试机（如 SCADA 应用服务器）。

② 可以用 seeproc 查看系统进程信息。

③ 停掉一个指定应用如 scada 的关键进程 sca_cal，并且不会被进程管理重新拉起（执行：procshut realtime scada sca_cal）。

④ 本机实时态的 scada 应用变为故障，另一台应用优先级高的服务器升为主机。

⑤ 告警客户端应显示应用切换告警信息。

（3）系统管理界面工具。

新一代配电自动化主站系统总控台是用户进入系统进行操作的总控制台，用户的主要操作均可以通过该总控台进入，是一个便捷友好的人机界面。启动总控台有两种方式：

1）系统自动启动。启动系统时自动启动总控台界面，该种方式一般适用于调度员工作站。

2）前台启动。启动系统后，根据需要手工启动总控台，该种方式适用于服务器或维护工作站。在终端窗口输入 d5000_console 即可。

系统总控台在应用服务器和工作站上均可启动，但是同一台服务器或工作站上不能同时启动两个总控台。如果总控台已经启动，再启动时，将会在终端给出已经启动提示信息。

系统管理界面工具可以在总控台处进入，也可以通过 sys_adm 命令进入。

1）单个应用的启停。

① 在服务器或工作站的命令窗口输入 sys_adm 命令。

② 在节点状态 Tab 页中选择一个节点，在其应用一栏中选择一个应用。右键点击“启动”或者“停止”。

③ 点击自动刷新图标，观察远程机器的应用是否启动或者停止。

④ 观察告警客户端中的应用启停及切换信息。

2）应用状态监视。

① 在服务器或工作站的命令窗口输入 sys_adm 命令。

② 在应用状态 Tab 页中观察所有应用状态。

③ 点击应用状态树形显示下的应用名。

④ 在应用状态显示区观察该应用状态及其所属节点的状态。

⑤ 切换该应用主备机状态，观察应用状态是否刷新改变。

⑥ 观察告警客户端中应用状态变化信息。

3）网络状态监视。

① 在服务器或工作站的命令窗口输入 sys_adm 命令。

② 在界面上选择“网络状态”页面。

③ 观察列表界面中所有服务器节点的网卡状态及其网络流量数据。

4）进程状态监视。

① 在服务器或工作站的命令窗口输入 sys_adm 命令。

② 在界面上选择“节点状态”页面。

③ 在左面的树形结构中选择某个节点。

④ 点击该节点下的进程，观察显示区中该节点所有应用进程的运行情况。

⑤ 点击树形结构中某进程下的应用分类，点击某一应用，观察该节点上被选应用的进程运行情况。

（4）告警窗及告警客户端。

功能简述：能够及时反映系统内的告警信息，以及语音告警、告警打印和告警推画面等功能。能够在告警界面上进行告警对位等操作。

此功能为系统基本功能应用，主要以检查为主，告警分类是否与监控文件要求一致，告警窗及画面是否能正常反映遥信遥测数据变化，是否可以确认告警信息，是否可以进行告警类型选择，是否可以进行告警厂站、线路等信息过滤，是否可以进行根据责任区不同显示不同内容，因功能主要应用人员为监控员和调度员，详细操作内容不加赘述。

（5）通信报文显示。

通信报文显示功能与操作方式见表 2.1－2。

功能简述：显示各通道报文，静动态查找报文，存文档，报文动态翻译，分类型显示报文，人工召唤报文，人工校验报文。有助于用运维人员进行通道通信状态检查。

在前置服务器的命令窗口输入 dfes_rdisp，进入通信报文显示工具界面。

表 2.1－2　通信报文显示功能与操作方式

| 功能 | 功能描述 | 操作方式 |
| --- | --- | --- |
| 查找厂号（通道号） | 快速定位厂站或通道 | 输入厂号，进行快速定位<br>输入通道号进行快速定位 |
| 查找厂名 | 模糊匹配厂名 | 输入厂名或通道名或拼音首字母 |
| 上下行切换显示 | 区分发送和接收报文 | 点击界面上上行选项，观察报文情况<br>点击界面上下行选项，观察报文情况 |
| 报文暂停 | 报文停止显示和恢复显示 | 点击界面上报文暂停项目 |
| 报文翻译 | 除 CDT 规约外可动态翻译报文 | 点击界面上报文翻译项目<br>观察是否正确是否可以正确显示 |
| 清屏 | 清除原码显示区域 | 点击界面上相关菜单项目 |
| 召唤数据 | 人工单次或循环召唤数据 | 点击界面上召唤数据项目<br>进行分类召唤 |
| 查找报文 | 输入报文查找 | 输入查找报文 |

（6）实时数据显示。

实时数据显示功能与操作方式见表 2.1－3。

功能简述：显示各通道实时数据，包括遥测、遥信数据等以及质量标志。

在前置服务器的命令窗口输入 dfes_real，进入通信报文显示工具界面。

表 2.1－3　　实时数据显示功能与操作方式

| 功能 | 功能描述 | 操作方式 |
|---|---|---|
| 查找厂号（通道号） | 快速定位厂站或通道 | 输入厂号<br>输入通道号 |
| 查找厂名 | 模糊匹配厂名 | 输入厂名<br>输入通道名 |
| 查找名称 | 快速定位记录 | 输入名称 |
| 数据分类 | 切换显示遥测、遥信、遥脉数据 | 点击界面上遥测选项，切换<br>点击界面上遥信选项，切换<br>点击界面上遥脉选项，切换 |

3. 同步时钟功能

时钟同步装置是关系到整套配电自动化系统终端、主站系统功能应用的第一步，是保证在数据、信息、操作指令完成天文时钟的接收处理，并进行对时，保证系统时钟的一致性。

将天文钟的右边两 RJ45 口分别同主干交换机。NARI 天文钟在通信时，如果上面的网口 1 在通信则下面的网口 2 将 PING 不通，只有网口 1 断开时副网口 2 才会通。天文钟的频率就是从该市电插座上采的。将天文钟的天线安放在室外，以便接收卫星的时钟信号。

（1）设备连接。

天文钟电源线的连接，因为没有考虑设计接头，所以必须把电源线与天文钟连接的一端剥开分别把相线（L）、中性线（N）和接地线（NG 或 PG）分别接到相应端子上，如图 2.1－3 所示。

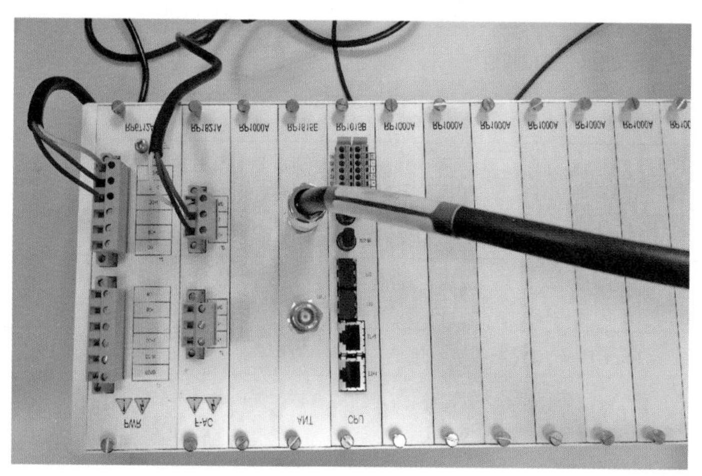

图 2.1－3　天文钟电源线的连接

天文钟天线有两根，一条 GPS 天线比较细，卡旋式接口，另一条北斗天线比较粗，螺旋式接口。北斗天线为主时钟，GPS 为辅时钟。

天文钟的配置。通过网络 telnet 进天文钟装置。默认 IP 为 XX.XX.0.4。

进入后，输入 cd /etc，回车；

进入 etc 目录后，用 vi 命令修改目录下的 rc 文件；

进入 rc 文件后，在文件的倒数几行中修改 eth1 及 eth2 前的 IP 地址，它们分别对应网口 1 和 2；

其他行请勿动；

保存后断电重启即可。

（2）建立厂站。

1）在 SCADA 应用，厂站信息表，建立卫星钟厂站，厂站类型选“天文钟”，应用包含 SCADA、FES。

2）在 FES 应用，通信厂站表，检查相关厂站信息。

（3）配置通道。

1）在 FES 应用，对通道进行相关设置，通道类型：天文钟－网络、网络类型。TCP 客户。网络描述一：天文钟网口 1 的 IP。网络描述二：天文钟网口 2 的 IP。端口号：6666。波特率：4800bps。通信规约：TureTime 规约 Old。其他默认即可。

配网通道表配置如图 2.1－4 所示。

当前编辑纪录：配网天文钟 配网天文钟

| | |
|---|---|
| 序号 | 13 |
| 通讯终端ID | 配网天文钟 |
| 所属终端 | 配网天文钟 |
| 通道名称 | 配网天文钟 |
| 通道编号 | 13 |
| 统计周期 | 30s |
| 通道类型 | 天文钟－网络 |
| 网络类型 | TCP客户 |
| 通道优先权 | 4级 |
| 网络描述一 | |
| 网络描述二 | |
| 端口号 | 6666 |
| 遥测类型 | 计算量 |
| 主站地址 | 0 |
| RTU地址 | 1 |

图 2.1－4　配网通道表配置（一）

| 工作方式 | 主站 |
|---|---|
| 校验方式 | 无校验 |
| 波特率 | 4800bps |
| 停止位 | 1位 |
| 通信规约类型 | TrueTime规约Old |
| 故障阈值（） | 0 |
| 通道分配模式 | A/B |
| 通道报文保存天数 | 0 |
| 通信方式 | 未定义通信 |
| 报文缓冲区字节数 | 4096 |
| 所备系统 | 0(0 0 0 0) |
| 当月使用流量（B） | 0 |
| 所属系统 | 光纤接入前置组 |
| 通道工况 | 退出 |
| 人工置态 | 未封锁 |

图 2.1－4　配网通道表配置（二）

2）需要注意的事 NARI 的天文钟接通后通道状态仍然为退出，需要手动将通道工况封锁投入。

（4）天文钟数据的接入。

在 SCADA 测点遥测信息表加入相关记录（必须有 FES 应用），名称点号（FES）如下：

系统频率 0；

系统频率偏差 1；

系统时差 2；

电网时钟——时 3；

电网时钟——分 4；

电网时钟——秒 5；

天文钟——日 6；

天文钟——时 7；

天文钟——分 8；

天文钟——秒 9。

注意 1：点号在天文钟接收程序中固定，如果没有对应接收内容可以只填入有的信息。

注意 2：若以上所有工作均确保正确完成后天文钟还一直显示驯服中，则有可能是版本程序不匹配，需要找专门负责天文钟的公司同事要 start.sh 和 tssmainm3200v25 两个程序文件。具体操作过程如下：

将文件解压后拷入自己工程调试笔记本的 D 盘根目录下。

用网线连接装置，用命令行进入 D 盘，然后输入 FTP 对应 IP（用 FTP 工具不行）。

配网测点遥测表配置示意图如图 2.1－5 所示。

| 序号 | 中文名称 | 厂站ID | 遥测ID | 英文标识 | 传送数据 | 标记 | 合理上限 |
|---|---|---|---|---|---|---|---|
| 1 | 系统时差/值 | 天文钟厂 | 其他遥测量表 系统时差 天文钟厂 | | 0.00 | 0 | 0.00 |
| 2 | 系统频率偏差/值 | 天文钟厂 | 其他遥测量表 系统频率偏差 天文钟 | | 0.00 | 0 | 0.00 |
| 3 | 系统时差/值 | 天文钟厂 | 其他遥测量表 系统时差 天文钟厂 | | 0.00 | 0 | 0.00 |
| 4 | 电网时钟时/值 | 天文钟厂 | 其他遥测量表 电网时钟时 天文钟厂 | | 0.00 | 0 | 0.00 |
| 5 | 电网时钟分/值 | 天文钟厂 | 其他遥测量表 电网时钟分 天文钟厂 | | 0.00 | 0 | 0.00 |
| 6 | 电网时钟秒/值 | 天文钟厂 | 其他遥测量表 电网时钟秒 天文钟厂 | | 0.00 | 0 | 0.00 |
| 7 | 天文钟---日/值 | 天文钟厂 | 其他遥测量表 天文钟---日 天文钟 | | 0.00 | 0 | 0.00 |
| 8 | 天文钟---时/值 | 天文钟厂 | 其他遥测量表 天文钟---时 天文钟 | | 0.00 | 0 | 0.00 |
| 9 | 天文钟---分/值 | 天文钟厂 | 其他遥测量表 天文钟---分 天文钟 | | 0.00 | 0 | 0.00 |
| 10 | 天文钟---秒/值 | 天文钟厂 | 其他遥测量表 天文钟---秒 天文钟 | | 0.00 | 0 | 0.00 |

图 2.1－5　配网测点遥测表配置示意图

配网前置遥测定义表配置示意图如图 2.1－6 所示。

| 序号 | 遥测ID | 点号 | 所属馈线 | 所属开关站 |
|---|---|---|---|---|
| 1 | 配网测点遥测表 系统时差 值 | 2 | L1 | |
| 2 | 配网测点遥测表 系统频率偏差 值 | 1 | L1 | |
| 3 | 配网测点遥测表 系统频率 值 | 0 | L1 | |
| 4 | 配网测点遥测表 电网时钟时 值 | 3 | L1 | |
| 5 | 配网测点遥测表 电网时钟分 值 | 4 | L1 | |
| 6 | 配网测点遥测表 电网时钟秒 值 | 5 | L1 | |
| 7 | 配网测点遥测表 天文钟--日 值 | 6 | L1 | |
| 8 | 配网测点遥测表 天文钟--时 值 | 7 | L1 | |
| 9 | 配网测点遥测表 天文钟--分 值 | 8 | L1 | |
| 10 | 配网测点遥测表 天文钟--秒 值 | 9 | L1 | |

图 2.1－6　配网前置遥测定义表配置示意图

（5）ntp 对时设置步骤。

1）设置 ntp 服务器。

① 修改/etc/ntp/ntp.conf，将 stratum 优先级提升，建议为 7；server 为本机。

```
server *.*.*.* iburst                # local clock (LCL)
fudge   *.*.*.* stratum 7
```

② 启动 ntp 服务。

```
/etc/init.d/ntpd restart
```

③ 查看 ntp 状态。

```
ntpq  -p
```

```
remote           refid          st t when poll reach   delay    offset  jitter
==============================================================================
*LOCAL(0)        .LOCL.          7 l   32   64  377    0.000    0.000   0.000
```

此状态表示服务器为本机。

2）设置其他机器与 ntp 服务器对时。

① 改/etc/ntp/ntp.conf，将 server 改为服务器 IP：XX.XX.1.4。

```
server XX.XX.1.4 iburst               # local clock (LCL)
```

② 启动 ntp 服务。

```
/etc/init.d/ntp restart
```

③ 查看 ntp 状态。

```
ntpq -p
 remote           refid          st t when poll reach   delay    offset  jitter
==============================================================================
 sca2            LOCAL(0)         8 u    -   64    1    0.046    0.141   0.000
```

此状态 LOCAL(0)表示服务器为 sca2，已在与服务器对时。

4. PMS 图模导入和终端联调

图模导入前需要在 PMS 或者业务资源中台处完成图模修改，并通过 PMS 系统进行图模推送工作。配电自动化主站侧使用图模导入工具导入图模，用命令 dms_model_import 进行查看，图模是否推送成功，可通过图模更新时间进行排序，亦可通过搜索检索该条线路。

查找对应线路，可以通过更新时间进行线路选择，双击点选到右边队列栏，然后点击执行，如图 2.1－7 所示（注：图中所有涉及保密的内容皆打了灰底）。

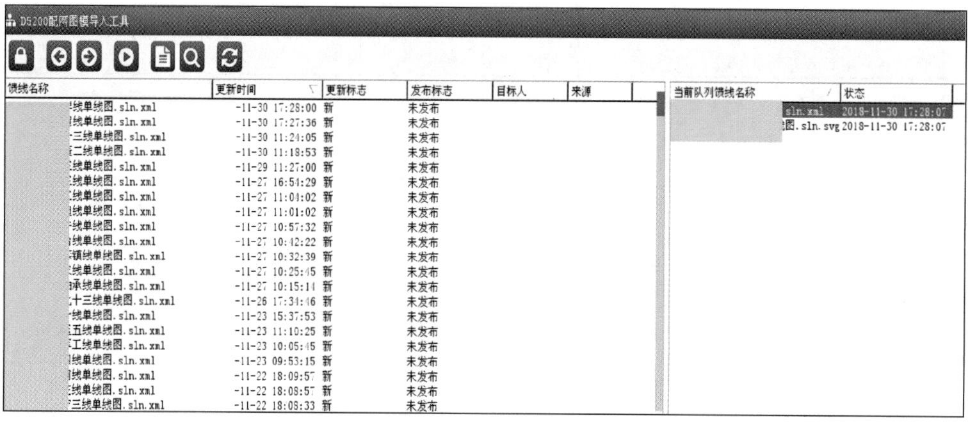

图 2.1－7 查找对应线路

如果 PMS 图模正常，就会出现提示图形，模型导入成功。显示模型导入成功、图形导入成功，如图 2.1－8 所示。

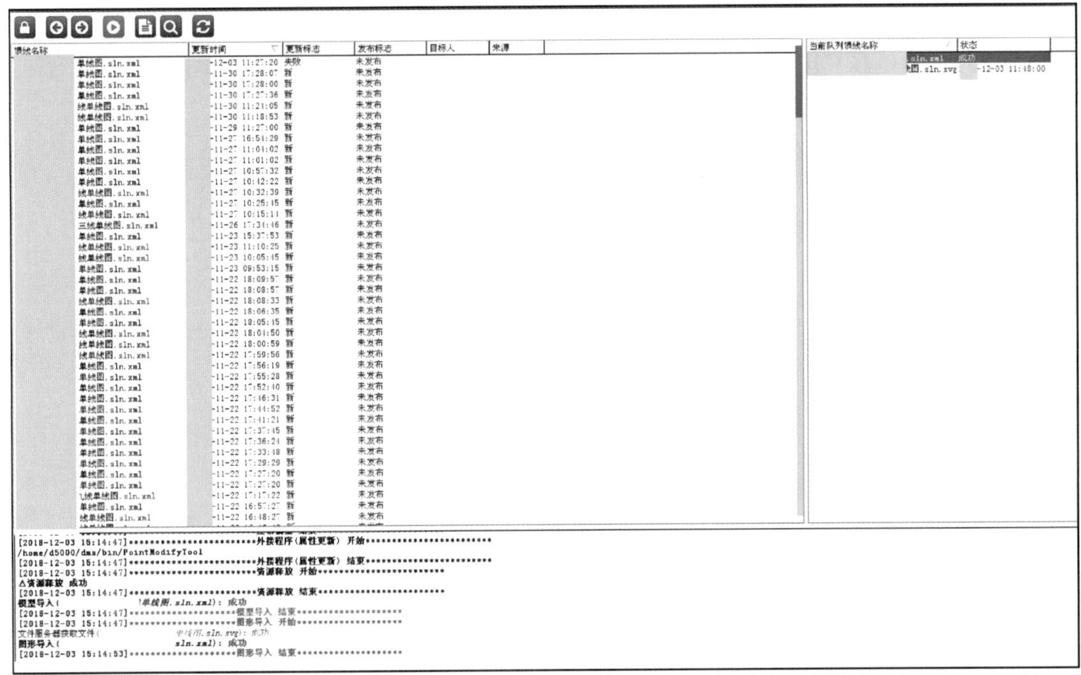


图 2.1－8　模型导入成功、图形导入成功

当图模导入成功后，需要使用点号生成工具 dms_create_dot 生成点表，进行终端通道建立，如图 2.1－9 所示。

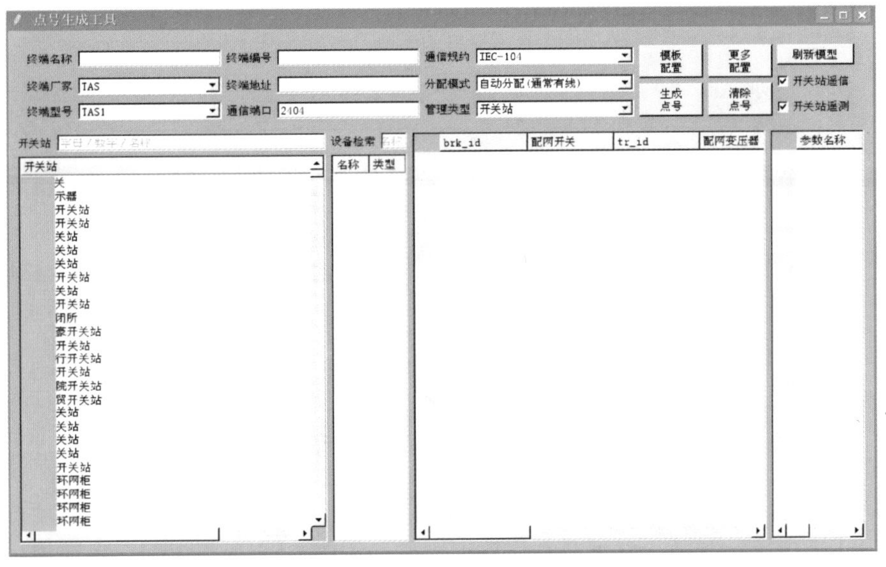


图 2.1－9　终端通道建立

模板需要提前配置好，根据不同厂家，不同型号、类型的终端设置，根据厂家提供的点表配置相应模板，建议在工作前，进行规范点表统一，方便终端接入和管理，如图 2.1－10 所示。

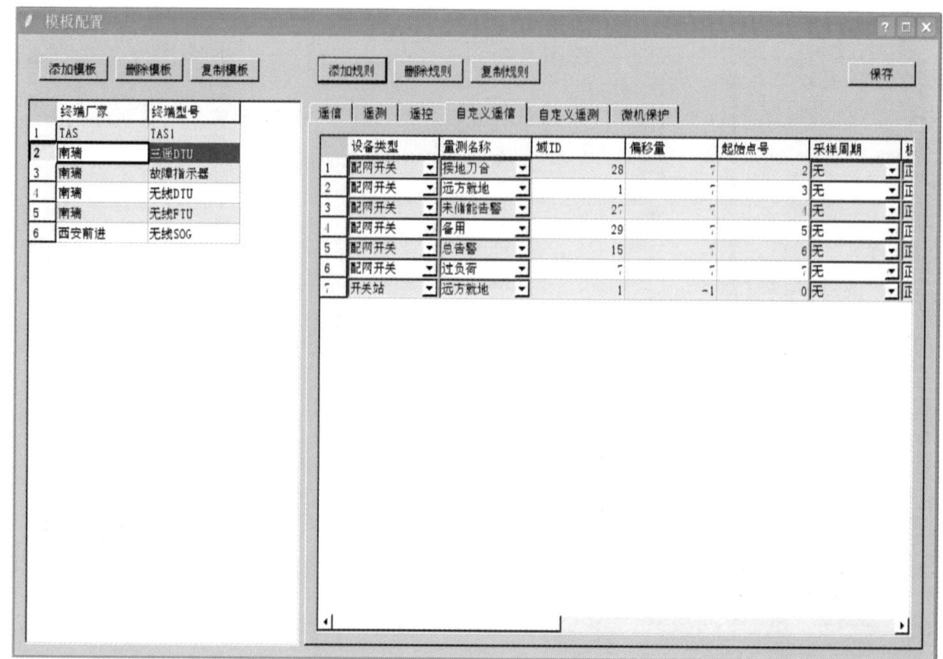


图 2.1－10　规范点表统一

模板配置后，根据不同类型的终端设备，像柱上开关、SOG 开关、TAS 开关，需要双击开关站域的柱上开关，在右侧名称中会显示配网开关表中所有设备，可以在设备检索中输入设备名称，搜索出对应设备，然后将开关拖到配网开关域，如图 2.1－11 所示。

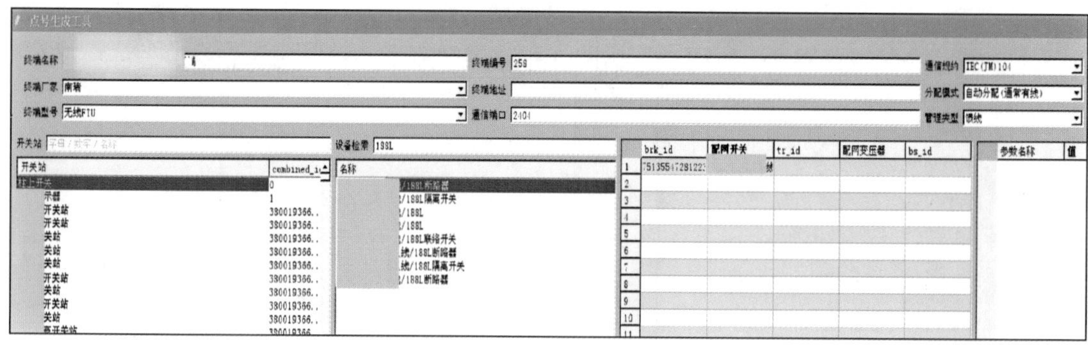


图 2.1－11　终端通道建立

故障指示器生成点号前，需要在数据库配网故障指示器信息表新建相应的故障指示器，所属馈线 ID 先填系统线路，指示器名称根据厂家提供的故障指示器 ID，新建 ID 故障指示器，数据来源安全区改成安全Ⅲ区（此类终端也可以在 PMS 端完成设备建模，由图模推送至配电自动化系统完成系统建模），如图 2.1－12 所示。

故障指示器要双击故障指示器，设备检索搜索对应的 ID，将设备拖到右侧的故障指示器域，如图 2.1－13 所示。

图 2.1－12　故障指示器信息表

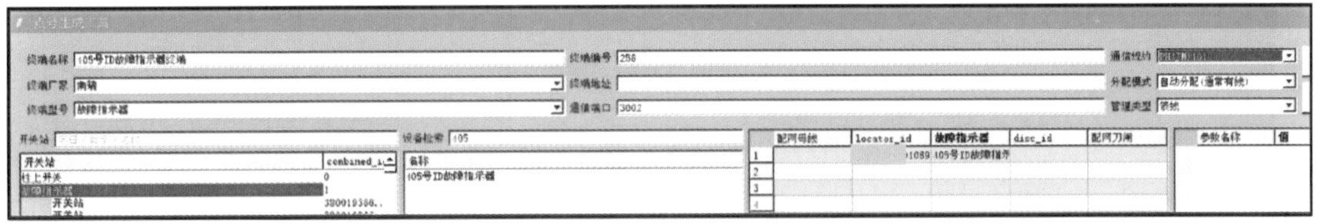

图 2.1－13　故障指示器建通道

终端名称会自动生成，如果需要，可以手动修改。终端编号正常情况下会自动刷新，如果出现故障，没有刷新，就需要到数据库配网终端信息表，将终端编号排序，找到未使用的终端编号，填写到终端编号域，如图 2.1－14 所示。

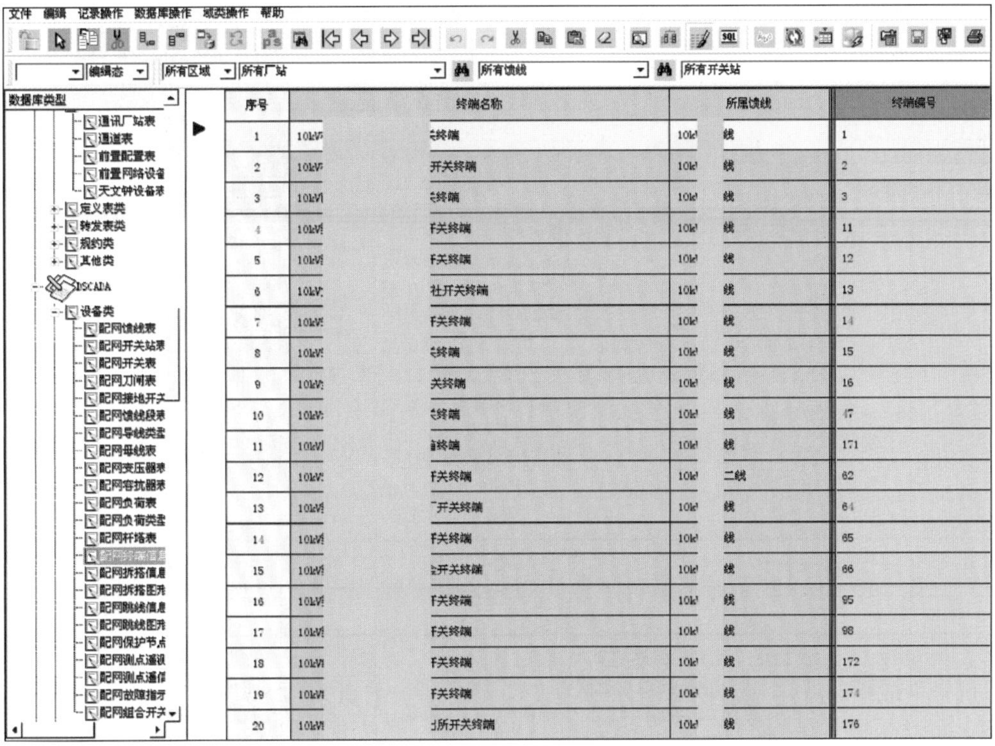

图 2.1－14　终端信息表填入终端编号

DTU 需要在开关站域搜索，找到对应环网柜后，按照终端厂家提供的点表中开关的顺序，将开关拖到配网开关域，将母线拖到配网母线域，如图 2.1－15 所示。

图 2.1－15 DTU 建立通道

通信规约需提前跟终端厂家进行沟通，两边通信规约保持一致即可。终端厂家和终端型号根据现场实际情况填写，终端地址根据厂家提供的地址填写，分配模式可不填，通信端口根据厂家提供填写，一般 104 规约填 2404，101 规约填写 3002。使用 PH（JM）101 规约的，一个端口号所连终端数尽量不超过 300，超过 300 后，端口号加 1。

配置后，点击生成点号，会弹出点号核对对话框，简单看一下是否与现场一致，再点击生成点号，点号就生成完成，如图 2.1－16 所示。

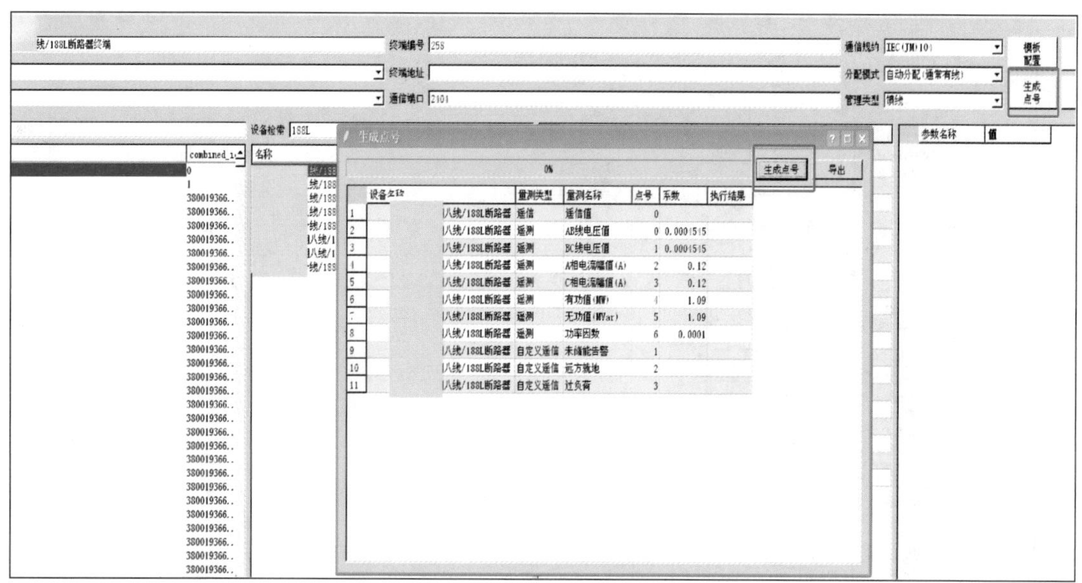

图 2.1－16 点号生成

点号生成后，需要到数据库配网开关表和配网保护节点表中，无线两遥的开关和保护的数据来源安全区改为安全Ⅲ区，如图 2.1－17 和图 2.1－18 所示。

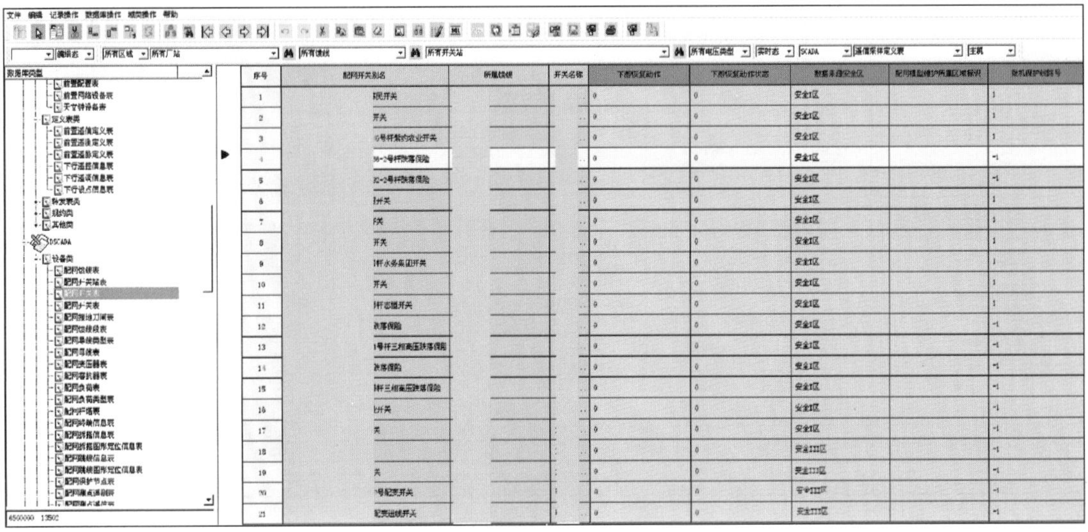

图 2.1－17　配网开关表更改配置

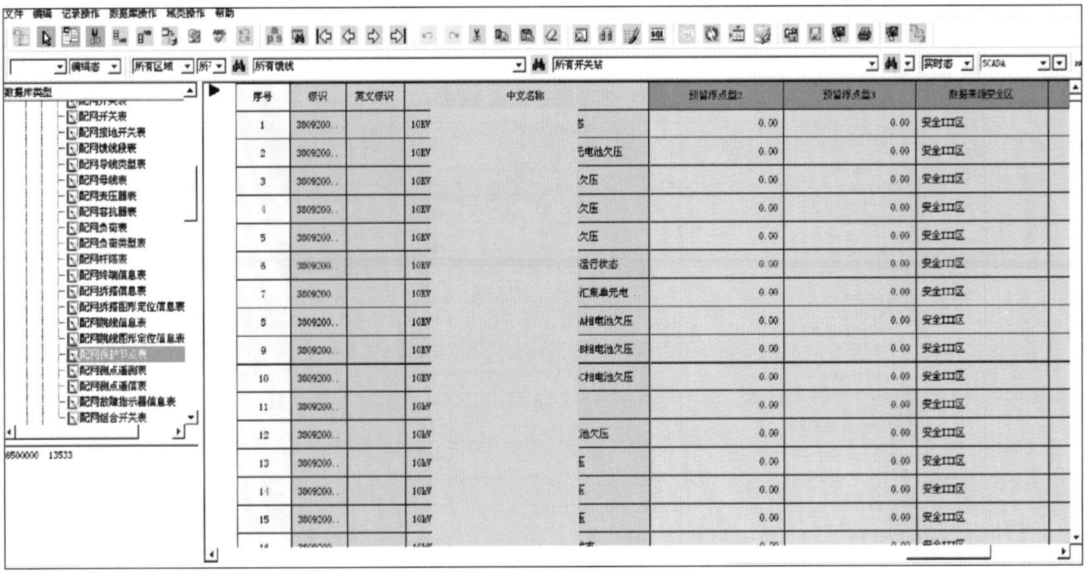

图 2.1－18　配网保护节点表更改配置

配网终端信息表中配网终端运行模式需要改为投运，否则系统不告警。所属厂家，所属区域，终端类型按实际填写，除了三遥终端，其他终端的数据来源安全区均改为安全Ⅲ区，如图 2.1－19 所示。

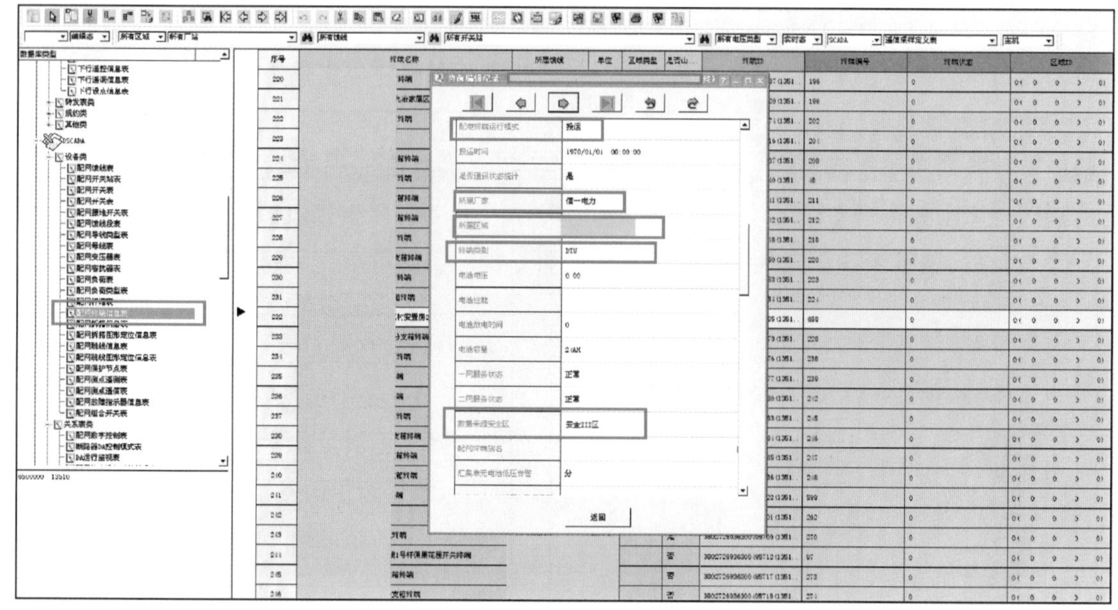

图 2.1－19　终端信息表更改配置

配网通道表要将统计周期改为120s，使用IEC（JM）104规约的网络类型设置为TCP客户，使用IEC（JM）101规约的网络类型设置为GPRS共用（静态IP）。工作方式只有三遥终端要设置为安全接入，其他均为主站，如图2.1－20和图2.1－21所示。

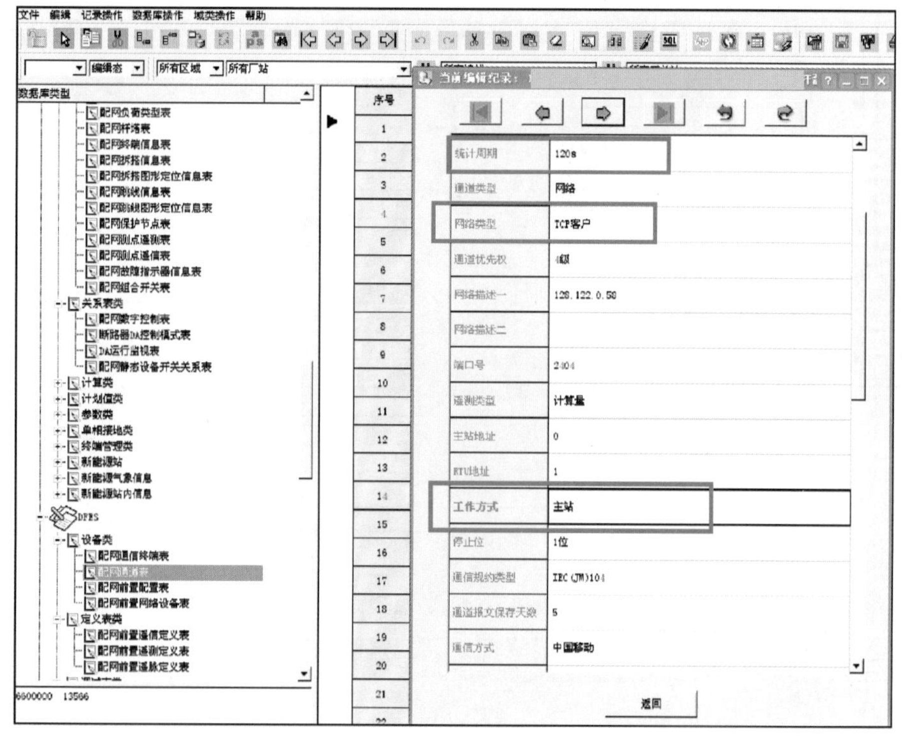

图 2.1－20　配网通道表更改配置

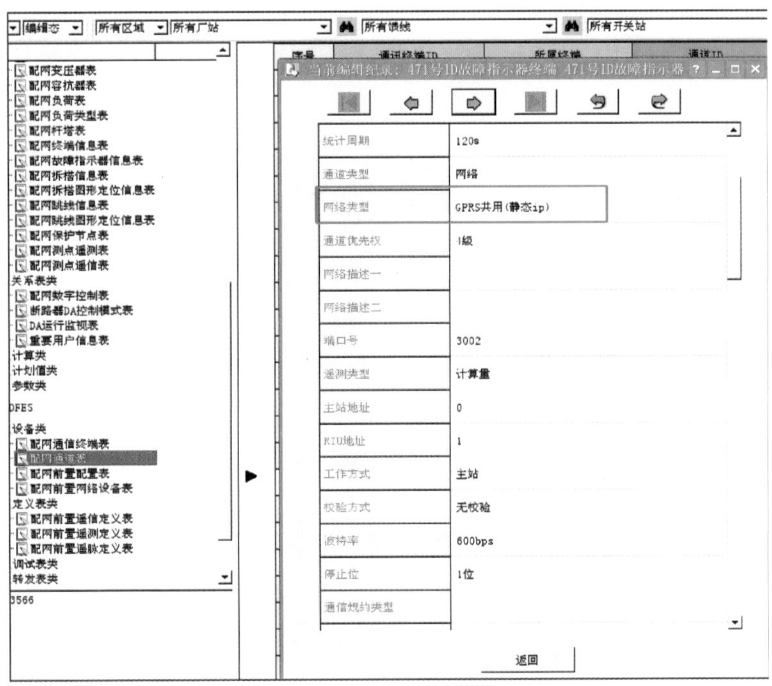

图 2.1－21　更改网络类型

通道报文保存天数填 5，通信方式按实际填写，按照目前通信配置情况，无线终端为无线通信，部分老旧接入三遥终端为光纤通信。

三遥终端所属系统选一区一组，两遥终端全部选三区，无三区的地市填写大Ⅳ区，如图 2.1－22 所示。

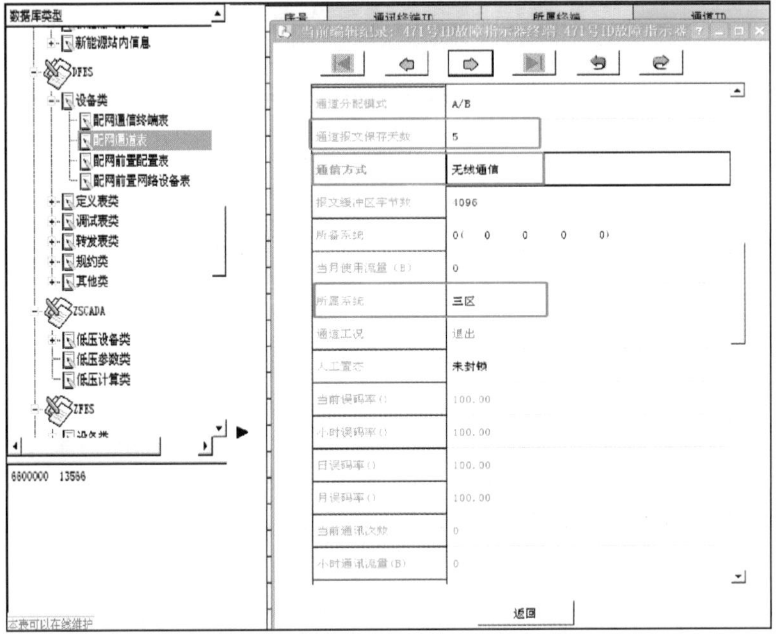

图 2.1－22　配网通道表更改所属系统

然后到前置遥信定义表和前置遥测定义表简单检查下是否有缺失的遥信遥测，如图 2.1－23 和图 2.1－24 所示。

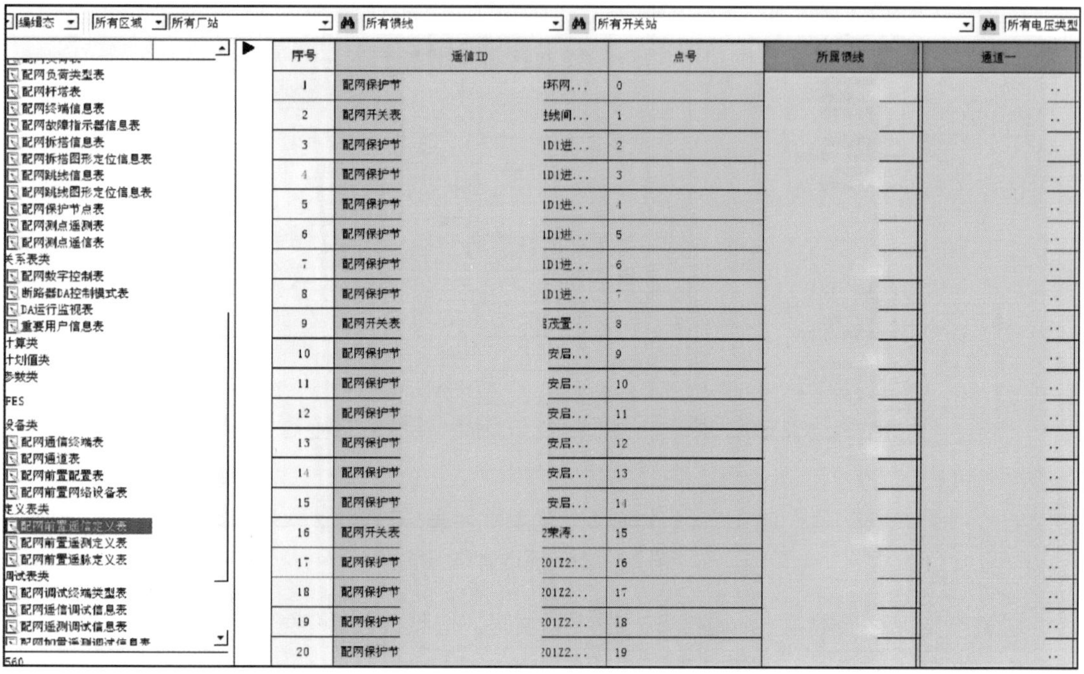

图 2.1－23　检查前置遥信定义表

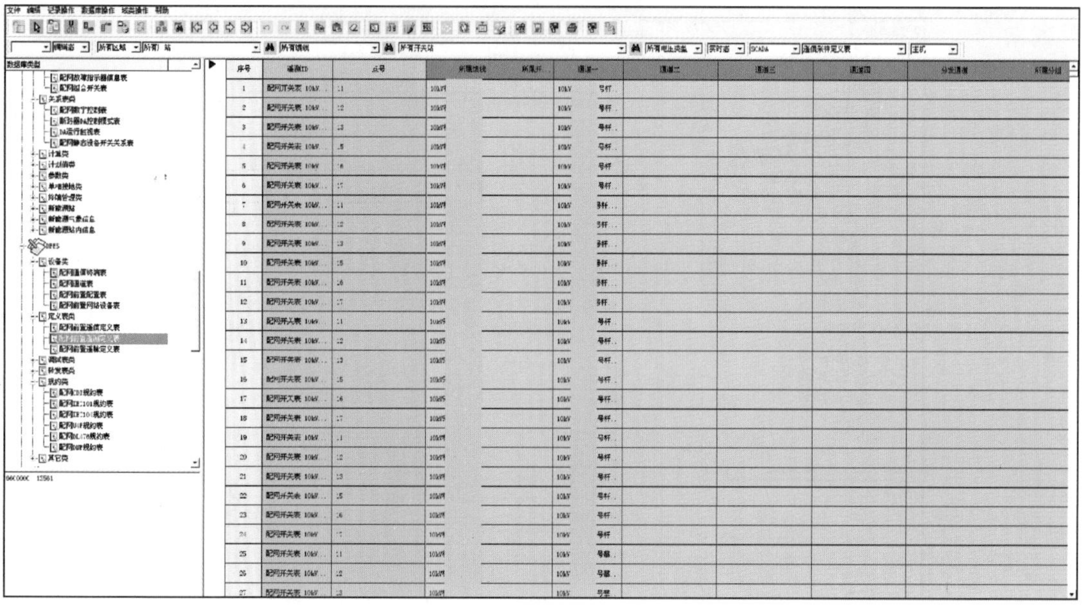

图 2.1－24　检查前置遥测定义表

对于使用 IEC（JM）104 规约的终端，还需要到配网 IEC104 规约表将规约细则改为 JM104—2017（此处规约按照各地市公司规约来定义），如图 2.1－25 所示。

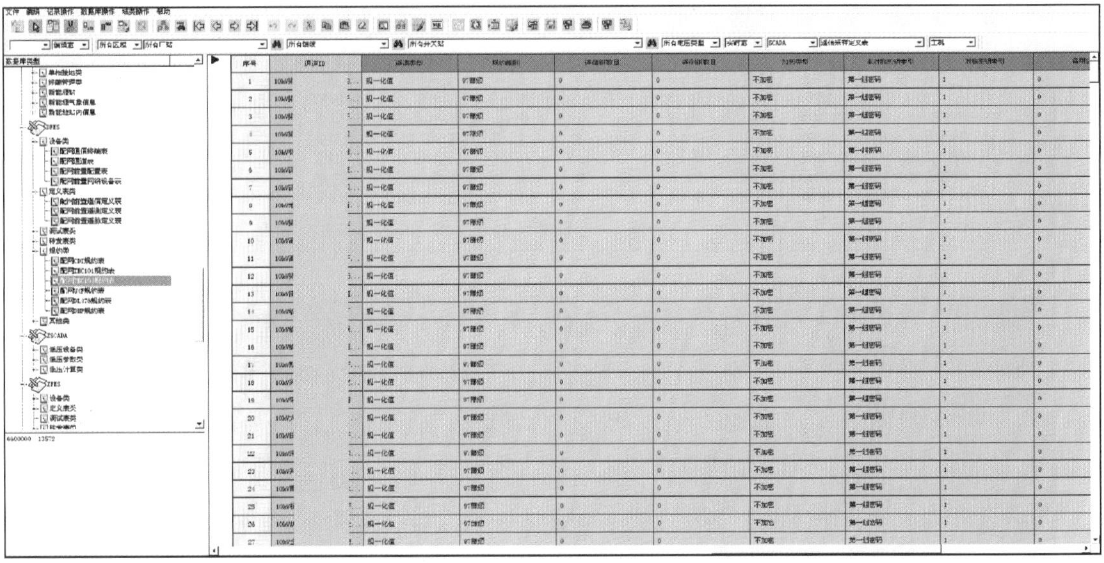

图 2.1－25　更改规约细则

数据库修改完后，需要打开图形编辑，选中需要接入的开关和母线，打开绘图参数中的自动生成关联设置，点击自动生成，就会在图形上自动生成开关的 A 相电流和母线的 AB 线电压，BC 线电压（此项工作亦可不使用自动关联工具，建立动态数据点关联需要的数据即可，按各地市公司不同要求灵活使用），如图 2.1－26 和图 2.1－27 所示。

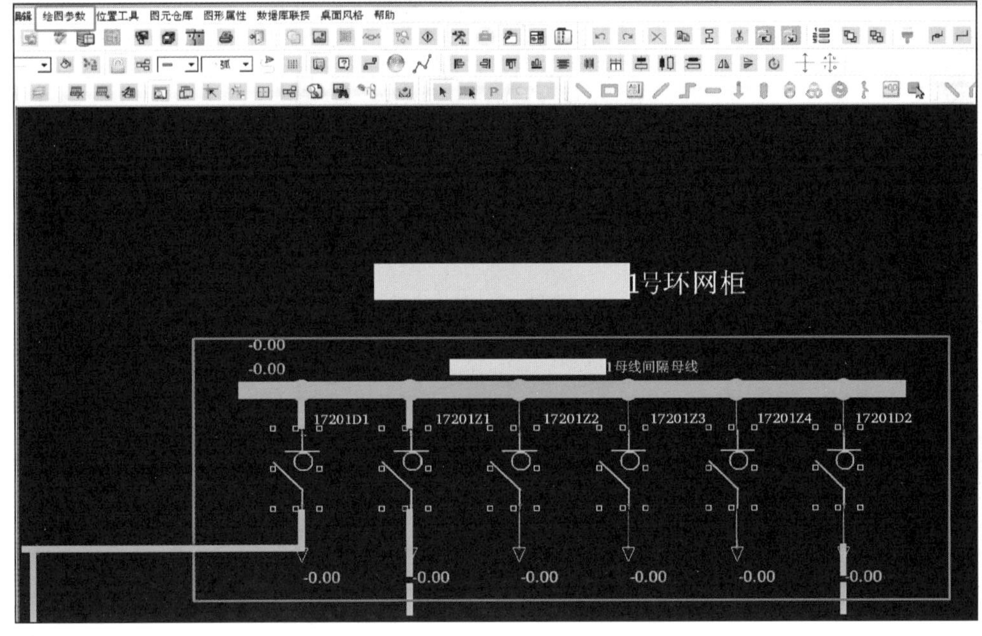


图 2.1－26　图形编辑关联动态数据

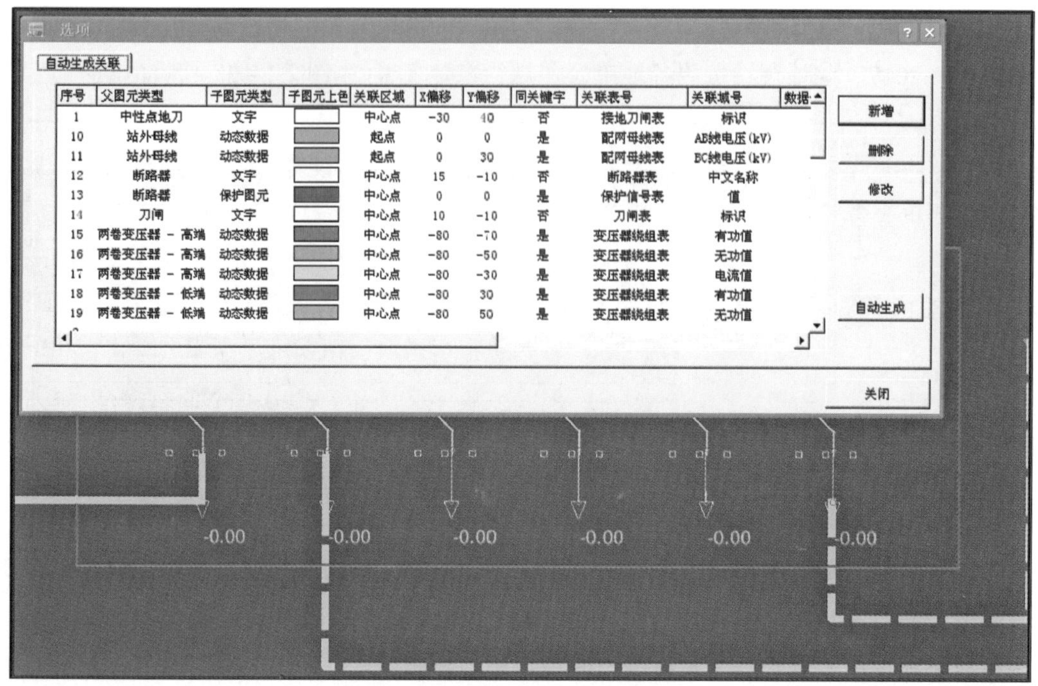


| 序号 | 父图元类型 | 子图元类型 | 子图元上色 | 关联区域 | X偏移 | Y偏移 | 同关键字 | 关联表号 | 关联域号 |
|---|---|---|---|---|---|---|---|---|---|
| 1 | 中性点地刀 | 文字 | | 中心点 | -30 | 40 | 否 | 接地刀闸表 | 标识 |
| 10 | 站外母线 | 动态数据 | | 起点 | 0 | 0 | 是 | 配网母线表 | AB线电压(kV) |
| 11 | 站外母线 | 动态数据 | | 起点 | 0 | 30 | 是 | 配网母线表 | BC线电压(kV) |
| 12 | 断路器 | 文字 | | 中心点 | 15 | -10 | 否 | 断路器表 | 中文名称 |
| 13 | 断路器 | 保护图元 | | 中心点 | 0 | 0 | 是 | 保护信号表 | 值 |
| 14 | 刀闸 | 文字 | | 中心点 | 10 | -10 | 否 | 刀闸表 | 标识 |
| 15 | 两卷变压器 - 高端 | 动态数据 | | 中心点 | -80 | -70 | 是 | 变压器绕组表 | 有功值 |
| 16 | 两卷变压器 - 高端 | 动态数据 | | 中心点 | -80 | -50 | 是 | 变压器绕组表 | 无功值 |
| 17 | 两卷变压器 - 高端 | 动态数据 | | 中心点 | -80 | -30 | 是 | 变压器绕组表 | 电流值 |
| 18 | 两卷变压器 - 低端 | 动态数据 | | 中心点 | -80 | 30 | 是 | 变压器绕组表 | 有功值 |
| 19 | 两卷变压器 - 低端 | 动态数据 | | 中心点 | -80 | 50 | 是 | 变压器绕组表 | 无功值 |

图 2.1－27　自动生成关联

之后再做一个标志调用作为返回按钮，图形切换为上一幅图，矩形外观为无形，名称为线路名称，网络保存，如图 2.1－28 所示。

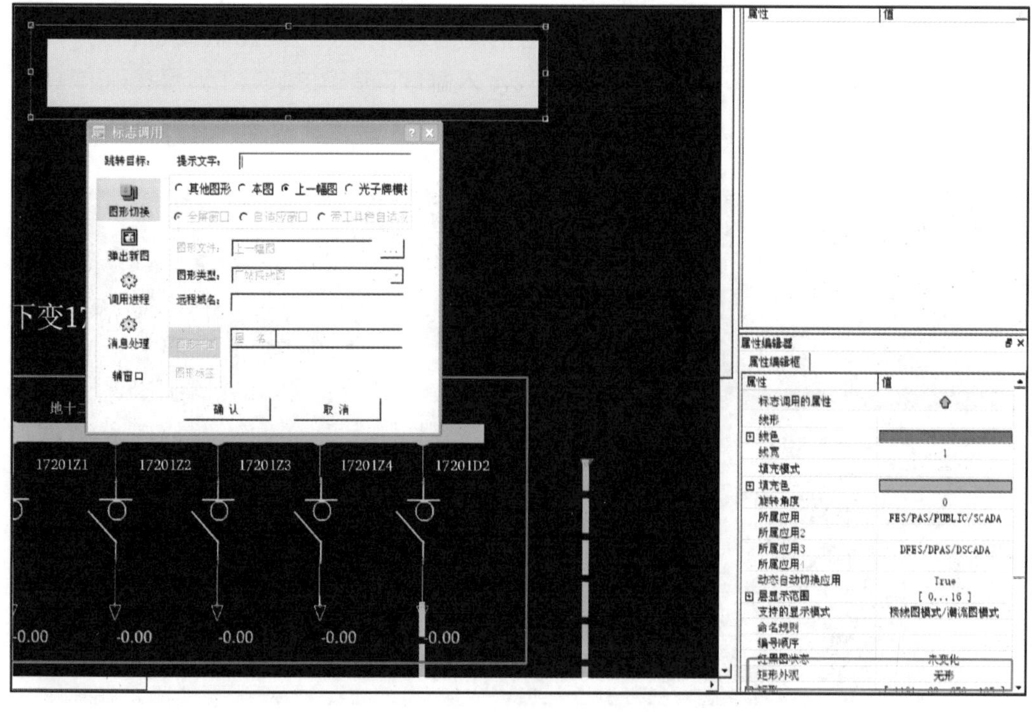


图 2.1－28　建立标志调用

证书导入：终端接入前，厂家会提供一个“.req”文件，需要在通道建立、终端联调前将此“.req”文件发送至中国电科院邮箱进行证书加密，返回证书为“.cer”文件，如图 2.1－29 所示。

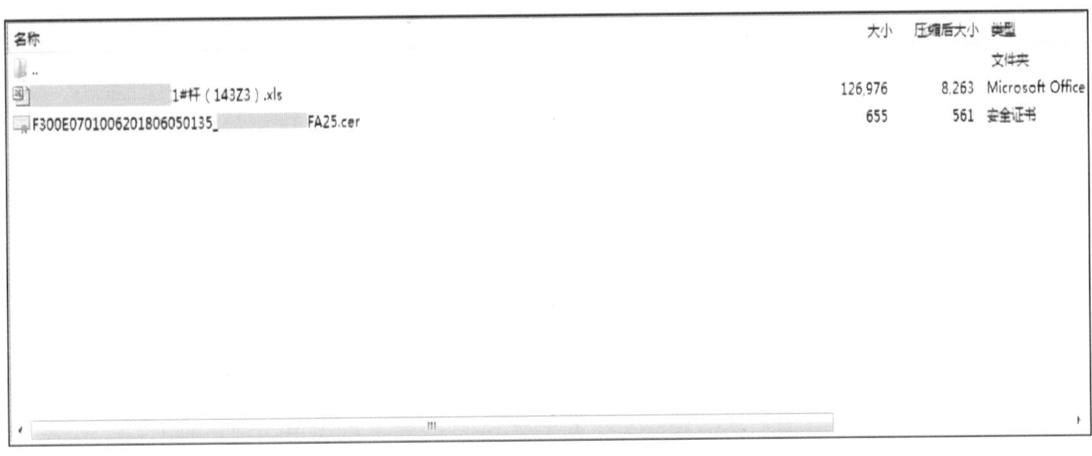


图 2.1－29　正式加密证书格式为“.cer”

需要到配网通道表查该终端的通道编号，将证书名称改为通道编号，如图 2.1－30 所示。

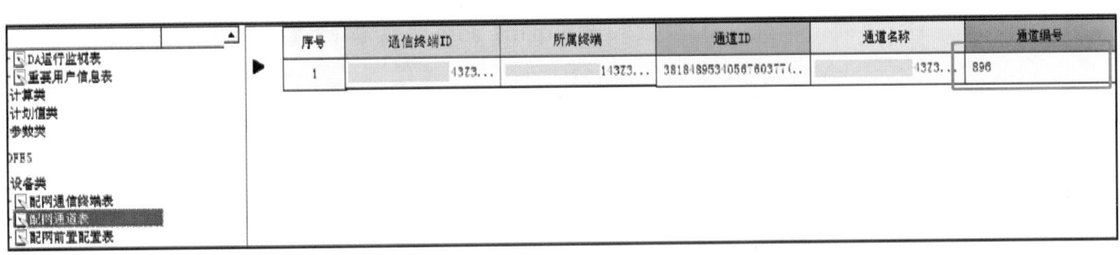


图 2.1－30　检查终端通道号

通过 Xftp 工具将证书文件上传至前置服务器/home/d5000/***/var/dfes/目录，一般将两遥终端证书上传到***wfes1 服务器，将三遥终端证书上传到***dfes1 服务器，然后通过 deliver 命令分发到其他服务器。

除了需要将证书导入前置服务器，还需要将证书上传到配电安全交互网关，保证安全加密的过程以及安全通道双向认证，确保通道正确建立。具体流程可根据各公司符合自身工作习惯进行导入，在此工作中需确保证书导入至前置服务器和配电安全网关。

## 2.1.3　主站设备运维

1. 权限管理

（1）概述。

新一代配电自动化主站系统的权限管理为各类应用使用和维护提供了丰富的权限控制手段，是各类应用实现数据安全访问的重要工具。权限管理具有灵活的控制手段，既可以提供基于对象（模型表、图形、报表、流程等）的权限控制，也可以提供基于物理节点（工作站、服务器等）的权限控制。提供图形界面供用户定义功能、角色、用户和组等系统权限实体，工具名称：priv_manager。主要功能：添加、修改和删除功能、角色、用户和组等权限实体；为数据表域指定特殊属性；定义用户的机器节点、所包含功能、角色等权限信息。角色定义中，系统管理、审计管理、安全管理三个角色不可以删除，一个用户至多只能具有其中一个角色。

权限管理中的角色分为系统管理员、安全管理员、审计管理员和应用管理员等四类，系统管理员用于增删功能、特殊属性、角色、用户和组等权限主体，只有系统管理员才可以增加、删除功能。安全管理员用于修改功能、特殊属性、角色、用户和组等权限主体的定义，只有安全管理员才可以修改功能定义。审计管理员用于查看权限相关操作日志。应用管理员用于各类具体应用的权限管理，还可细分为调度员、自动化维护、自动化运行等应用管理员类的角色。只有系统管理员才可以增加、删除角色，只有安全管理员才可以修改角色定义。体现了三权分立、相互制约的思想。功能定义中，系统管理、审计管理、安全管理三个功能不能人工添加。角色、组及用户的增删改需要用户权限。

用户是权限系统中最重要的主体，是用户权限设置的最终体现，一个用户可以定义包含几种角色，那么用户就可以拥有角色的全部权限。还可以单独对用户进行功能定义，比如单独增加角色中没有的功能，或者单独减去角色中的功能。

还可以对用户进行特殊属性的设置。例如，定义角色“系统维护”包括功能“公式修改”“模型定义写”和角色“系统维护”，还包括对“表信息表”只读的特殊属性。角色“数据管理员”包括功能“商用库恢复”“商用库备份”。定义用户 whz，包含角色“系统维护”和“数据管理员”，但是对功能“商用库恢复”定义了“单独减去”，对表“菜单表”定义了只读的特殊属性，则用户 whz 拥有的全部权限是从角色“系统维护”继承的“公式修改”“模型定义写”和对“表信息表”只读，以及从角色“数据管理员”继承的“商用户备份”，还有自己单独定义的对“菜单表”只读，即功能列表如“公式修改”“模型定义写”“商用户备份”和对“表信息表”“菜单表”只读。

只有系统管理员才可以增加、删除用户，只有安全管理员才可以修改用户的权限。

组的引入是为了对用户进行分类，组本身不是权限的载体。组和用户的关系，类似于文件夹和文件的关系。一个用户可以不属于任何组，或者只能属于一个组，但不能同时属于多个组。

（2）操作过程。

1）权限管理界面（priv_manager）启动和退出。权限定义与维护管理界面的启动方法有两种：

方法一：在总控台选择“用户权限定义与维护管理”图标按钮。

方法二：在命令窗口下执行 priv_manager 命令。

无论执行上面哪一种方法，都要先登录，由于不同级别的用户权限不同，因此启动用户权限定义与维护管理界面也是不同的。

在登录对话框中输入用户名称、密码，以超级用户身份启动“用户权限定义与管理界面”，可以看到定义的所有组和用户，如图 2.1－31 所示。

以普通用户（属于“自动化维护”组）身份启动“用户权限定义与管理界面”后，只能看到自己所属的组，如图 2.1－32 所示。

用户权限定义与维护管理系统界面分为两大部分，第一部分是左边树状列表区显示当前已有的各类权限实体，主要有功能、角色、组以及特殊属性，第二部分是图 2.1－31 的右边显示当前选中信息区域，比如在树状列表显示区选中功能选项，则在右边就会列出所有的功能。

从图 2－1－31 和图 2－1－32 可以看出普通用户与超级用户的区别，在左侧的树状列表中，图 2－1－32 只显示了“自动化维护”组以及组员的信息，这是因为登录时的普通用户 ems 属于“自动化维护”组，而普通用户除了修改自身密码之外只能浏览本组成员的信息，所以其他组的信息就是不可见的。

在图 2.1－31 中的最下方显示当前用户名以及用户级别（超级用户还是普通用户），“重登录”工具允许用户重新以另外一种用户登录，“退出”工具退出权限定义与维护管理系统应用程序。

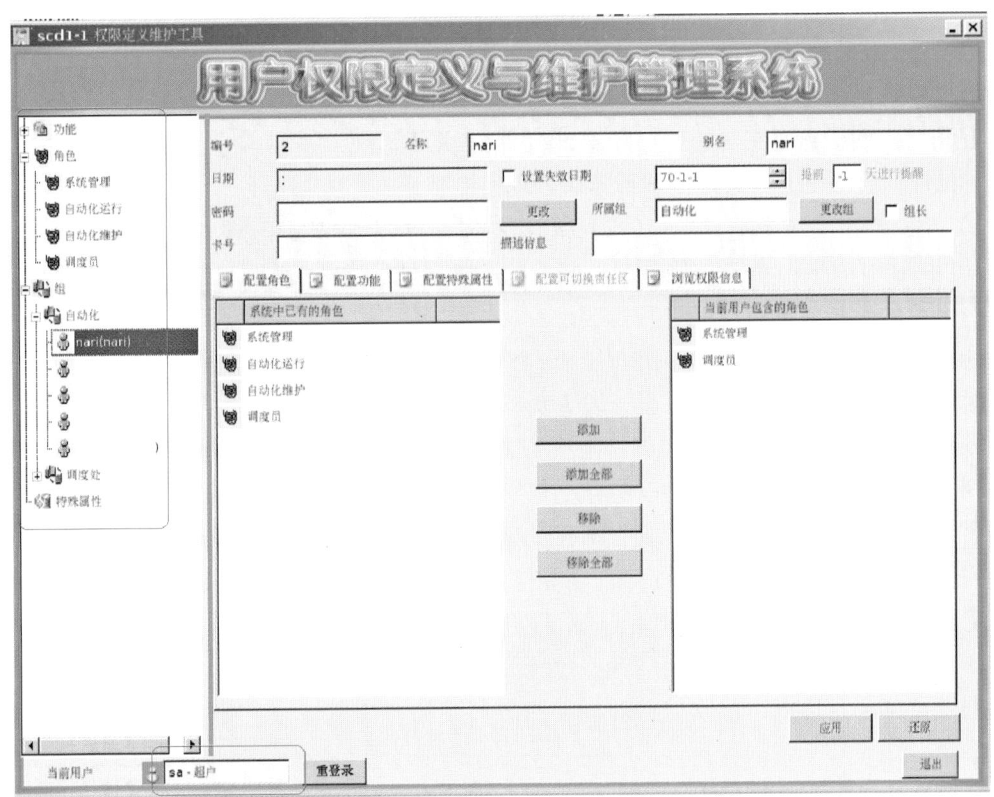


图 2.1－31　用户权限定义与维护管理系统界面（超级用户）

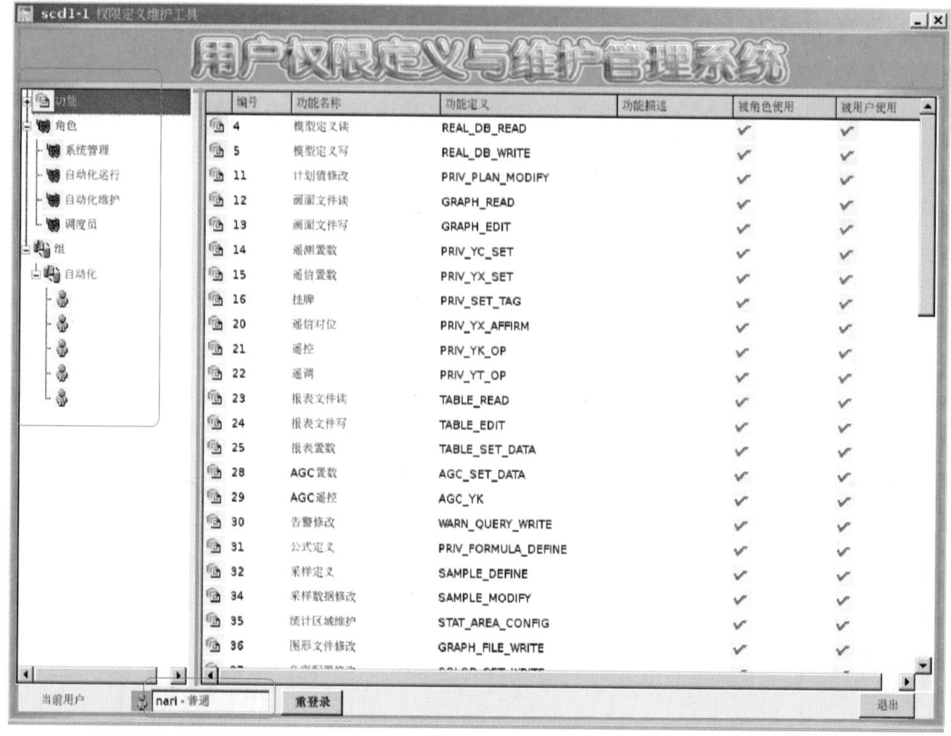


图 2.1－32　用户权限定义与维护管理系统界面（普通用户）

用户权限定义与维护管理系统的退出方法有两种。

方法一：点击界面左边的“－”，选择其中的关闭选项。

方法二：在图 2.1－31 的右下角选择“退出”按钮。

2）功能的定义与维护。功能的定义与维护具有新建、修改和删除功能，用户一般只需查看功能，由开发人员负责使用新建、修改和删除功能。通常情况下，在出厂前功能会定义完毕，出厂后不需要再对功能进行修改。

新系统中最多允许定义 200 个功能，每个功能具备一个唯一的编号和名称，通常情况下，还会对应一个功能的宏定义，用于开发人员编程使用。

在图 2.1－31 左侧树状列表中，当“功能”树节点获得焦点时（选中功能选项），在右侧的列表视图中显示当前全部功能的详细信息。其中“被角色使用”列表示是否已经有角色使用了当前功能作为组成部分，“√”表示该功能已经有某个角色拥有了这个功能，“被用户使用”列表示是否已经有用户使用了当前功能作为组成部分。“√”表示该功能已经被某个用户单独定义了，功能既可以被角色使用，也可以被用户单独使用。

在任何一个功能上单击鼠标右键，就会弹出如图 2.1－33 所示的下拉菜单，可以进行功能的添加、修改和删除以及察看被授予者。

在图 2.1－33 中选择“察看被授予者”，查看包含当前功能的全部角色和用户的名单。

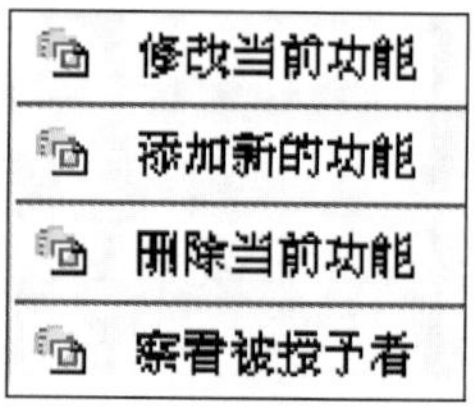

修改当前功能
添加新的功能
删除当前功能
察看被授予者

图 2.1－33　功能操作下拉菜单

图 2.1－34　察看功能被授予者显示信息

图 2.1－34 所示就是“察看被授予者”功能之后的显示信息的一个例子。

3）角色的定义与维护。角色的定义和维护允许用户新建、修改和删除角色。系统中最多允许定义 31 个角色，角色可以由 1～200 个功能组成。每个角色有一个唯一的编号、名称。

当图 2.1－31 左侧树状列表中“角色”树节点获得焦点时，在右侧的列表视图中显示当前全部角色的概要信息，包括角色是否已经被用户包含的信息。

当某一个具体角色的树节点获得焦点（在图 2.1－31 左侧选中一个具体角色）时，在右侧显示该角色的全部详细信息，并可以对该角色的属性进行编辑。

在图 2.1－31 中，打开角色前面的“+”，就会显示所有的角色，在任何一个角色上单击鼠标右键，就会弹出如图 2.1－35 所示的下拉菜单：

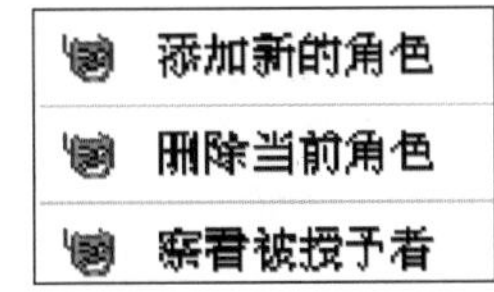


图 2.1－35　角色操作对话框

① 新加角色，在图 2.1－35 中的下拉菜单中，选择“添加新的角色”选项，就会弹出如图 2.1－36 所示的对话框。

添加新的角色包括添加功能和添加特殊属性两部分。

一个角色必须至少包含一个功能，图 2.1－36 中右侧中间部分为添加功能部分，从“系统中已有的功能”列表中选择功能，通过点击“添加”按钮，添加到“当前角色包含的功能”列表，也可以从“当前角色包含的功能”列表中选择功能，通过点击“移除”按钮，删除当前角色所包含的功能。

图 2.1－36 中右侧的下部为添加特殊属性部分，特殊属性分为对数据表、数据表域和图形的操作。数据表的可用权限分为禁止查询、只查询、修改、增删记录、增删改五种；数据表域的可用权限分为禁止查询、只查询、修改三种；图形的可用权限分为禁止读取、只读、可编辑三种。选择数据表、数据表域或者图形，然后再选择相应的可用权限，通过“添加”按钮添加到“当前角色具有的特殊属性”列表中，也可以在“当前角色具有的特殊属性”列表中选择特殊属性，通过“移除”按钮删除当前角色的特殊属性。

② 修改角色。在图 2.1－31 中左侧的树状列表中选择一个角色，右侧显示当前角色的所有信息，包括角色编号、角色描述以及当前角色所包含的功能与特殊属性。

③ 删除角色。在图 2.1－35 中的下拉菜单中，点选“删除当前角色”选项，将删除当前选中的角色。

注：只有当前角色没有被任何用户所包含时，才能允许删除当前角色。

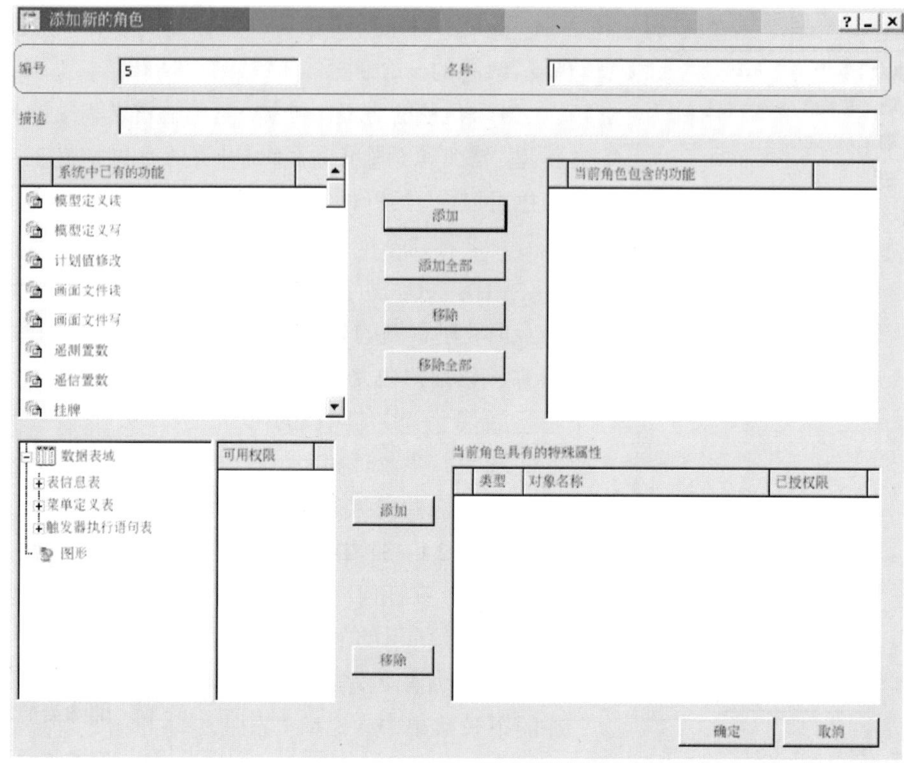


图 2.1－36　添加新的角色对话框

如果没有用户包含该角色，提示对话框如图 2.1－37（a）所示。否则给出“用户包含当前角色”的提示，如图 2.1－37（b）所示。如果确实要删除当前角色，需要先从这些用户中去掉该角色。

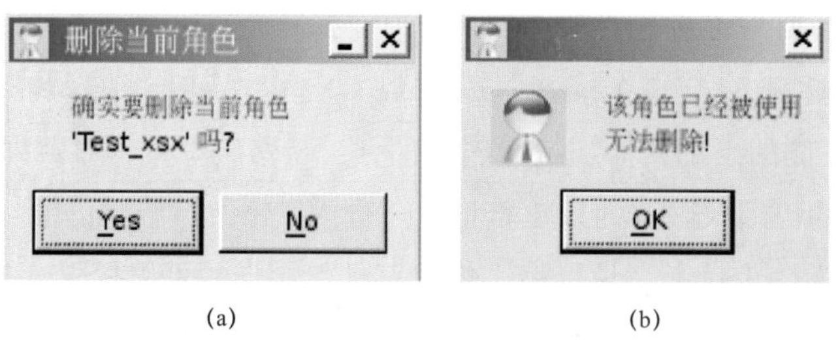


(a)　　(b)

图 2.1－37　删除角色对话框

（a）确认删除角色对话框；（b）角色无法删除提示信息

④ 察看被授予者。在图 2.1－35 中的下拉菜单中，点选“察看被授予者”选项，弹出如图 2.1－38 所示的信息，显示包含当前角色的所有用户。

4）组的定义与维护。因为组本身不具有权限信息，因此组的定义和维护比较简单。允许用户新建、修改和删除组。

当“组”树节点获得焦点（在图 2.1－31 中左侧树状列表中选择“组”）时，在右侧的列表视图中显示当前全部组的概要信息，包括组中是否包含用户的信息，如图 2.1－32 所示。

当某一个具体组的树节点获得焦点时，在右侧显示该组的全部详细信息如图 2.1－39 所示，并可以对该组的属性进行编辑。

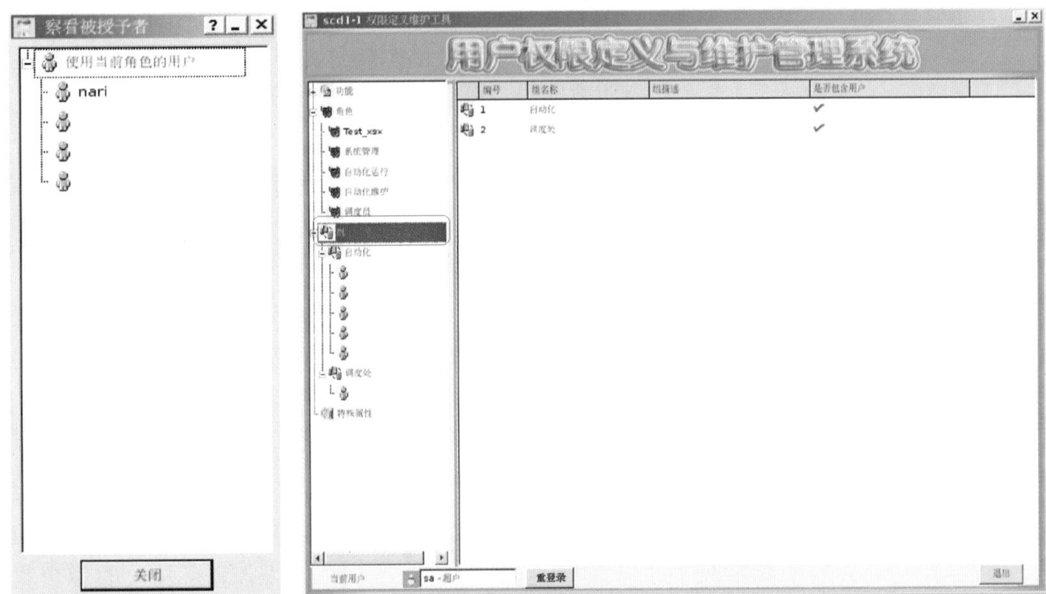


图 2.1－38 “察看被授予者”显示信息　　图 2.1－39　全部组的信息

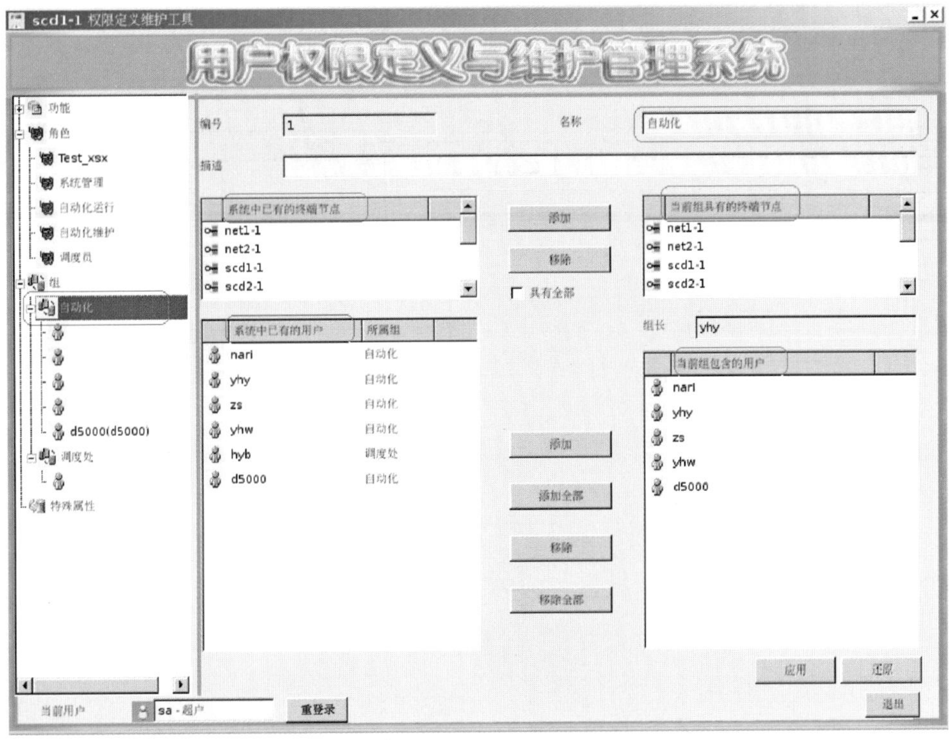


图 2.1－40　具体某个组所包含的信息

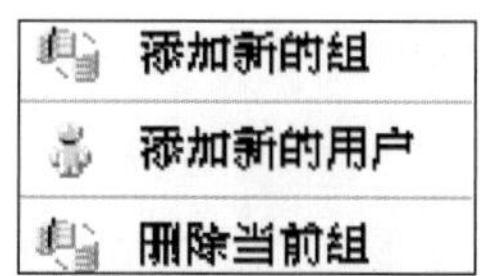


图 2.1－41　组操作下拉菜单

在图 2.1－31 的左侧，鼠标右键单击某个具体的组就会弹出如图 2.1－41 所示的下拉菜单：

其中添加新的用户会在“用户的定义与维护”一节中具体说明，下面分别说明以下几个操作。

① 添加新的组，在图 2.1－41 中选择“添加新的组”，就会弹出“添加新的组”对话框，如图 2.1－42 所示。

添加新组时，程序会自动从当前未分配的组编号中选出最小的一个赋给新组。组的编辑主要包括对当前组包含的终端节点以及用户的编辑。

在图 2.1－42 中的中间部分就是对终端节点的编辑，从“系统中已有的终端节点”列表选择终端节点通过“添加”按钮，加入“当前组具有的终端节点”列表。也可以在“当前组具有的终端节点”列表选择终端节点，通过“移除”按钮从“当前组具有的终端节点”列表中删除该终端节点。只有在当前组具有的终端上，属于该组的用户才有效，否则是无效的。

在图 2.1－42 中的右下方可以选择当前组所包含的用户，方法如下：在“系统中已有的用户”列表选择用户，通过“添加”按钮，添加到“当前组包含的用户”列表，也可以在“当前组包含的用户”列表选择用户通过“移除”按钮从“当前组包含的用户”列表删除该用户。

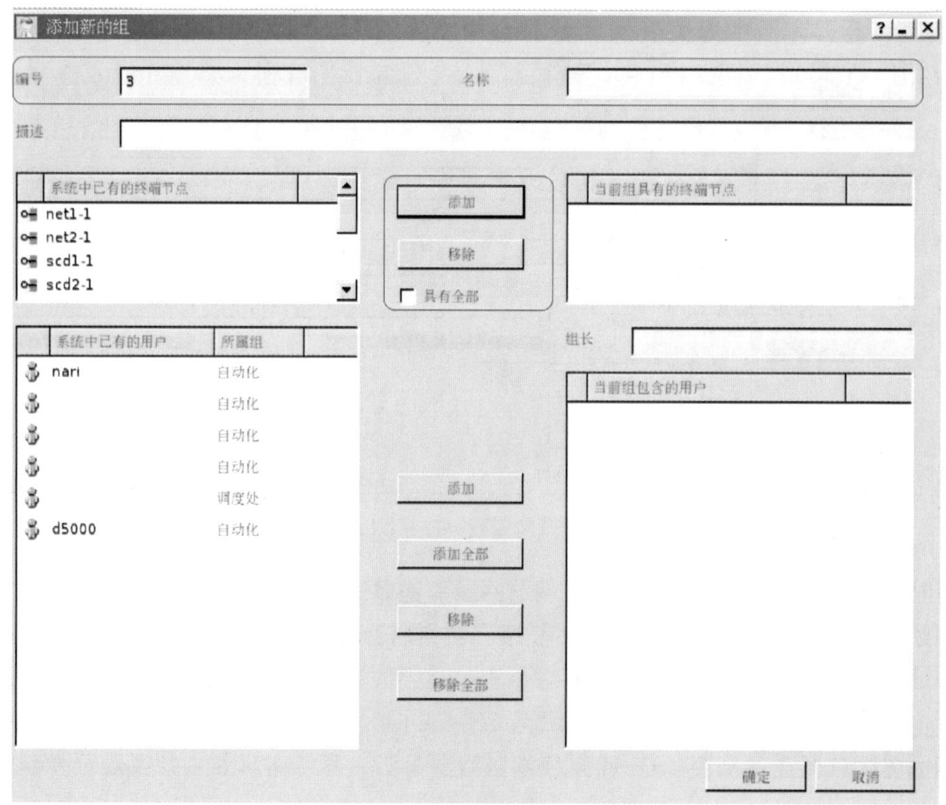


图 2.1－42　添加新的组对话框

由于一个用户只能属于一个组，因此如果选择一个已经属于某个组的用户添加到另外一个组中，则这个用户就会自动从原来的组中删除。

在图 2.1－42 中点击“确定”按钮执行组的添加操作，组添加成功之后，系统提示是否为新组指定一个组长，如果选择“是”，则会弹出一个对话框（图 2.1－43），列出当前组包含的所有组，然后选择一个用户，点击“确定”按钮，所选用户就成为该组的一个组长。

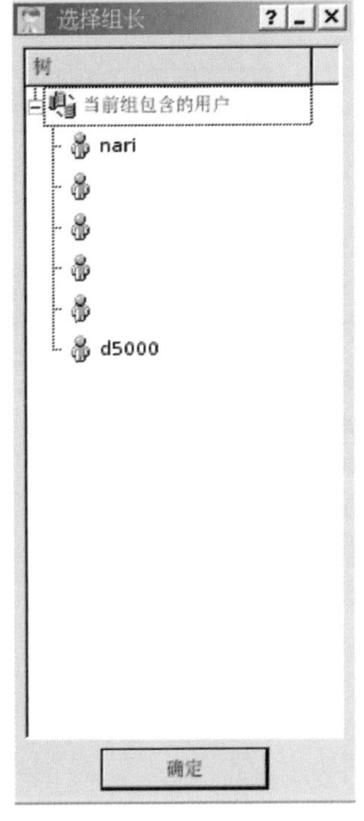

图 2.1－43　选择组长对话框

② 修改当前组，在图 2.1－31 的左侧树状列表中选择具体的某个组就会显示该组的全部信息，如图 2.1－40 所示。修改组时用户同样不能修改组编号。可以修改组名称，组描述以及组中包含的用户。

修改组所包含的终端节点与所包含用户同新建组相同，每次对组所包含用户作修改之后，原来的组长就不再生效，必须重新为当前组指定一个组长，如图 2.1－43 所示。

③ 删除当前组，在删除组时，如果当前组中包含了用户的话，则当前组不能被删除，系统会给出提示信息“无法删除一个包含用户的组”。

如果确实需要删除当前组，则应该先把当前组所包含用户删除，然后再删除当前组。这时候系统弹出一个要求用户确认删除该组的对话框。

5）用户的定义与维护。前面所讲述的功能、角色和组都是抽象的权限主体，而用户则是具体的、实例化的权限主体，是用户权限设置的最终体现者。用户不能直接通过功能或角色，而只能通过一个一个的具体用户来访问和操作系统。

用户权限的组成比较复杂，功能、角色都可以成为用户权限的组成部分。而且用户还可以附加对数据表、数据表域和图形的特殊属性。

系统中可以定义的用户数目不受限制。理论上，一个用户最多可以同时包括 31 个角色和 200 个单独功能，用户可以附加的特殊属性数目不限。

添加新的用户
添加责任区权限
类似创建用户
删除当前用户

图 2.1－44　用户操作下拉菜单

① 添加新的用户。在图 2.1－31 中左侧树状列表中鼠标右键单击某个具体的用户，就会弹出如图 2.1－44 所示的下拉菜单。

在图 2.1－44 中选择“添加新的用户”，就会弹出一个新的用户信息配置对话框，如图 2.1－45 所示。

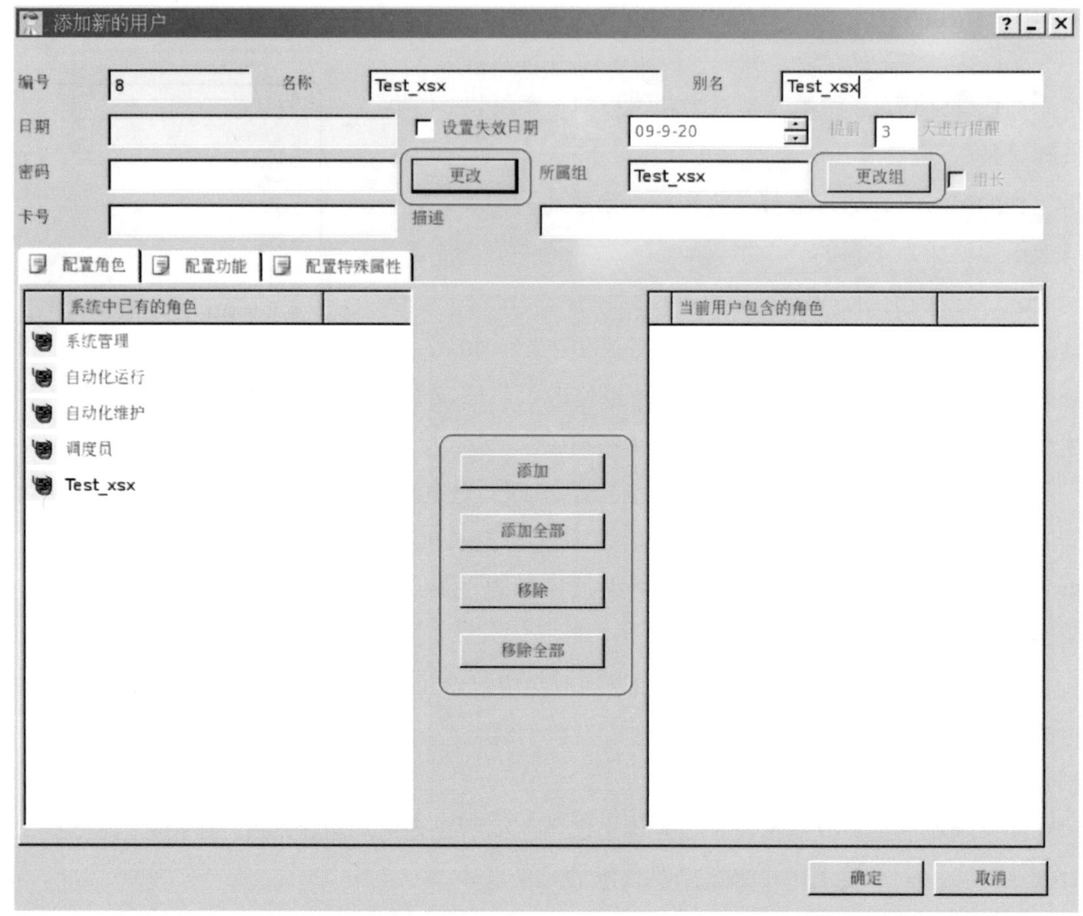


图 2.1－45　添加新的用户对话框——配置角色

用户可以输入除了用户编号和创建日期之外的全部属性。点击更改密码按钮，将弹出一个新的对话框要求用户输入旧密码、新密码和确认新密码。利用“所属组”下拉框，可以修改用户所属的组。

界面上提供一个选项卡控件供用户修改当前用户的权限属性，前三个卡片分别可以修改用户中包括的角色、功能和特殊属性。图 2.1－46 为选中“配置角色”选项卡时的界面。

角色和特殊属性的编辑在前面已经详细说明，不再赘述。功能的编辑与上面所述略有不同。

在图 2.1－45 中，点击“配置功能”选项卡，弹出功能配置界面如图 2.1－46 所示。

在图 2.1－46 中选择一个功能，通过双击鼠标左键可以在“添加的单独功能”和“减去的单独功能”之间切换。“增加的单独功能”就是在角色所包含的功能之外再单独增加所选功能，相反地，“减去的单独功能”就是在当前用户所包含的角色中减去所选功能。

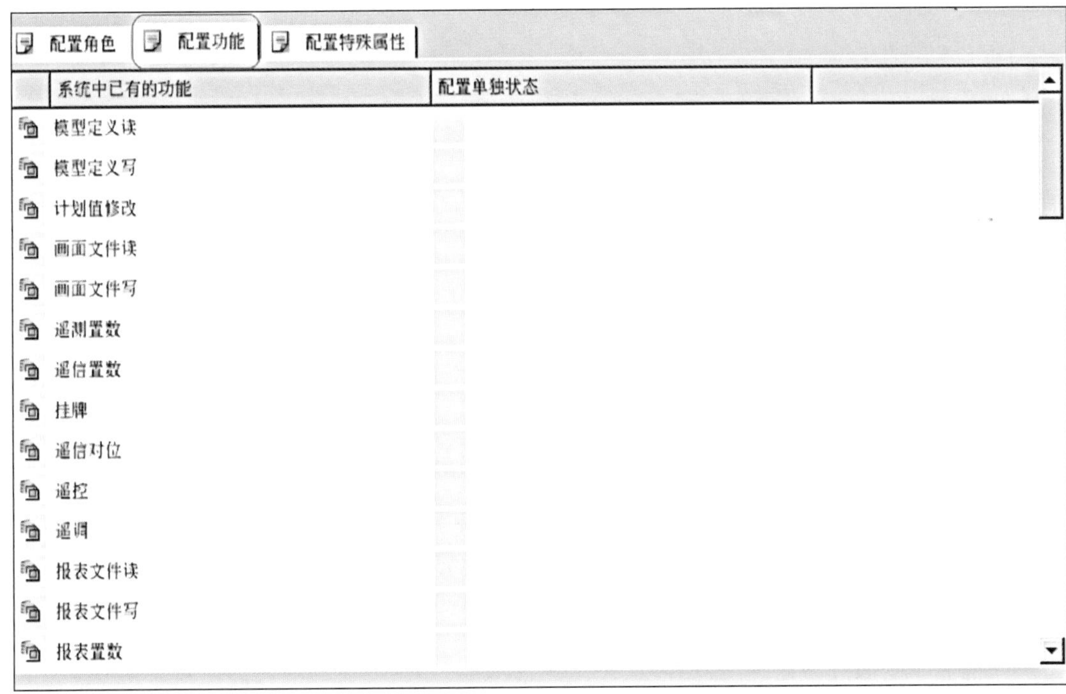


图 2.1－46　添加新的用户对话框——配置功能

编辑完毕之后可以点击“确定”按钮，执行添加用户的操作。

② 修改当前用户。在图 2.1－31 左侧列表中，选中某个具体用户，右侧显示选中用户的全部信息，如图 2.1－47 所示。

图 2.1－47 中，前三个选项卡（角色配置、功能配置、特殊属性配置）与图 2－1－47 相同。最后一个选项卡“浏览权限信息”，可以显示属于当前用户的功能配置、角色配置、特殊属性配置以及最终的功能组合等信息。

除了当前用户的编号与创建日期不能修改之外，其他信息均可修改，方法与添加新用户相同。

③ 数据表域特殊属性的定义与维护。在角色的定义与维护中已经说明，特殊属性包括数据表、数据表域和图形。对于数据表和数据表域的特殊属性需要单独地定义与维护，而图形的特殊属性不需要单独定义，可直接根据图形信息表的相关表域进行处理。以下为具体的处理方法：

在数据库中的图形信息表（GRAPH_INFO_NET，用于存储所有作网络保存的图形）中有一个“图形权限类型”域，这个域值为“系统可读写”时说明是可以进行特殊属性操作的图形，否则就不是，因此在角色定义与维护或者用户的定义与维护中此图形是不可见的。

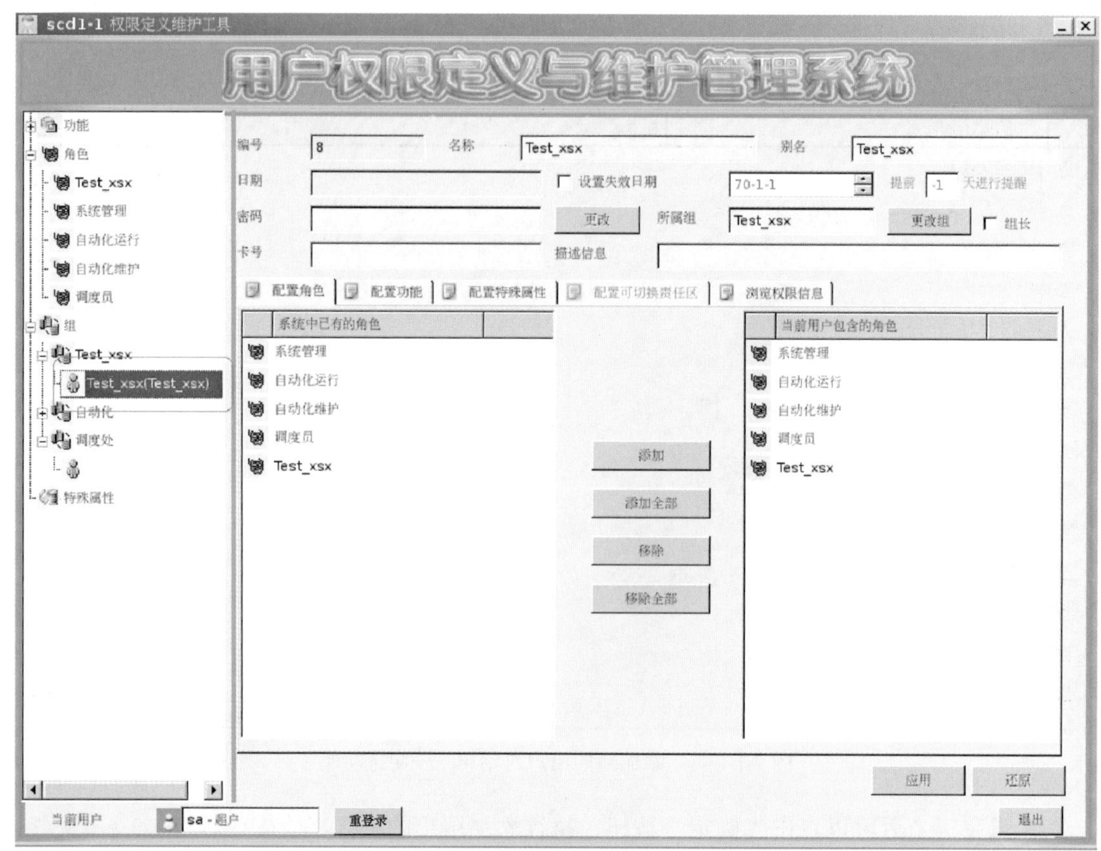


图 2.1－47　用户显示信息

例如：如图 2.1－48 所示，图形信息表/地理潮流图“.ln.pic.g”的“图形权限类型”为“系统可读写”时，在权限定义/特殊属性/图形/就能看到地理潮流图“.ln.pic.g”，可以对地理潮流图进行特殊属性定义，如果图形信息表/地理潮流图“.ln.pic.g”的“图形权限类型”为其他的时候，权限定义/特殊属性/图形/就看不到地理潮流图“.ln.pic.g”，不能对它进行特殊属性定义。

| 序号 | 图形名称 | 图形别名 | 图形类别 | 图形权限类型 | |
|---|---|---|---|---|---|
| 1 | Occctest.fac.pic.g | test_xsx1 | 厂站接线图 | 系统可读写 | 0 |
| 2 | Occctest1.fac.pic.g | test_xsx2 | 厂站接线图 | 系统可读写 | 1 |

图 2.1－48　图形权限类型界面

当“数据表域特殊属性”树节点获得焦点（在图 2.1－31 中左侧选择特殊属性）时，图 2.1－31 右侧就会显示数据表域特殊属性的全部信息，如图 2.1－49 所示。

图 2.1－49 的右上方为“可以定义特殊属性的数据表域”列表，右下方为“已经定义特殊属性的数据表域”列表，显示当前已经定义好的表域特殊属性。

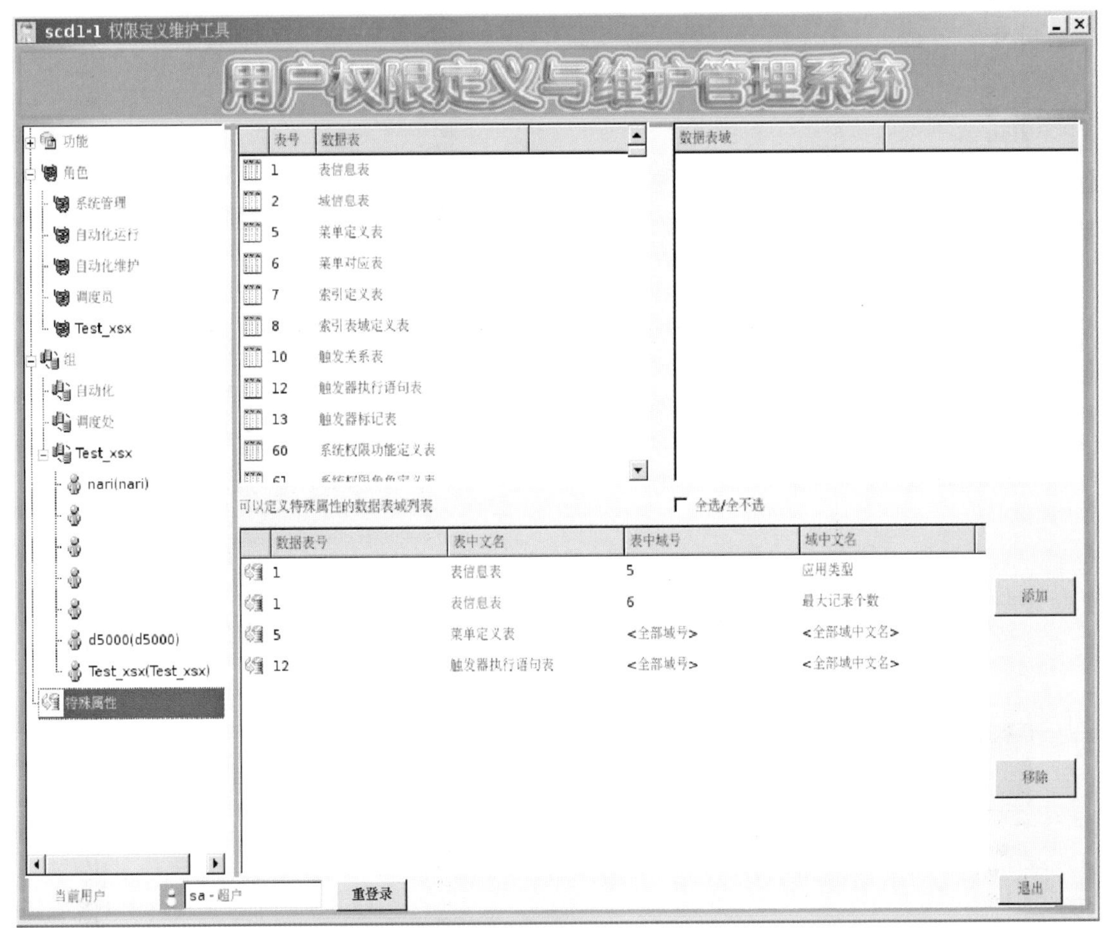


图 2.1－49　特殊属性定义与维护界面

用户在上方列表选定其中的一张表之后，在右侧的表域列表中会显示选定表的全部表域。用户选择一个或多个表域之后，点击“添加”按钮来添加表域特殊属性。

要删除表域特殊属性时，首先在“已经定义特殊属性的数据表域”中选择一行或多行，然后点击“移除”按钮。

所有在“已经定义特殊数据表域”列表中的数据表域都会在角色定义与维护或者用户定义与维护界面上显示出来。

例如，想对“表信息表”的所有域进行特殊属性设置，如图 2.1－50 所示。

选中特殊属性/表/表信息表，右边出现“表信息表”的所有域，选中“全选”，点击“添加”，则在下面出现了一条“表信息表”记录，如图 2.1－51 所示。

图 2.1－50　特殊属性设置 1

图 2.1－51　特殊属性设置 2

特殊属性/数据表域/下就出现了“表信息表”，可以对这张表的某些域进行特殊属性的定义了。

6）权限定义步骤举例。因为权限定义与维护管理系统比较复杂，下面举一个实例来说明。

假设目前系统中要创建一个用户 whz，对这个用户的具体要求如下：

属于远动组，为组长；拥有“公式修改”，“模型定义写”“商用库备份”功能，针对表信息表中的“表英文名”表域具有查询权限、针对图形 test_xsx.sys.pic.g 具有可编辑权限。

下面分四个步骤建立 whz 用户：

① 添加角色“系统维护”“系统运行”“数据库管理”，其中“系统维护”包括“公式修改”“模型定义写”功能，“系统运行”包括“画面挂牌”功能，“数据库管理”包括“商用库备份”功能，如图 2.1－52～图 2.1－54 所示。

图 2.1－52　配置角色所属功能 1

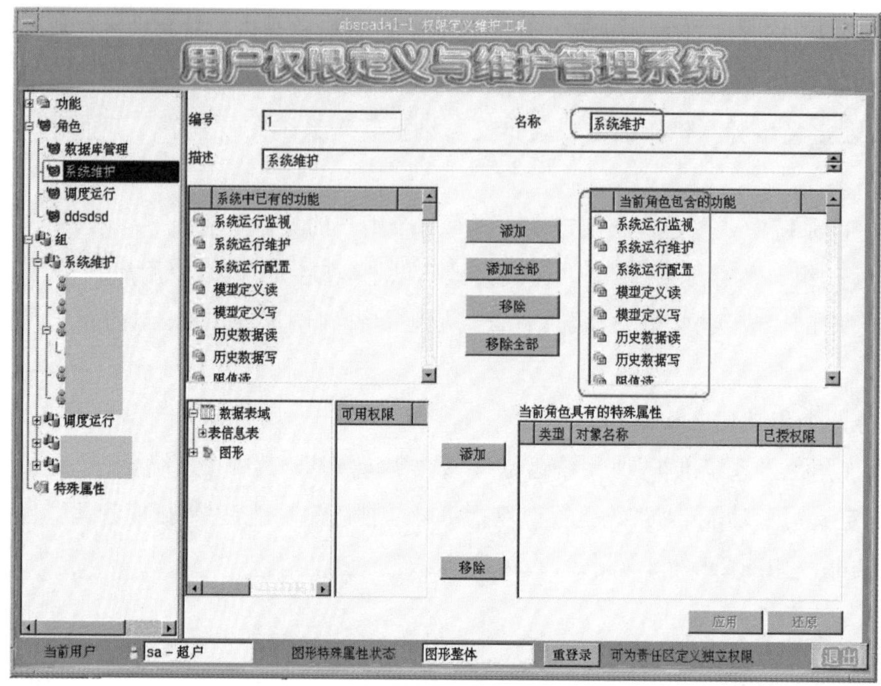


图 2.1－53　配置角色所属功能 2

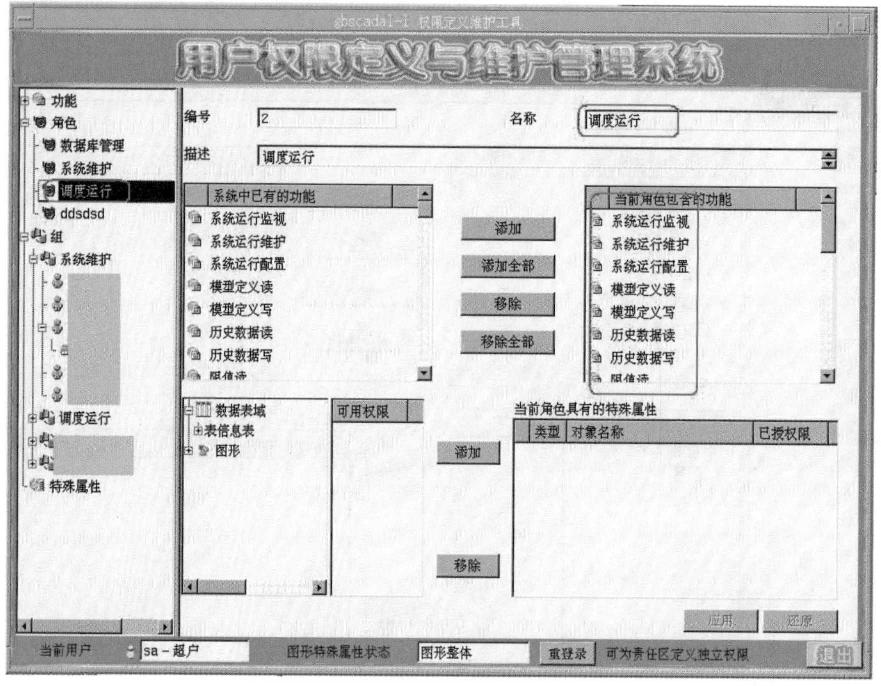


图 2.1－54　配置角色所属功能 3

② 将表信息表中的“表英文名”表域添加到“已经定义特殊属性表域”列表，如图 2.1－55 所示。

③ 新建一个组名为“远动组”的组，如图 2.1－56 所示。

图 2.1－55　配置特殊属性定义

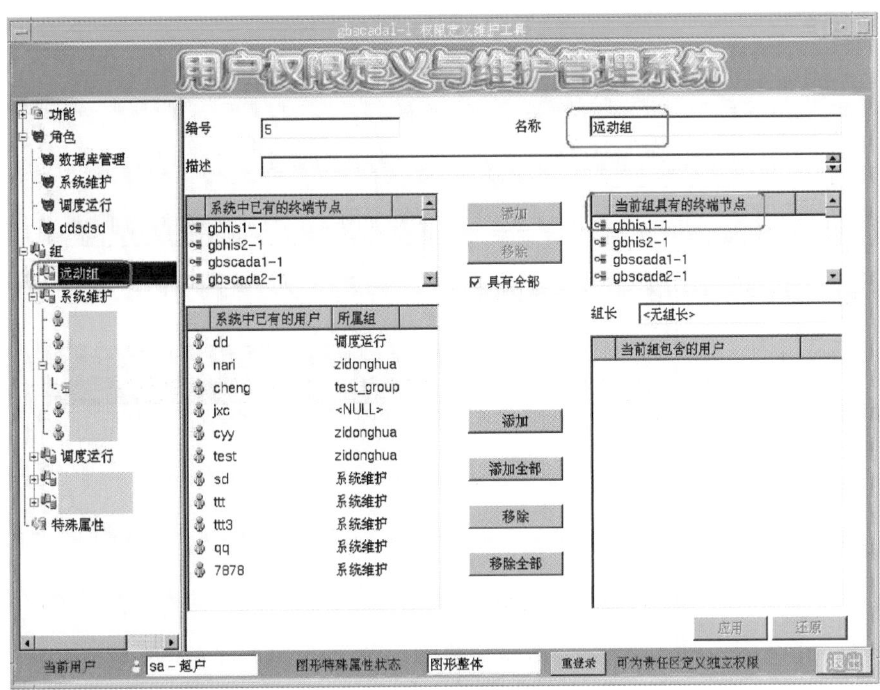


图 2.1－56　新建组界面

④ 在组远动组下新建一个用户 whz，并且指定为组长，并在“配置角色”选项卡下添加“系统维护”角色和“数据库管理”角色，在“配置特殊属性”选项卡下添加表信息表中“表英文名”表域的查询权限和图形可编辑的权限，如图 2.1－57 和图 2.1－58 所示。

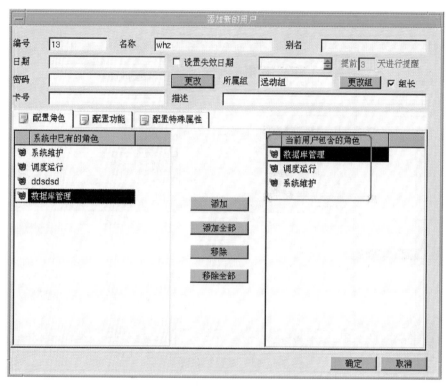

图 2.1－57　配置用户包含的角色

图 2.1－58　配置用户包含的特殊属性

这样就在远动组下建立了一个新的用户 whz，并定义了它的相关权限。

2. 馈线自动化功能配置

（1）概述。

馈线自动化（Feeden Autonation，FA）即配电线路自动化，主要指馈线故障自动定位、自动隔离和非故障区自动恢复供电。馈线自动化是配网系统自动化的一个重要组成部分。馈线自动化是指变电站馈线出线开关以后，用户表计以前，馈电线路上的各种测量控制装置。它是通过控制计算机、杆上遥控开关、远距离终端（子站）以及可靠的通信系统来实现的，用以监视馈电线路运行工况。当馈电线路故障引起停电时，尽快判断、隔离故障区域，恢复对非故障区域的供电，是配网自动化的一项重要任务。站内馈线开关的数据采集及监控由站内 RTU 完成。线路上各环网开关、负荷开关、开关站的数据采集和监控，由安装在各自设备上的远方终端（FTU、DTU、故障指示器）来完成。馈线自动化分为集中型和就地型两种类型，集中型馈线自动化主要是通过配电自动化主站系统根据终端采集上送的电气信号量和遥测量进行统一计算和逻辑判别，识别故障区域并形成控制策略进行故障区段隔离，非故障区段恢复，主站运维人员应根据现场终端配置情况进行系统设置。

（2）操作过程。

1）新接入终端，并且关联好开关之后。

2）打开 DA 模式控制表：DSCADA—关系表类—断路器 DA 控制模式表，如图 2.1－59 所示。

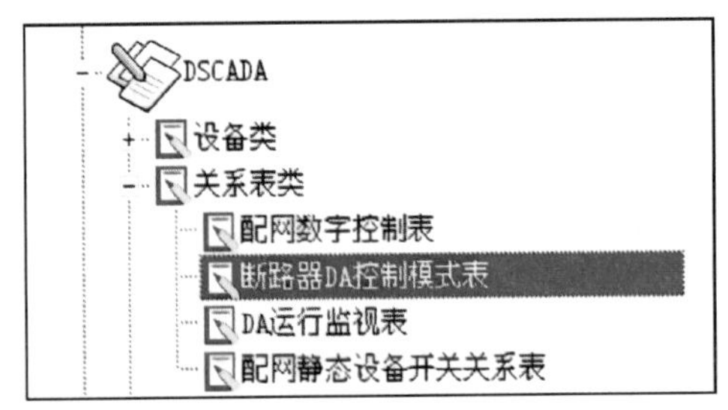


图 2.1－59　打开 DA 控制模式表

3）跳转到最后一条记录，点击行后新增记录，如图 2.1－60 所示。

4）需要维护字段：

厂站名称（见图 2.1－61、图 2.1－62）：所属馈线厂站。

开关名称（见图 2.1－63、图 2.1－64）：打开检索器，找到接入终端的名称并且拖入，从图 2.1－65 列表找到配网开关表，双击，查找馈线关键字，回车，将找到的开关拖入。

故障启动条件：统一选择分闸加保护。

运行状态：在线。

执行模式：交互方式。

图形名称：打开配网馈线馈线表，将开关所属馈线（见图 2.1－66）复制到图形名称处。

关联馈线：选择开关所属馈线。

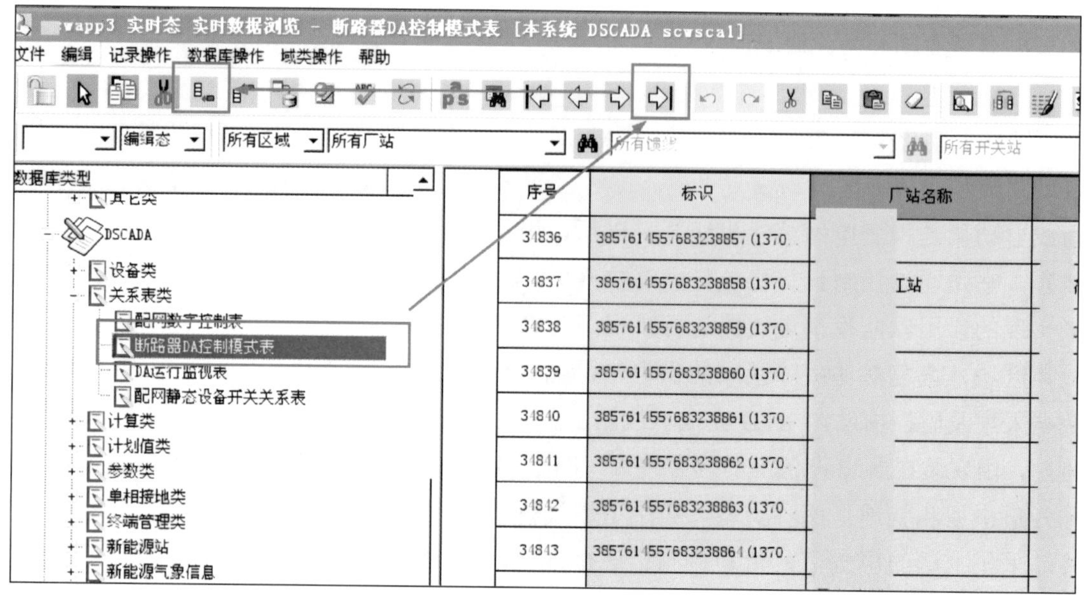


图 2.1-60 新增行记录

FA 类型：根据现场实际情况选择（选择主站集中式）。

处理方式：统一填写 2。

研判启动类型：统一选择，如图 2.1-67 所示。

| 序号 | 标识 | 厂站名称 | 开关名称 | 故障启动条件 | 等待时间 | 运行状态 | 执行模式 | DA状态 |
|---|---|---|---|---|---|---|---|---|
| 34837 | 385761 1557683238858 (1370 | 江站 | 线951开 | 分闸加保护 | 0 | 在线 | 交互方式 | 0 |
| 34838 | 385761 1557683238859 (1370 | | 川 红 | 分闸加保护 | 0 | 在线 | 交互方式 | 0 |
| 34839 | 385761 1557683238860 (1370 | | /10kV | 分闸加保护 | 0 | 在线 | 交互方式 | 0 |
| 34840 | 385761 1557683238861 (1370 | | /10kV | 分闸加保护 | 0 | 在线 | 交互方式 | 0 |
| 34841 | 385761 1557683238862 (1370 | | /10kV | 分闸加保护 | 0 | 在线 | 交互方式 | 0 |
| 34842 | 385761 1557683238863 (1370 | | /10kV | 分闸加保护 | 0 | 在线 | 交互方式 | 0 |
| 34843 | 385761 1557683238864 (1370 | | /10kV | 分闸加保护 | 0 | 在线 | 交互方式 | 0 |
| 34844 | 385761 1557683238865 (1370 | | /10kV | 分闸加保护 | 0 | 在线 | 交互方式 | 0 |
| 34845 | 385761 1557683238866 (1370 | | /10kV | 分闸加保护 | 0 | 在线 | 交互方式 | 0 |
| 34846 | 385761 1557683238867 (1370 | | /10kV | 分闸加保护 | 0 | 在线 | 交互方式 | 0 |
| 34847 | 385761 1557683238868 (1370 | 山 | 马山/ | 分闸加保护 | 0 | 在线 | 交互方式 | 0 |
| 34848 | 385761 1557683238869 (1370 | 山 | 马山/ | 分闸加保护 | 0 | 在线 | 交互方式 | 0 |
| 34849 | 385761 1557683238870 (1370 | | /10kV | 分闸加保护 | 0 | 在线 | 交互方式 | 0 |
| 34850 | 385761 1557683238871 (1370 | | /10kV | 分闸加保护 | 0 | 在线 | 交互方式 | 0 |
| 34851 | 385761 1557683238872 (1370 | | /10kV | 分闸加保护 | 0 | 在线 | 交互方式 | 0 |
| 34852 | 385761 1557683238873 (1370 | | /10kV | 分闸加保护 | 0 | 在线 | 交互方式 | 0 |
| 34853 | 385761 1557683238874 (1370 | | /10kV | 分闸加保护 | 0 | 在线 | 交互方式 | 0 |
| 34854 | 385761 1557683238875 (1370 | | /10kV | 分闸加保护 | 0 | 在线 | 交互方式 | 0 |
| 34855 | 385761 1557683238876 (1370 | | /10kV | 分闸加保护 | 0 | 在线 | 交互方式 | 0 |
| 34856 | 385761 1557683238877 (1370 | | /10kV | 分闸加保护 | 0 | 在线 | 交互方式 | 0 |
| 34857 | 385761 1557683238893 (1370 | | 桥新/ | 分闸加保护 | 0 | 在线 | 交互方式 | 0 |
| 34858 | 385761 1559202060 12 (1370 | 子 | 桥子/ | 分闸加保护 | 0 | 离线 | 交互方式 | 0 |
| 34859 | | | | | | | | |

图 2.1-61 配置启动条件和交互规则

| 序号 | 故障发生时间 | 图形名称 | 关连馈线 | FA类型 | 处理方式 | 自动方式 | rdf_id | 研判启动类型 |
|---|---|---|---|---|---|---|---|---|
| 34837 | | 线大馈线单... | 3799912186533381983 (1350... | 主站集中式 | 2 | 0 | | 故障指示器接地故障在线/... |
| 34838 | | | 3799912187456128457 (1350... | 主站集中式 | 2 | 0 | | 故障指示器接地故障在线/... |
| 34839 | | 线单线图. s... | 3799912187456128196 (1350... | 主站集中式 | 2 | 0 | | 故障指示器接地故障在线/... |
| 34840 | | 线单线图. s... | 3799912187456128199 (1350... | 主站集中式 | 2 | 0 | | 故障指示器接地故障在线/... |
| 34841 | | 线单线图. s... | 3799912187456128176 (1350... | 主站集中式 | 2 | 0 | | 故障指示器接地故障在线/... |
| 34842 | | 线单线图. s... | 3799912187456128248 (1350... | 主站集中式 | 2 | 0 | | 故障指示器接地故障在线/... |
| 34843 | | 线单线图. s... | 3799912187456128233 (1350... | 主站集中式 | 2 | 0 | | 故障指示器接地故障在线/... |
| 34844 | | 线单线图. s... | 3799912187456128232 (1350... | 主站集中式 | 2 | 0 | | 故障指示器接地故障在线/... |
| 34845 | | 线单线图. s... | 3799912187456128112 (1350... | 主站集中式 | 2 | 0 | | 故障指示器接地故障在线/... |
| 34846 | | 馈线单线图... | 3799912187456128322 (1350... | 主站集中式 | 2 | 0 | | 故障指示器接地故障在线/... |
| 34847 | | 线单线图. s... | 3799912187456128242 (1350... | 主站集中式 | 2 | 0 | | 故障指示器接地故障在线/... |
| 34848 | | 线单线图. s... | 3799912187456128257 (1350... | 主站集中式 | 2 | 0 | | 故障指示器接地故障在线/... |
| 34849 | | 线单线图. s... | 3799912187456128321 (1350... | 主站集中式 | 2 | 0 | | 故障指示器接地故障在线/... |
| 34850 | | 线单线图. s... | 3799912187456128249 (1350... | 主站集中式 | 2 | 0 | | 故障指示器接地故障在线/... |
| 34851 | | 线单线图. s... | 3799912187456128265 (1350... | 主站集中式 | 2 | 0 | | 故障指示器接地故障在线/... |
| 34852 | | 馈线单线图... | 3799912187456128274 (1350... | 主站集中式 | 2 | 0 | | 故障指示器接地故障在线/... |
| 34853 | | 线单线图. s... | 3799912187456128282 (1350... | 主站集中式 | 2 | 0 | | 故障指示器接地故障在线/... |
| 34854 | | 线单线图. s... | 3799912187456128138 (1350... | 主站集中式 | 2 | 0 | | 故障指示器接地故障在线/... |
| 34855 | | 线单线图. s... | 3799912187456128225 (1350... | 主站集中式 | 2 | 0 | | 故障指示器接地故障在线/... |
| 34856 | | 线单线图. s... | 3799912187456128048 (1350... | 主站集中式 | 2 | 0 | | 故障指示器接地故障在线/... |
| 34857 | | | 3799912187456128447 (1350... | 主站集中式 | 2 | 0 | | 故障指示器接地故障在线/... |
| 34858 | | 线配网单线 | 3799912185694522523 (1350... | 主站集中式 | 0 | 0 | 385761455592020642 | |
| 34859 | | | | | | | | |

图 2.1－62　配置 FA 模式

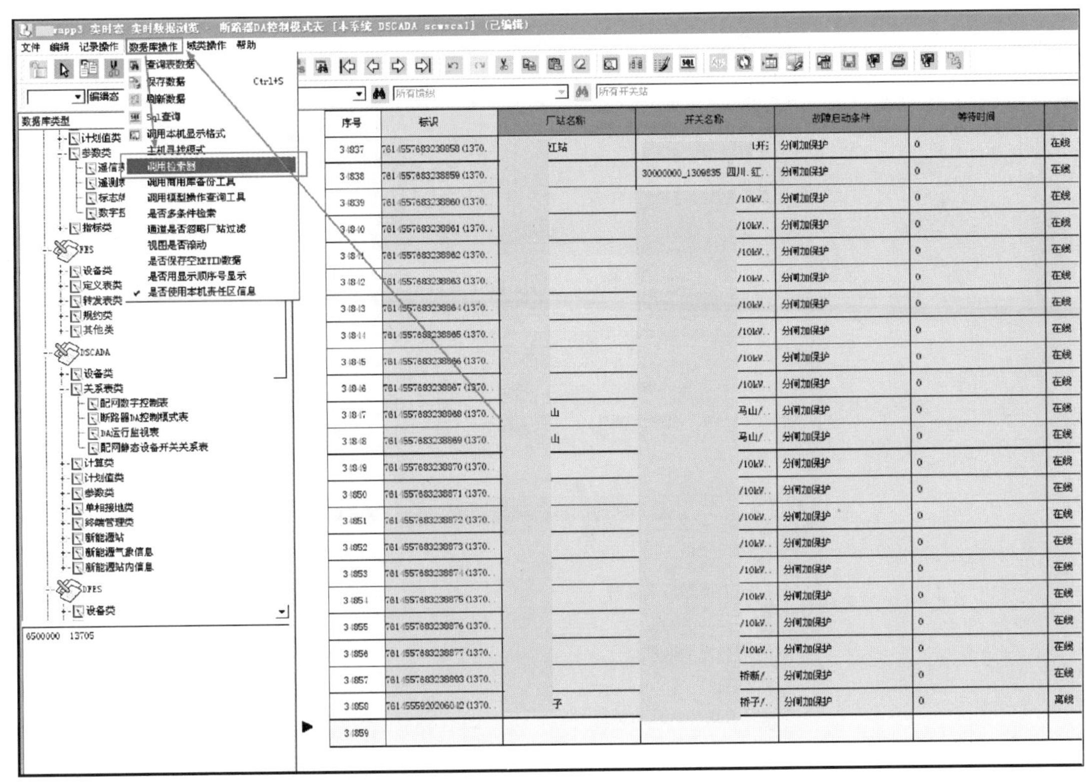

图 2.1－63　选择启动开关

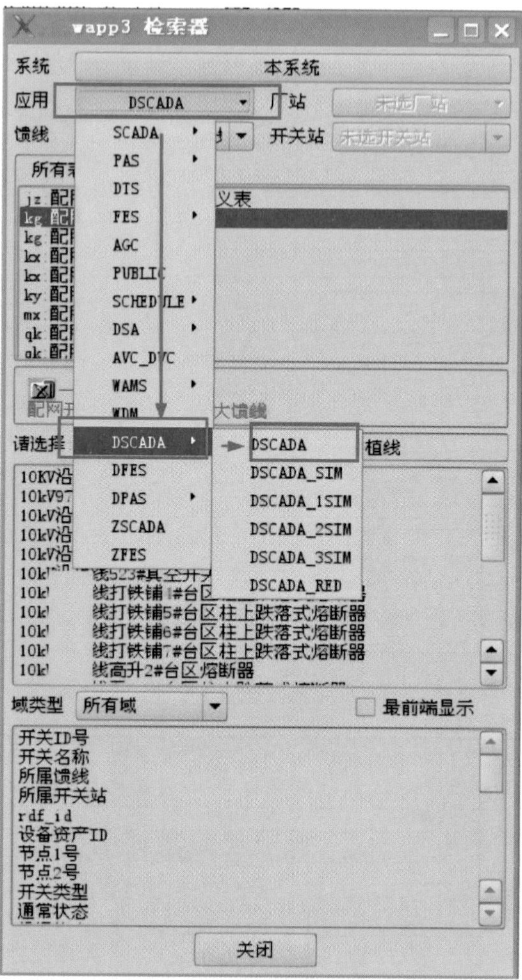

图 2.1－64　选中 DSCADA

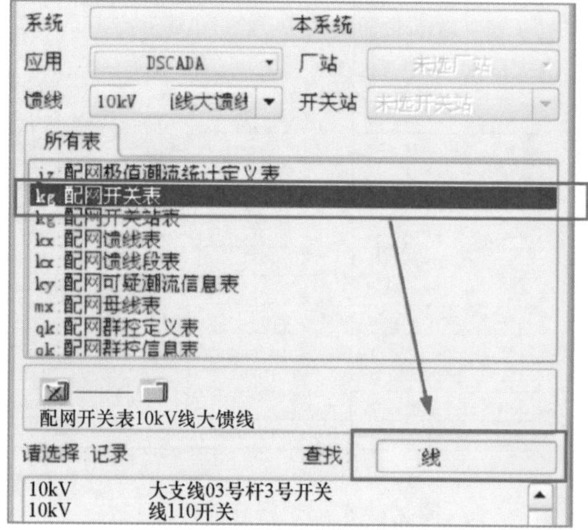

图 2.1－65　列表中找到配网开关表

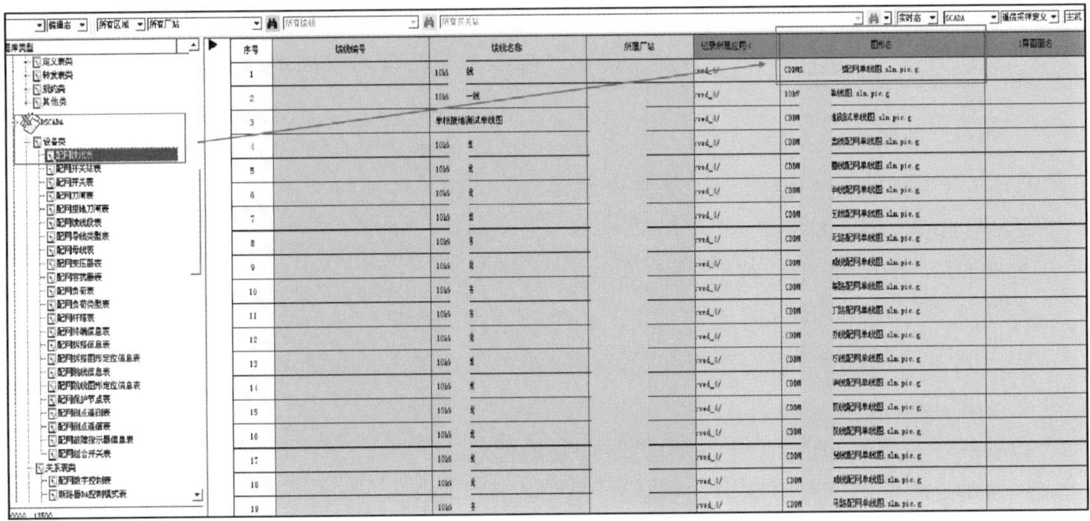

图 2.1－66　配置事故弹图

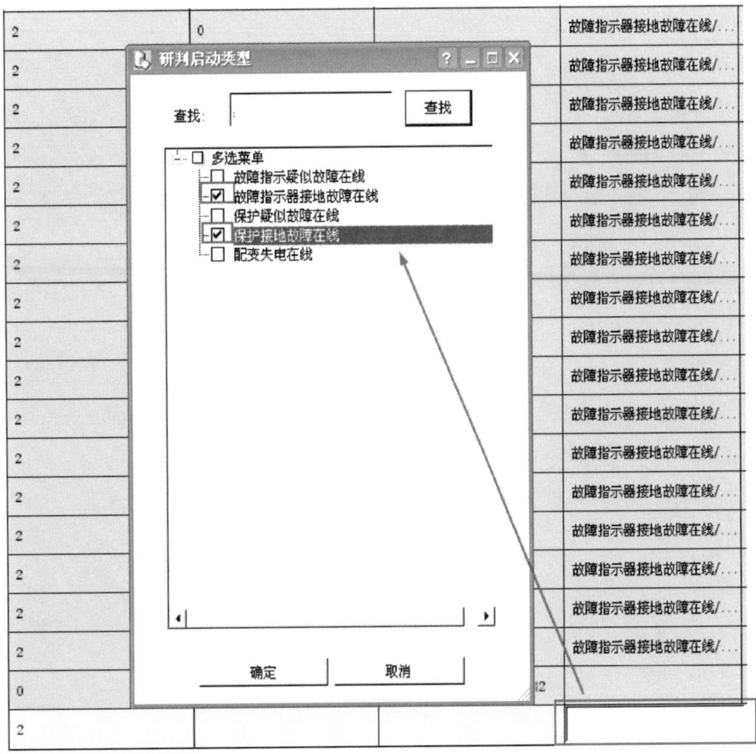


图 2.1－67　研判启动类型选择

3. 图模异动管理

（1）概述。

根据图模导入一致性校验内容，完成图模导入后，后续应处理相关终端关联信息和动态数据关联内容。涉及终端异动主要分为终端异动改名和终端退役后重建两类。

（2）操作过程。

1）PMS 推图后开关名称更改，挂接关系更改，需删除原有终端信息。

① 打开 DBI 实时数据库，依次打开下列表格，删除终端对应信息。

② 在 DFES 域下打开。

规约表——101 或 104 规约，删除相关终端信息。

定义类表——配网前置遥信定义表，删除相关终端信息，此处多为自定义遥信值。

定义类表——配网前置遥测定义表，删除相关终端信息，此处多为遥测值，如 $I_a$、$I_b$、$I_c$ 等电气量信息。

设备类——配网通道表，删除相关终端通道信息。

设备类——配网通信终端表，删除相关终端通信信息。

③ DSCADA 配置。

设备类——配网终端信息表，删除相关终端信息。

设备类——配网保护节点表，删除相关终端信息，此处多为自带遥信值。

设备类——配网测点遥测表，删除相关终端信息，此处多为遥测值，如 $I_a$、$I_b$、$I_c$ 等电气量信息。

参数类——配网遥信定义表，删除相关终端信息，此处多为自定义遥信值。

参数类——配网遥测定义表，删除相关终端信息，此处多为自定义遥测值。

关系表类——断路器 DA 控制模式表。

删除完毕后，按照终端联调内容进行通道重建。

2）PMS 推图后开关名称更改，挂接关系未变，可做改名操作。操作同理。

① 打开 DBI 实时数据库，依次打开下列表格，更改终端对应信息。

② DSCADA 配置。

设备类——配网终端信息表（修改：配网终端名称、配网终端别名）。

设备类——配网保护节点表（修改：配网保护别名、中文名称）。

设备类——配网测点遥测表（修改：配网保护别名、中文名称）。

3）DFES 配置。

设备类——配网通信终端表［选择菜单“域类操作”—“改变域特性”终端名称—是否允许编辑（打钩）—确定。修改：终端名称］。

设备类——配网通道表（修改：通道名称）。

4. 应急预案演练

按照应急管理文件要求，调度系统需三年完成一次应急演练工作，就配电自动化系统而言，在系统运维的基础上要定期检查通道切换试验和主备设备冗余切换试验，同步每年完成一次应急演练。应急演练是全面检验各地区是否对配电自动化主站系统构建了有效立体的网络安全防护体系，是否具备信息安全专业过硬的人才保障队伍，以及是否形成了对于网络安全常态化保障的应急处置预案。其目的旨在全面推进全场景网络安全防护体系建设，牢守网络安全防御底线，增强从事配电自动化网络工作的人员安全意识和网络专业素养，并构筑一套完备有效的“网络安全防火墙”网络，科学、有效助力配电自动化系统的快速建设与高级应用。

现将应急演练模板见附录 A。

## 2.2　配电自动化终端运维管理

### 2.2.1　终端设备验收

1. 概述

验收是综合性比较强的一项工作，需具备一次设备、二次回路、微机保护、自动化、交/直流电源、计算机等相关知识，对运维人员技术水平要求较高，需具备丰富的现场运行经验，运维人员在不断积累经验、熟知设备的基础上才能更好地验收。不同终端设备厂家，终端的原理、基本回路基本上相同，软件、外观柜面布置上有些许差别，不同的终端验收项目、验收流程、资料收取等内容大致相同，区别只是采集数量上的差别。配电自动化终端有着特殊性，其与一次设备验收不同，调试也是验收工作的一部分，调试中有验收，验收也包括调试。有的地区运维单位只收取调试报告（由具备相关资质的单位完成）；有的则是自己进行调试把关。根据工作需要可调整。

2. 验收过程

验收工作提出设备不符合要求需有依据，按照不同的终端进行。

（1）验收的依据性规范。

GB/T 4208—2017《外壳防护等级（IP 代码）》；

GB/T 13729—2019《远动终端设备》；

GB/T 14285—2006《继电保护和安全自动装置技术规程》；

GB/T 15153.1—1998《远动设备及系统　第 2 部分：工作条件　第 1 篇：电源和电磁兼容性》；

GB/T 17626《电磁兼容　试验和测量技术》；

DL/T 630—2020《交流采样远动终端技术条件》；

DL/T 634.5101—2022《远动设备及系统　第 5－101 部分：传输规约基本远动任务配套标准》；

DL/T 634.5104—2009《远动设备及系统　第 5－104 部分：传输规约采用标准传输协议集的 IEC 60870－5－101 网络访问》；

DL/T 721—2013《配电自动化远方终端》；

《电力监控系统安全防护规定》《国家能源局关于印发电力监控系统安全防护总体方案等安全防护方案和评估规范的通知》（国能安全〔2015〕36 号）；

《国家电网公司关于进一步加强配电自动化系统安全防护工作的通知》（国家电网运检

〔2016〕576 号）。

（2）终端设备验收的类型。

终端设备验收包括工厂验收、仓库验收、现场验收、实用化验收。

1）工厂验收。工厂验收的目的，一是在终端生产完成后在厂家进行抽检或者全检，也可派人到厂家监造，对生产的终端设备进行把关验收，不合格不得出厂，避免出厂后有问题再返厂从而造成不必要的经济损失。二是技术规范书具体细节上并不是与所有现场都完全符合，所以工厂验收还可根据现场实际应用进行少量修改便于今后运维。

验收人员到达厂家后首先根据合同、技术规范、图纸的要求，核对终端设备是否与合同、技术规范、图纸一致。其次利用厂家的校验设备对终端设备进行校验，可以抽检或者是全检，对于不符合要求的终端设备进行整改。最后撰写会议纪要，厂家与验收人员共同确认是否合格，能否发货。

2）仓库验收与到货验收。仓库验收（或者称工程验收）又称到货验收（到货全检），其目的，一是校验运输途中终端部件是否松动、掉落、磕碰，外观有无损坏，内部接线有无松动等问题；二是对本体进行调试，因在安装现场有时候不具备调试条件，比如需要临时电源或者是发电机、环境温度影响校验设备的精度等，所以在仓库相对环境较好的情况下进行。为终端设备安装到现场提前做准备。

终端设备到货后，拆箱（最好厂家在场，如果不在场发现问题拍照留档）时，物资部及运维单位需共同核对设备清单，包括说明书、图纸、合格证一些资料，以及备品备件等。要求与发货清单一致，缺少物品要登记反馈。如无问题即可在仓库布置调试现场进行本体调试。（调试布置及方法见下章）条件具备的单位可以将一次设备一起进行就地联调，以及与主站调试。如不具备，就只调试本体功能，现场进行联调。调试完毕后需填写调试报告。建立设备台账。

3）现场验收。现场验收与仓库验收的不同之处是现场可以很容易地和匹配一次设备一起进行就地联调，以及主站联调。一次班组施工与二次班组不太一样，如果不是一二次融合设备，基本上是先安装一次，后安装二次。有关规程上规定是一二次设备同时进行安装投运，但有时候现场设备的安装时间可能不同。具体情况可以根据现场实际进行调整。调试结束后填写验收报告，进入设备投运流程。

4）实用化验收。在通过现场验收测试并试运行满三个月后所进行的项目最终考核验收，工作内容包括运维体系、验收资料、考核指标、实用化应用等内容。实用化验收测试的重点为考核是否满足投入正常生产运行要求，见表 2.2－1。

表 2.2－1　实用化验收表格

| 验收主要项目 | 验收分项目 | 验收方法 |
| --- | --- | --- |
| 基本情况核查 | 覆盖范围核查 | 核查 DAS 所覆盖区域、线路、终端、通信相关数据 |
|  | 主站版本情况 | 核查 DAS 的软、硬件版本及相关升级记录 |
| 应用指标核查 | 数据修改核查 | 现场对配电主站系统历史数据库进行核查 |
|  | 应用指标计算 | 通过专用软件计算终端设备在线率、遥控使用率、遥控成功率、遥信动作正确率等指标情况 |

续表

| 验收主要项目 | 验收分项目 | 验收方法 |
| --- | --- | --- |
| 系统运维闭环管理核查 | 日常运维记录情况核查 | 核查自公司工程验收后试运行阶段的巡视记录、故障记录、检修记录、调度运行日志等 |
| | 岗位职责情况核查 | 与调度、运检、通信等部门相关人员进行交流 |
| | 巡视管理 | 跟随相关巡视人员一同开展一次主站、终端设备、通信的巡视过程 |
| | 故障管理 | 随机选取不少于 5 个离线终端设备，核查相应的消缺工作流程是否清晰 |
| 系统应用情况核查 | 设备异动情况核查 | 选择增加一个设备，对其进行设备异动的管理操作，核查相关信息系统在异动过程是否顺利完成数据交互并记录 |
| | SCADA 功能核查 | 现场随机对 10%（不少于 10 条）在运自动化线路进行相关数据核查 |
| | 遥控操作核查 | 选择备用开关或者是允许合环的线路进行开关遥控操作；在主站历史记录中核查遥控操作记录 |
| | 终端情况核查 | 核查配电主站中终端实时运行工况，记录当时各类通信方式的终端工况数据，统计实时终端在线比例 |
| | 信息安全防护核查 | 按照 168 号文件要求检查主站终端的安全配置 |
| | FA 核查 | 核对其 FA 的参数配置与处理逻辑是否正确，并核对相应的调度日志、操作票、终端设备遥信记录、SOE 记录、遥测曲线等相关记录之间的一致性 |
| | 日常操作情况核查 | 核查相应调控人员的用户名称、密码管理、用户权限划分等是否符合管理规程 |

实用化终端设备验收内容主要包括终端各部件的外观、安装工艺检查，基础平台、系统功能和性能指标测试，以及二次回路校验等内容。

① 现场验收应具备的条件。

a. 配电终端设备已完成现场安装、本体调试，并已接入配电主站。

b. 主站点表、图已完成，配电终端设备已接入系统，系统的各项功能正常。

c. 通信系统已完成现场安装、调试。

d. 相关的辅助设备（电源、接地、防雷等）已安装调试完毕。

e. 被验收方已提交上述环节与现场安装一致的图纸/资料和调试报告，并经验收方审核确认。

f. 被验收方依照此项目技术规范进行自查核实，并提交现场验收申请报告。

g. 验收方和被验收方共同完成现场验收大纲编制。

② 现场验收流程。

a. 现场验收条件具备后，验收方启动现场验收程序。

b. 现场验收工作小组按现场验收大纲所列测试内容进行逐项验收。

c. 在验收过程中发现的故障、偏差等问题，允许被验收方进行修改完善，但修改后必须对所有相关项目重新测试。

d. 现场进行 72h 连续运行测试。验收测试结果证明某一设备、软件功能或性能不合格，被验收方必须更换不合格的设备或修改不合格的软件，对于第三方提供的设备或软件，同样适用。设备更换或软件修改完成后，与该设备及软件关联的功能及性能测试项目必须重新测试，包括 72h 连续运行测试。

e. 现场验收测试结束后，现场验收工作小组编制现场验收测试报告、偏差及故障报告、设备及文件资料核查报告，现场验收组织单位主持召开现场验收会，对测试结果和项目阶段建设成果进行评价，形成现场验收结论。

f. 对故障项目进行核查并限期整改，整改后需重新进行验收。

g. 现场验收通过后，进入验收试运行考核期。工程项目一般有一年的试运期。

③ 现场验收评价标准。

a. 硬件设备型号、数量、配置、性能符合项目合同要求，各设备的出厂编号与工厂验收记录一致。软、硬件版本信息要最新版本。

b. 被验收方提交的技术手册、使用手册和维护手册为根据系统实际情况修编后的最新版本，且正确有效；项目建设文档及相关资料齐全。

c. 系统在现场传动测试过程中状态和数据正确。

d. 硬件设备和软件系统测试运行正常；功能、性能测试及核对均应在人机界面上进行，不得使用命令行方式。

e. 现场验收测试结果满足技术合同、项目技术文件和本规范要求；无故障；偏差项汇总数不得超过测试项目总数的 2%。

④ 现场验收质量文件。

a. 配电主站、配电终端、配电子站和通信系统的现场验收质量文件分别编制，统一归档。

b. 现场验收结束后，形成现场验收报告，汇编现场验收质量文件。

c. 现场验收质量文件应包括以下内容：现场验收申请文件、现场验收测试大纲、现场安装调试报告、现场验收申请报告。

⑤ 现场验收技术文件：工厂验收文件资料及现场核查报告（附工厂验收清单和文件资料清单）、与现场安装一致的图纸/资料、系统联调报告。

⑥ 现场验收报告，包括且不限于以下内容：现场验收测试记录，现场验收偏差、故障汇总，现场验收测试统计及分析，现场验收结论。

（3）终端运维单位验收流程（见图 2.2－1）。

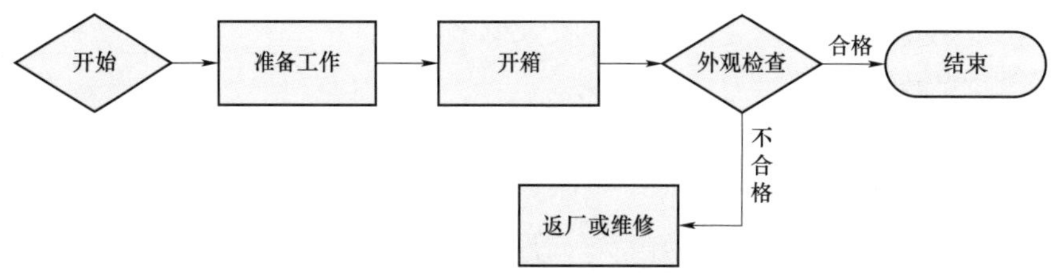


图 2.2－1　终端运维单位验收流程图

1）准备工作。运维人员和工程部门开箱，收取验收资料，现场要进行提前登记，后续建立设备台账（安装位置、软件版本、型号、编号、生产日期、生产厂家等），交接备品备件。

具体自动化终端验收需收取如下资料：工程竣工图（包括原理图及接线图）、变更设计通知、终端产品技术说明书和使用说明书、终端出厂试验报告、终端电科院检测报告、产品合格证、备品备件清单。

2）外观检查。

① 检验项目。

a. 机箱完整检查。

b. 机箱紧固性检查。

② 检验方法。

a. 设备表面是否有损坏、破坏、结构变形、掉漆等。

b. 设备内部是否有部件破损、松脱、掉落等。

c. 产品铭牌是否清晰，型号是否与合同相符。

d. 接线是否规整、有无松脱等。

3. 注意事项

（1）验收后进行功能调试。

配电终端现场调试验收，主要包括二次回路接线正确性检查及改正、电流互感器变比测试、绝缘电阻测试、回路电阻测试、定值及参数、点表配置、采样精度测试、保护功能测试、与主站联调等方面调试。

（2）填写调试报告、验收报告。

验收存在的问题包括整改前和未能整改的都要留有痕迹，找出共性问题。

### 2.2.2　终端设备调试

1. 概述

终端设备调试主要包括馈线终端（FTU）、站所终端（DTU）、配变终端（TTU）等设备调试。各终端设备调试项目包括本地调试、就地调试、主站联调，如图 2.2－2 所示。

本地调试：测试终端本身的各种功能，如遥测、遥信、遥控、电源切换、回路的正确性。

就地调试：终端与一次设备联动，看一二次设备功能是否正确。

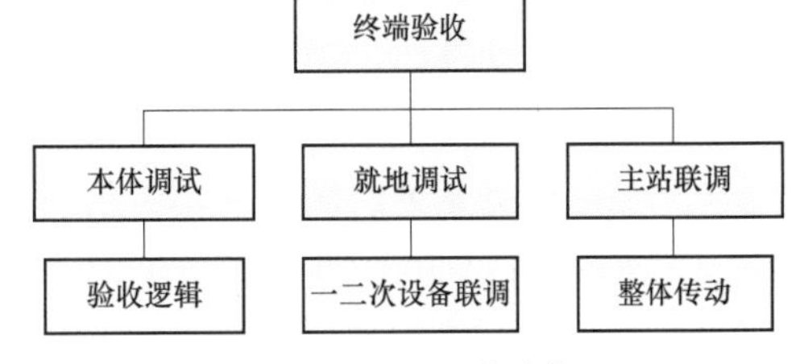

图 2.2－2　终端验收

主站联调：终端侧全部调试好后，与主站建立通信，主站侧做好数据库，条件具备开始进行各种测试项目。

可以说主站联调包含了全部调试，本章按与主站联调的调试方式讲述，中间会包含本体调试、就地终端调试，相同内容不再重复，对不同之处加以甄别。

（1）设备名称。

馈线终端由核心模块远方终端控制器、通信模块、蓄电池、交换机、机箱外壳及各种附件组成，采用了先进的 DSP 数字信号处理技术、多 CPU 集成技术、高速工业网络通信技术、嵌入式实时多任务操作系统，是一种集遥测、遥信、遥控、保护和通信等功能于一体的新一代馈线自动化远方终端装置。主要用于架空线路的主干线联络开关、分段开关，以光纤通信、无线公网通信为主。适应于配网的自动化工程，完成柱上开关的监视、控制、保护，以及通信等自动化功能，配合配电主站实现配电线路的正常监视和故障识别、隔离和非故障区段恢复供电。

站所终端主要用于配电站房、环网柜等多路采集，原理与馈线终端类似。只是间隔数据有所增加。

配变终端（TTU）用于配电变压器的各种运行参数的监视、测量的配电终端。

（2）设备功能。

功能越多价格越高，考虑安装设备的经济性原则，根据现场要求进行删减，满足现场需要即可。在调试中根据技术规范要验收全面不要漏项。

1）配电馈线终端设备功能。

① 具备串行或以太网通信接口。

② 具备当地/远方操作功能，配有当地远方选择开关及控制出口连接片。遥控采用先选择后执行，其返校信息由继电器接点提供。

③ 具有故障检测及故障判别功能。

④ 数据处理与转发功能。

⑤ 工作电源工况监视及后备电源的运行监测和管理。提供后备电源电压监视。后备电源为蓄电池时，具备充放电管理、低压告警、欠电压切除（交流电源恢复正常时，应具备自恢复功能）人工/自动活化控制等功能。

⑥ 提供通信设备的电源接口，后备电源为蓄电池供电方式时应保证停电后能分合闸操作 3 次，维持终端及通信模块至少运行 8h。后备电源为超级电容时应保证停电后能分合闸操作 3 次，维持终端及通信模块至少运行 15min。

⑦ 具备同时监测控制两条配电线路及相应开关设备的能力。

⑧ 可根据需求具备过电流、过负荷保护功能，发生故障时能快速判别并切除故障。

⑨ 具备小电流接地系统单相接地故障检测功能，与开关配套完成故障检测和隔离。

⑩ 支持就地馈线自动化功能。

⑪ 配电线路闭环运行和分布式电源接入情况下宜具备故障方向检测。

⑫ 可以检测开关两侧相位及电压差，支持解合环功能。

⑬ 支持 DL/T 860（即 IEC 61850）对配电自动化扩展的相关应用。

2）配电站所终端设备功能。

① 应具备串行口和以太网通信接口。

② 具备当地/远方操作功能，配有当地/远方选择开关及控制出口连接片。遥控采用先选择后执行，其返校信息由继电器接点提供。

③ 具有故障检测及故障判别功能。

④ 双位置遥信处理功能。

⑤ 数据处理与转发功能。

⑥ 工作电源工况监视及后备电源的运行监测和管理。提供后备电源电压监视。后备电源为蓄电池时，具备充放电管理、低压告警、欠电压切除（交流电源恢复正常时，应具备自

恢复功能）、人工自动活化控制等功能。

⑦ 后备电源为蓄电池供电方式时应保证停电后能分合闸操作 3 次，维持终端及通信模块至少运行 8h。后备电源为超级电容时应保证停电后能分合闸操作 3 次，维持终端及通信模块至少运行 15min。

3）配变终端设备功能。

① 实现电压、电流、有功、无功零序电压、零序电流、功率因数、频率的测量和计算。

② 具备整点数据上传、支持实时召唤以及越限信息实时上传等功能，应具备串行口或以太网通信接口。

③ 电源供电方式应采用低压三相四线供电方式，可缺相运行。

④ 3～13 次谐波分量计算、三相不平衡度的分析计算。

⑤ 抄收台区电能表的数据，并可对电量数据进行存储和远传。

⑥ 具备越限、断相、失电压、三相不平衡、停电等告警功能。

⑦ 具有电压监测功能，统计电压合格率。

2. 调试过程

无论是哪一种终端调试的现场布置方法、调试内容、调试方法都基本相同，只是调试项目有增有减，运维人员只要掌握方法，根据实际进行调整即可。

（1）联调简介。

1）定义。在一个新的终端设备接入主站时要对现场采集的各种数据的正确性进行确认，以保证终端数据正确无误传到主站，主站与终端的数据要保持一致。配电自动化系统是一个设备多、分工明确、配合紧密、综合性高的复杂系统。在整个配电自动化系统中，配电终端设备数量多并分布在配网中的各个位置，配电终端与主站系统通信是联调的基础。

目前配电终端多采用 DL/T 634.5101 规约和 DL/T 634.5104 规约与主站系统通信。

DL/T 634.5101—2022《远动设备及系统　第 5－101 部分：传输规约　基本远动任务配套标准》。

DL/T 634.5104—2009《远动设备及系统　第 5－104 部分：传输规约　采用标准传输协议集的 IEC 60870－5－101　网络访问》。

2）联调要求。

标准性要求：从终端信号发出至主站收到信号的时间要求必须满足主站和终端功能规范要求。

准确性要求：从终端模型遥测至主站收到的遥测误差值满足规范要求。

完整性要求：终端模拟遥信变位信号，主站能收到遥信变位信号及对应的事件顺序记录 SOE 信号。

安全性要求：所接入的终端必须安装加密芯片，主站配备加密装置，满足终端接入主站的网络安全防护要求。

（2）调试前的准备工作。

1）主站调试准备工作。

① 主站自调试过程。

a. 导入测试图模。

b. 终端点表建立。

c. 模拟三遥联调。

d. 馈线自动化功能模拟及试验。

e. 图模导入正确性。

f. 点表正确性。

② 调试准备。

a. 了解被试系统状况。前置服务器是采集终端数据以确认其状态是否在线，与终端通信是否已建立连接，SCADA 服务器是否对前置接收的数据进行处理，根据接入方式进行安防的设置，光纤通信的终端通过安全接入区接入生产控制大区，无线通信的终端接入管理信息大区，核对终端状态是否建立了链路连接。

b. 编写调试方案。调试终端的名称、位置、编号，调试传动时间，调试人员分工，主站、终端传动联系人，调试方案的审核人、批准人等一系列的方案确定。

c. 准备调试使用工器具。包括网络串口线、网络测试仪、专用工具。

d. 试验负责人进行试验人员的分工。联调是个协调工作过程，分工明确，需各司其职，前置服务器看接收人员，后台监控看信号人员、更改数据库人员等。

e. 试验方案交底，交代安全措施和注意事项。

2）终端联调的准备工作。

① 终端测试前搭建系统，如图 2.2－3 所示。

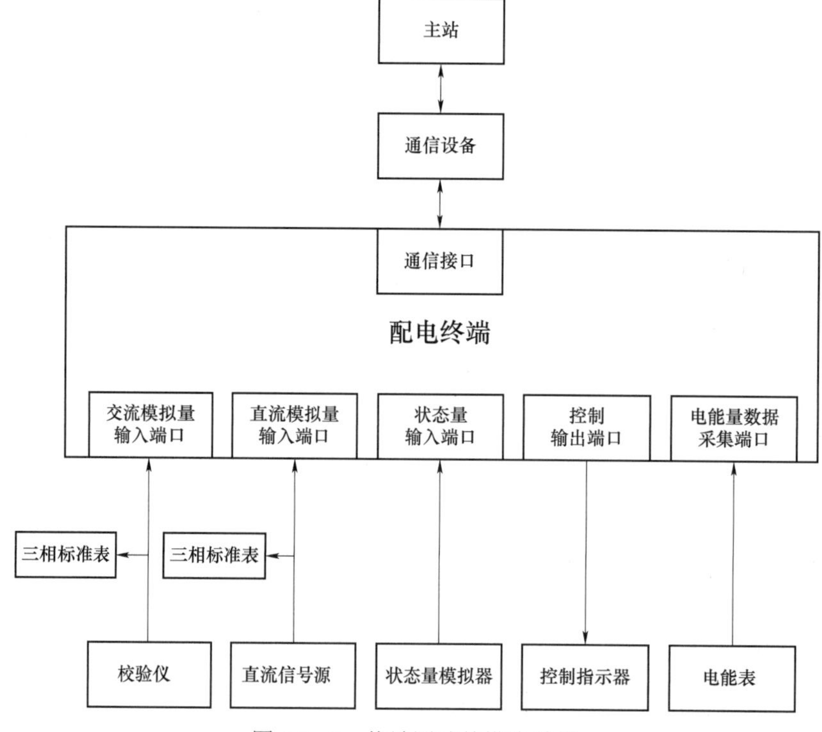


图 2.2－3　终端测试前搭建系统

② 配电终端已安装至现场并具备工作电源。

a. 调试人员核对设计图纸与现场运行情况一致，配电终端的定值参数已落实。

b. 调度已核对设计图纸与现运行中的 GIS 图形一致，已经完成信息点表的录入、图形界面的生成以及信息点的关联工作。

c. 相关技术人员到现场处理临时发生的消缺工作，或可能出现临时修改二次接线的工作。

d. 通信调试已完毕，通道畅通。

e. 现场施工时不要把开关接地作为工作保护接地，需协调采用其他方式接地。做好开关地址和标识。

③ 联调准备主要工具，见表 2.2－2。

表 2.2－2　联调准备主要工具

| 分类 | 名称 | 型号 | 单位 | 数量 |
|---|---|---|---|---|
| 终端工具 | 笔记本电脑 | | 台 | 1 |
| | DTU 测试软件 | | | 1 |
| | 网线 | 2.5m | 根 | 1 |
| | 串口线 | 2.5m | 根 | 1 |
| 安全工具 | 安全帽 | | 顶 | 若干 |
| | 工作服 | 冬季 | 套 | 若干 |
| | 应急灯 | 手持 | 只 | 2 |
| | 方凳 | 绝缘 | 只 | 2 |
| | 工具 | | 套 | 2 |
| 辅助工具 | 电源盘线 | 线长 50m | 套 | 1 |
| | 电源排插 | 线长 5m | 个 | 1 |
| | 发电机 | 500W | 台 | 1 |
| | 继保试验仪 | | 台 | 1 |
| | 高精度钳表 | | 只 | 1 |
| | 升流仪 | | 只 | 1 |

（3）核对版本信息。

终端调试前首先要对终端版本进行查看，核对是否是最新版本，对于后台软件也需要是出厂最新版本。这是调试前必须要做的事情。否则后续调试都是不合格的。

（4）查看设备运行状态。

核对一次设备间隔编号及其各种指示灯、开关位置，所调终端设备运行灯、电源灯、通信灯是否正常，有无告警信息等。核对终端与主站是否建立了链路连接，一切正常方可进行调试。

（5）布置现场。现场布置流程如图 2.2－4 所示。

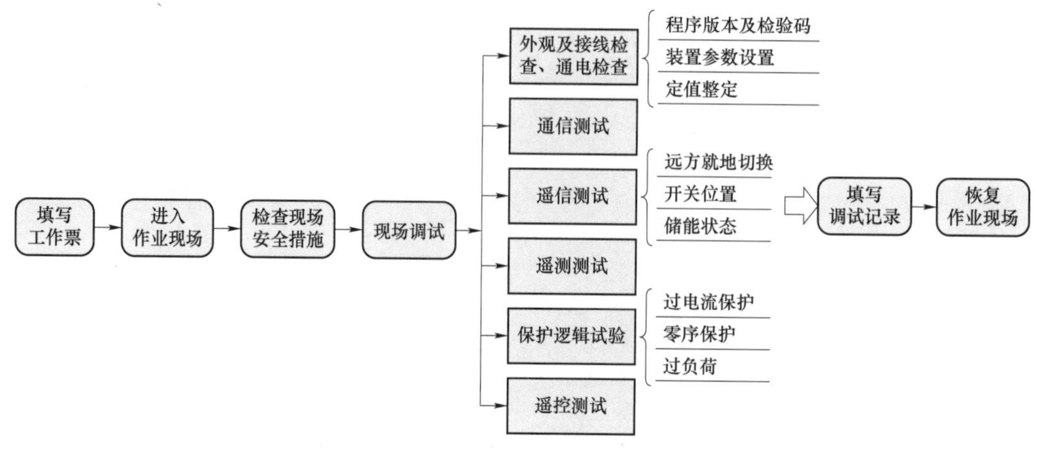


图 2.2－4　现场布置流程

1）进入作业现场无论主站还是站端都要填写工作票（一般是第二种工作票）：根据本次作业项目、作业指导书，全体作业人员应熟悉作业内容、进度要求、作业标准、安全措施、危险点注意事项。检查工作票填写是否规范，是否符合安全规程要求；检查工作票所列内容是否正确完备，是否符合现场实际条件。

2）准备调试资料（原理图、说明书）和相关设备定值单；准备相关设理论资料和操作资料。

3）联系主站人员，确认配电终端在线状态正常，主站系统具备设备联调条件。

4）调试前终端确认遥信状态，并与主站进行核对，将各间隔保持统一状态，开关位置位于分位，各间隔的远方/就地处于就地位，隔离开关处于分位，接地开关处于分位，DTU的远方/就地处于就地位。

5）传动开始前，主站侧人员需在 SCADA 系统中的相应设备中挂“试验”牌，确认终端通信正常。确认数据为该终端上送的以后开始试验。传动顺序与步骤与本地联调一致，按照“遥信→遥控→遥测（保护）”进行。

6）开始传动，检查通信参数、遥信参数、遥控数据和遥测数据的正确性。

7）调试结束填写报告，在投运批准书上签字后，撤离现场。

（6）进行调试。

1）调试要求。

① 终端侧调试具体要求。

a. 在终端与通信装置均已完成现场安装并与配电主站完成联调，且施工工艺及调试工作通过验收，要收集相关资料，如启动资料、设计图纸、传动记录表包括配电主三遥联调记录单、站所终端三遥联调信息表、馈线终端三遥联调信息表等。

b. 主站系统单线图和数据库配置、配电终端定值和参数配置、配电终端与主站通信检查合格后，对配电终端的“三遥”功能进行调试。

调试标准应满足“全遥信、全遥测、全遥控”的原则，确保整体二次回路接线正确，具体标准见表 2.2－3。

表2.2－3　　　　　　　　　　“三遥”调试标准

| 三遥 | 调试标准 |
|---|---|
| 遥测 | 调试人员在进行遥测传动时均应采用整体回路加模拟一次电流检验的方法，模拟一次电流应流经电流互感器及整体二次回路，严禁调试人员在端子排处加二次电流的方式进行传动。遥测量的总准确度应不低于0.5级 |
| 遥信 | 调试人员在进行遥信传动时，应包括一次、二次整体回路及相关元器件。实点遥信应直接拉合开关（隔离开关、空气断路器）传动，故障信号应在端子排处加模拟量传动，严禁调试人员在端子排处用短接信号回路的方式进行传动（380V低压开关的故障遥信，当不具备接入模拟故障电流时，可选择短接信号回路的方式传动） |
| 遥控 | 调试人员在进行遥控传动时应在配电主站工作站上进行操作，严禁在前置机、主机数据库系统内直接进行遥控操作。遥控传动应包括所有进出线开关（含备用间隔），除遥控分合开关外还应对“远方/就地”把手功能进行遥控验证。现场设备遥控传动时，监护人和工作人员应认真核对被传动设备，严格检查监控系统有关设备遥控操作的过程及信息提示。遥控传动宜先控合，正确后再控分 |

c. 传动完成后，与配电自动化主站确认各自动化终端无故障，完成状态检查，严防遗漏项目，遥控传动合格后，核对远方遥控功能是否投入，送电过程中应使用主站遥控各开关的方式进行。

d. 终端侧现场应配备安全可靠的独立试验电源，禁止从运行设备上接取试验电源。

e. 对是否进行加密进行检查，并详细填写检查结果。

f. 全部工作完毕，拆除终端侧所有试验接线（应先拆开电源侧），检查各种手把、连接片、空气断路器、电源线、保险是否在正确位置；检查二次回路端子排上接线的紧固情况；检查保护装置通信线是否紧固。

g. 终端工作电源要求。

- 开关站内DTU电源应取自本站直流系统并有独立供电的电源空气断路器，电源空气断路器应安装于站内直流屏，在空气断路器下方标明“DTU工作电源”。
- 新建电缆分界室、环网单元的DTU工作电源应取自母线电气互感器柜，电气互感器的二次输出电压应为220V。新建电缆分界室双路均应加装电气互感器柜。
- 电气互感器二次输出的电源空气断路器应镶嵌于柜门上，并在空气断路器下方标明“DTU工作电源”。通信设备电源（ONU/交换机）取自DTU测控终端。
- 配电室、箱变内DTU电源应由站内低压侧交流供电，在端子排处应为自动化设备设置独立的电源出线并装设独立空气断路器，并在空气断路器下方标明“DTU工作电源”。通信设备（ONU/交换机）电源取自DTU。
- 在DTU工作电源电缆的DTU侧应拴挂标牌，标牌上需注明电源出处及电缆规格。禁止将此电缆直接埋入地下。

② 主站侧的具体要求。

主站完成系统图和数据库正确配置、IP地址参数配置、配电终端与主站通信正常检查合格后，对配电终端的“三遥”功能进行验收。接入数据要满足安全防护要求，联调要挂牌，防止运行信号与调试信号混淆。对主备机要进行切换调试、IP地址切换调试。

联调结束后，再次确定测遥信、遥测（确定遥信、遥测置数都已退出，遥信信号、遥测数值符合现场情况），操作电源投入，连接片投入，查看有无交流电源输入。开关柜转换开关要在远方位置，开关柜操作电源要处于合位状态。

填写完成联调验收确认表，调试人员签字，这时已完成和主站联调工作。

③ 联调注意事项。

a. 终端软件要先行做好升级到最新版本，联调后不得再对终端配置进行改动。

b. 一次及二次生产厂家到场，避免在调试过程中出现烧毁设备等问题的解决。

c. 遥控操作时，主站进行操作，现场要进行安全措施的设定，即只将调试间隔打到远方，其余间隔打到就地，防止误操作。

d. 终端部分做操作时要将遥控连接片打到就地位置，防止主站下发遥控命令。

e. 主站未建立完单线图模型和点表之前，不进行终端联调测试，确保调试完成的终端要与实际线路上对应的设备一致性；每完成一台终端调试，都需形成调试记录和调试报告。

f. 终端与主站联调结束后要做好备份。

④ 终端基本信息确认。

a. 终端软件版本升级。

b. 终端有唯一的通信 IP 和 ID 号，且现场与配电主站系统相一致，配电终端在线，且终端时钟与配电主站已同步。

c. 按照终端技术条件书要求检查蓄电池标称容量、蓄电池外观，检查蓄电池功能是否正常；交、直流切换不影响终端正常运行。检查“电池欠电压”“电池活化”“电池告警”等遥信点是否正确。

d. 配电主站是否挂传动调试牌。

e. 蓄电池标称容量符合要求，且蓄电池外观无鼓胀、功能是否正常；交、直流切换不影响终端正常运行。

f. 状态指示灯运转正常，各开关按钮位置确认正确。

g. 检验终端禁止调度远控遥信点是否正常，检测终端本体硬件、软件故障告警功能。

h. 本体功能确认。

测试终端各种保护功能，如速断、过电流、零序、重合闸等（包括保护的投入、退出及闭锁试验），查看相关指示灯指示是否正确，主站是否能收到保护投入、过电流、接地告警遥信信号。

需要测试终端的重合闸及逻辑闭锁功能，重合闸结束后需持续加故障电流，分别在控制器或开关本体上手动合闸，查看终端逻辑功能是否被闭锁，逻辑功能闭锁不予试验合格。

终端发生故障时，终端记录的 SOE 事件和上传到主站的 SOE 事件必须包括故障名称和发生故障时的数据，如终端有液晶显示屏，记录的 SOE 事件必须简单易懂，不允许用代码表示。

需在以下两种情况下通过控制器对开关进行合闸操作，任意一种情况不合格，不予试验合格：一是在只有市电的情况下操作开关；二是在只有蓄电池的情况下操作开关。

⑤ 遥测传动要求。

a. 对于 DTU 用电流互感器一次侧加电流方法，检验电流互感器安装是否正常、变比是否正确。不应采用同一根测试线串入多个电流互感器进行升流试验，防止接线错误；对于 FTU，采用预传动的结果，不在一次侧加量进行遥测传动，宜在二次加模拟量开展遥测传动，条件允许情况下，可以选用一次加流的方法。

b. 查看现场输入电流值是否与后台电流值在一定的误差之内（误差绝对值在 1%内为合格）。施加电流时，应启动继保装置的同步计时，检定遥测值由终端传至配电主站时间。

c. 联调时需考虑现场与后台的时序配合问题（核对遥测值时应尽量确保是同一时刻的值）。

d. 在开关本体 A、B、C 三相加相等大小、角度互差 120° 电流，并查看是否存在零序电流。

e. 在量测范围小值时，宜采用一次侧对电压互感器进行升压，测试电压互感器安装是否正常，变比、二次接线是否正确，查看现场输入电压值是否与后台电压值在一定的误差之内（误差绝对值在 5%内为合格）；量测范围大值时，宜从二次加模拟量开展遥测传动，条件允许情况下，可以选用一次加流的方法。

f. 用二次加电流方法对终端做升流试验（相序），检验告警功能是否正确动作。

g. 零序故障必须在一次侧加电流；应考虑持续加流时间不宜过长，避免损坏电流互感器或测试线过热损毁。

h. 不允许把规定有接地端的测试仪表直接接入直流电源回路中，以防止发生直流电源接地。

⑥ 遥信传动要求。

a. 配电主站系统人机界面显示的各状态量的开、合状态应与实际状态量的开、合状态一一对应。

b. 共箱式开关柜的“气压表故障告警”信号应在所有柜中开关柜侧短接相应端子模拟，共箱式开关柜对应所有回路的“气压表故障告警”信号应同时显示。

c. 状态量变位后，配电主站应能收到配电终端产生的事件顺序记录（SOE）。

d. 通过切断装置交流电源等方法，核对交流失电压信号是否可以传输到主站。

e. 对于故障遥信，在模拟故障后，配电终端应产生相应的 COS 及 SOE，并 COS 及 SOE 先后上报给配电主站，配电主站应有正确的故障告警显示和相应的事件记录，且 COS 及 SOE 应在规定时间内匹配上，传动过程中采用人工复归故障遥信。

⑦ 遥控传动要求。

a. 调试之前需要求施工单位在涉及的环网柜张贴回路描述标签，在遥控调试之前检查配电主站系统图模与现场标签是否完全正确。

b. 终端具备三遥功能情况下，开关电动分合及手动分合操作，查看开关能否正确分、合闸，终端对应的信号指示灯指示是否正常，对应的遥信点位是否正确。

c. 配电主站向终端发合/分控制命令，控制执行指示应与选择的控制对象一致，选择/返校过程正确，实际开关应正确执行跳闸/合闸。

d. 就地向终端发分/合控制命令，控制执行指示应与选择的控制对象一致，选择/返校过程正确，实际开关应正确执行跳闸/合闸。此时若配电主站发分/合控制命令，应提示“遥控返校超时”。

2）注意事项。

① 遥信调试时，主站人员需同时核对 SOE 与 COS 记录是否匹配，如有故障，应及时告知终端人员配合处理。

② 传动过程中，主站人员应做好传动记录。传动过程中不具备调试条件的项需要记录下来并写明原因，待全部联调完成后再进行排故处理。

③ 联调过程中，宜使用规范用语，提高工作效率。

3）调试方法。

① 遥测调试。对于遥测量的调试方法分为实负荷法和虚负荷法。

实负荷法一般应用于自动化运行设备的周期性检测或者是在处理故障时，作为故障判断依据时进行的操作。实负荷法是在二次回路不动的情况下，通过钳形电流表测量电流，并接在 PT 上测量电压，从而实现对实际二次功率的测量。

虚负荷法一般是在设备新投、改造站投入运行等情况下进行的检测。虚负荷法是通过外加电源提供的电流、电压来测量二次系统负荷、电流、电压等数据精度是否满足要求。

两种方法都是对电流、电压的精度的测试，保证设备运行数据的准确性。

a. 遥测总准确度。遥测总准确度不应低于 0.5 级。

对于直流采样方式的终端即从变送器入口至调度显示终端的总误差以引用误差表示的值不大于 0.5%，不小于－0.5%。

对于交流采样方式的终端即从厂/站现场的电压/电流互感器二次线出口至调度显示终端的总误差以引用误差表示的值不大于 0.5%，不小于－0.5%。

b. 调试人员调试检查事项。

● 了解所调间隔概况：观察盘上交、直流电流和电压表，多功能温度指示器，带电显示器、指示灯等设备是否齐全、正常。

● 遥测量校验时应根据各种仪表的电压、电流等级、种类、量程和精度，确定采用适宜的电源、选择正确的标准源。标准源精确度等级应比被校装置高 2 级以上，其最低等级不得低于 0.5 级。

● 打开电流互感器、电压互感器端子的连接片避免反送电。

● 所使用的交流采样现场校验仪（简称标准源）要进行定期校准，标准的时间间隔为 1 年。

● 对每一个间隔都要进行遥测数据检验，包括回路正确性、装置准确性、后台数据库的正确性，调度端数据的一致性。

c. 调试安全注意事项。

● 履行进入工作现场办理工作票手续，了解工作地点一二次设备情况。

● 进入现场要穿戴好工作服，安全帽等劳保用品。

● 当地功能调试时工作现场调试需一人调试、一人接线、一人监护、一人后台监视、至少四人配合工作。

● 操作标准源的人员进行操作时应与接线的人员配合一致，禁止自行干活，防止接线人员接线时，操作标准源的人员加量，而造成触电。

● 严防电流互感器开路、电压互感器短路。

- 标准源必须可靠接地。
- 严禁带电插拔插件，断电后才允许拔插件（有些厂家可能会支持带电插拔）。
- 尽量少插拔装置插件，不触摸各 CPU 插件电路。
- 调试标准源人员需做好时刻退出加量的准备，发现故障情况能及时退出。
- 如需更换插件，检查新更换的插件内部跳线与原有是否一致。

d. 调试操作方法。将标准源电流、电流输出线接入在电流互感器二次侧端子排，并加入试验电流进行遥测精度的电流试验（二次侧连接片应断开，不得将电流加入电流互感器）在本柜电压小母线下端进入空气断路器的下口解线加入试验电压(不能将电压加到电压小母线上，防止电压反送)，一般实际加量，分项会加不同值，用以区分接线是否正确。如 $I_A=1A$，$I_C=2A$ 加入电流、电压量后，查看测保装置显示的采样值 $U$、$I$、$P$、$Q$ 是多少并记录，填写检测报告中，做好试验后进行计算，计算其引用误差是否符合要求，在允许范围内。如果不符合要求还要对测量装置的遥测量精度进行校正。进入测保装置内部的调试功能中，加入标准源电压 57.74V 电流 5A，角度 30° 然后确认，则完成了精度校正。

e. 电压、电流基本误差测量。调节测试仪的输出，保持输入电量的频率为 50Hz，谐波分量为 0，依次施加输入电压额定值的 60%、80%、100%、120%和输入电流额定值的 5%、20%、40%、60%、80%、100%、120%及 0。

待标准表读数稳定后，读取标准表的显示输入值 $U_i$ 及 $I_i$，通过模拟主站读取被测终端测量值 $U_0$ 及 $I_0$，电压基本误差 $E_u$ 及电流基本误差 $E_i$ 应符合准确度等级 0.5 级。校验仪为 0.2 级。

f. 故障情况处理。在调试中发现标准源报警，如开路，表示标准源与端子排接线错误或者回路接线错误，应立刻先断开标准源的输出，再查接线。

进行调试前，接线时应查下线的坚固度，否则由于接线头松动，虚接，会造成无数据或者开路，此时立刻先断开标准源的输出再查找故障。

② 遥信调试。遥信是应用通信技术，完成对设备状态信息的监视，如告警状态或者位置信号、阀门位置、各断路器、隔离开关位置、厂站事故总信号、远方/就地状态信号等，这些信息只有两种状态即“闭合”“断开”。遥信是由厂站端传送到调度中心的信息。

a. 遥信分类，见表 2.2－4。

**表 2.2－4　　遥信分类**

| | |
|---|---|
| 实遥信、虚遥信 | 遥信采用光电隔离方式输入系统，通过这种方式采集的遥信称为“实遥信”。保护闭锁告警、保护装置故障、直流屏信号等重要设备的故障信号，必须通过实遥信方式输出。通过通信方式获取的遥信称为“虚遥信”，比如一些合成信号、计算遥信 |
| 全遥信和变位遥信 | 全遥信：如果遥信状态没有发生变化，测控装置每隔一定周期，定时向监控后台发送本站所有遥信状态信息。<br>变位遥信：当某遥信状态发生改变，测控装置立即向监控后台插入发送变位遥信的信息。后台收到变位遥信报文后，与遥信历史库比较后发现不一致，于是提示该遥信状态发生改变 |
| 单位置遥信、双位置遥信、计算遥信 | 单位置遥信：从开关辅助装置上取一对常开接点，值为 1 或 0 的遥信。比如刀闸位置。国际电工委员会 IEC 标准规定，以二进制码“0”表示断开状态，以“1”表示闭合状态。<br>双位置遥信：从开关辅助装置上取两对常开/常闭接点，值为 10、01、00、11 的遥信。分为主遥信、副遥信，如断路器状态。<br>计算遥信：通过遥测、遥信量的混合计算发出的遥信。如电压互感器断线，判别条件为母线电压互感器任一线电压低于额定电压的 80%，则报电压互感器断线遥信 |

遥信的辅助触点是通过 220/110V 的电压接入的，而装置的采集电压工作在±5V 等低电压，为了防止干扰，辅助触点接入时需要隔离，根据隔离方式的不同主要有继电器隔离和光耦合隔离两种方式，目前主流的是使用光耦合隔离。光耦合隔离的遥信输入电路，当断路器断开时，遥信触点闭合使得发光二极管发光，光敏三极管导通，集电极输出低电平“0”状态。当断路器闭合时，遥信触点断开，发光二极管无电流通过，光敏三极管截止，集电极输出高电平“1”状态。

为了分析系统故障，还要掌握遥信变位动作的先后顺序及准确时间。SOE 即事件顺序记录，其含义是电力系统发生各种事件时按毫秒级时间顺序记录下来，以便于对电力系统的事故处理时进行事故分析。SOE 由测控装置产生，遥信发生变位时，测控装置确认遥信变位，通过报文的形式将该信息上送到监控后台或者是主站。报文包含了遥信变位的具体时刻，精确到秒。COS 为事件变位记录。SOE 记录的是开关发生的时刻；COS 记录的是确认变位的时间。比如开关“2021－9－28 13:00 1s10ms”位置发生变化，则后台收到开关 SOE 记录时间为“2021－9－28 13:00 1s10ms”，后台收到开关 COS 记录时间可能为“2021－9－28 13:00 1s12ms”。

b. 遥信防抖的概念。在实际运行中，误遥信主要分为两类：

第一类是触点动作时，由于接触不良，导致真实的遥信后面跟随了几个错误的遥信，最后稳定在真实变位的状态；第二类是由于触点故障或干扰，导致遥信出现不定的“抖动”。为提高信号可靠性，防止遥信受干扰发生瞬时变位，导致遥信误报，应当对遥信输入加上一个时限。也就是说某一状态变位后，在一定时限内不应再发生变位，经过时限值的延时，再次判别该遥信状态，如果真实变位，则保留记录，否则丢弃。这就是防抖的概念。防抖时限一般设为 20～40ms。防抖时限设得太短，易造成误报，设得太长，可能导致遥信丢失。

注意：对于“开关控制回路断线”信号，防抖时间不可以设得太短。因为控回断线信号由 HWJ、TWJ 动断触点串联而成。开关在分合过程中总有一个交叠时间，TWJ、HWJ 都处于闭合状态，若防抖时限小于这个交叠时间，就会误报“控回断线”。

c. 调试注意事项。

● 了解间隔概况：观察盘上交、直流电流表和电压表，多功能温度指示器，带电显示器、指示灯等设备是否齐全、正常。

● 遥信量校验前，要认真核对图纸，避免点错端子。

● 做校验时，填写好记录。

● 对每一个间隔都要进行遥信状态量的检验，包括回路正确性、装置准确性、后台数据库的正确性，调度端数据的一致性。

d. 调试方法。

实点遥信一次设备实传，结合测试仪与保护信号一起传动。低气压闭锁类的信号，拿一短路线，在二次端子排处，将一端找到本间隔的信号公共端点住后，另一端点到所传信号端子，这时后台监控会有变位，开关柜分合闸位置指示灯变位，然后操作人员迅速拿开短线，避免长时间短接。

每个遥信必须顺序传动，在同一时间内只能做一个遥信信号的传动。禁止在同一时间内同时做 2 个信号。此类要求，是防止遥信信号令后在运行中同时出现 2 个信号，导致这类故障，并且处理时只能停电做试验。

做开关分闸信号时，是否同时出别的信号，如果同时出其他信号，连续做 3 次，确定是什么信号，然后检查原因，并做试验解决。

信息响应时间试验：在状态信号模拟器上拨动任何一路试验开关，在模拟主站上应观察到对应的遥信位变化，记录从模拟开关动作到遥信位变化的时间，响应时间应不大于 1s。在工频交流电量输入回路施加一个阶跃信号为较高额定值的 0～90%，或额定值的 100%～109%，模拟主站应显示对应的数值变化，记录从施加阶跃信号到数值变化的时间，响应时间应不大于 1s。

e. 安全注意事项。履行进入工作现场办理工作票手续，了解工作地点一二次设备情况；进入现场要穿戴好工作服，工作帽等劳保用品；当地调试时工作现场调试需一人调试、一人监护、一人后台监视、至少三人；传动时严防点错回路或者间隔，并且短接一下后立刻拿开。

f. 故障情况处理。发现后台报警，短接错误，立刻先断开短接线，再查接线。进行调试时发现接线头松动、虚接，要先紧固，再传动。

g. 保护定值校验。内容主要包括电压互感器二次回路检查、终端定值查看/调整、事件记录查看、运行状态查看、简单报文分析、动作定值和时间定值校验等，应掌握交流采样、过量与欠量保护定值的测试方法（动作和时间定值）、事件记录查看（真实性与完整性）、终端动作后的闪灯情况等，主要使用工具为继电保护测试仪。

h. 采样精度要求。配电终端电流测量精度：相测量值 0.5 级（$\leqslant 1.2I_n$），相保护值≤3%（$\leqslant 10I_n$）。动作时间要求：应不大于 1%或 40ms（满足一项即可）。

i. 保护定值校验。测试保护动作电流、动作时间，采用逐渐变化或突变量方法检验短路保护的动作电流，采用突然变化的方式，检验短路保护的动作时间值。

③ 遥控调试。遥控是应用通信技术，完成对具有两个以上状态的运行设备的控制。如遥控断路器开关。遥控量是由调度中心传送到厂站端的命令。要求遥控传动一定要先试验合，后试验分。在测保装置内部，通过装置的软件实现遥控功能投退的连接片，该连接片投退状态应被存储并掉电保持，可查看或通过通信上传，装置应支持仅针对单个软连接片的投退命令。不同终端有不同的软连接片或硬连接片，根据实际设备进行确认，在此就不一一列举了。

遥控是主站向配电终端下达的操作命令，直接干预电网的运行，所以遥控要求很高的可靠性。在遥控过程中，为保证可靠性，一般采用“选择返校”的方法，实现遥控命令的传送。

所谓“选择返校”是指终端收到主站命令后，为了保证收到的命令能正确地执行，对命令进行校核，并返回给主站的过程。在遥控过程中，主站对终端的命令有三种，即遥控选择命令、遥控执行命令和遥控撤销命令。

终端向主站返送的校核信息，用以指明终端收到的命令与主站原发的命令内容是否相符，同时提出终端能否执行遥控的操作命令。终端校核包括两方面：校核遥控选择命令的正确性，即检查性质是否正确，检查遥控点号是否属于本终端；检查终端遥控输出对象继电器和性质继电器是否能正确动作。

遥控命令时效性很强，对终端来说，当接收到遥控选择命令后，启动选择定时器。若超时未收到主站的遥控执行命令，则拒绝执行并清除遥控选择命令。若遥控过程中遇有遥信变位，终端自动清除遥控命令。

a. 调试流程及注意事项。

● 了解间隔概况：观察盘上指示灯运行状态是否与后台监控相符。

● 进入所调开闭站后，将全站所有远方/就地把手调到就地位置，遥控连接片退出。

● 后台下发遥控选择命令之前，核对开关名称编号，操作相应间隔的远方/就地位置，确认间隔选择正确。

● 区分是备用间隔还是运行间隔。

（a）备用间隔调试过程。

● 调试间隔的“远方/就地”把手功能。首先，将调试间隔的“远方/就地”把手调到就地位置。接下来，核对确认后台显示的状态为就地，告知后台下发遥控命令，无法执行遥控命令，则“远方/就地”把手功能正确。

● 调试间隔的遥控连接片功能。首先，将调试间隔的“远方/就地”把手调到远方位置；遥控连接片退出。核对确认后台显示的状态为远方，告知后台下发遥控命令，遥控操作在后台可以收到返校，但不能对站端试验间隔的断路器进行操作。分合闸命令不执行，则确认遥控连接片功能正确。

● 调试间隔的遥控功能。首先，将试验间隔的“远方/就地”把手调到远方位置，遥控连接片投入。之后，确认试验间隔的实际断路器位置，使其处于分闸位置。接下来，告知后台可以遥控，后台下发由分到合的遥控命令，并在操作过程中，需及时核对相应的断路器位置为合；装置正确动作后，后台再下发开关由合到分的遥控执行命令，核对确认开关位置为分，遥控执行完成。

（b）运行间隔调试过程。

● 试验间隔的“远方/就地”把手功能。首先，将调试间隔的“远方/就地”把手调到就地位置。之后，核对确认后台显示的状态为就地，告知后台下发遥控命令，无法执行遥控命令，则“远方/就地”把手功能正确。

● 正常试验。首先，将调试间隔的“远方/就地”把手打到远方位置。必须保证遥控连接片在退出状态。然后，核对确认后台显示的状态为远方，告知后台下发遥控命令，遥控操作在后台可以收到返校后，不需再执行。

b. 调试安全注意事项。

● 履行进入工作现场办理工作票手续，了解工作地点一二次设备情况。

● 进入现场要穿戴好工作服，工作帽等劳保用品。

● 当地调试时工作现场调试需至少三人，一人后台调试，一人开关柜前配合分合远方/就地把手、监视开关状态，一人监护。

● 传动时严防误遥控其他间隔。

● 遥控时先进行遥控合，再遥控分。将所有的远方/就地把手调到就地位置，只留下传动间隔。

- 做校验时，应做好记录。为防止数据丢失，工作前应进行备份，在送电前把好验收关，运行后新旧配置更替时要做好备份。

c. 传动中故障情况处理。传动过程中运行设备出现故障情况时，立即通知后台监控停止传动工作，现场核实故障原因，并对故障进行处理。

（a）遥控功能测试要求。配电终端遥控合格标准：遥控分闸、遥控合闸执行正确，遥控命令选择、执行或撤消传输时间小于 5s。

（b）遥控分合闸校验。测试配电终端遥控回路的正确性，遥控分合闸采用万用表的通断蜂鸣挡来校验正确性。

（c）遥控分闸检验方法。由配电主站对配电终端下发遥控选择和执行分闸命令，在配电终端遥控分闸回路出口节点处，用万用表通断蜂鸣挡进行测量。

（d）遥控合闸检验方法。由配电主站对配电终端下发遥控选择和执行合闸命令，在配电终端遥控合闸回路出口节点处，用万用表通断蜂鸣挡进行测量。在检验遥控合闸功能下，使用配电主站、配电终端及万用表检验参数，检验步骤及注意事项如下：

a）检查步骤：

第一步，在配电主站图模上找到被测配电终端回路间隔，点击遥控合闸选择；

第二步，配电终端返回选择成功后，配电主站点击选择合闸执行；

第三步，配电主站执行成功后，配电终端接收命令，遥控合闸回路继电器动作；

第四步，用万用表通断蜂鸣挡测量被测配电终端回路间隔遥控合闸出口节点；

第五步，有蜂鸣声，则遥控成功，反之遥控不成功或万用表量错回路间隔、遥控错回路间隔、配电主站与配电终端关联出错。

b）注意事项：

主站侧注意事项：

- 确定配电终端已与配电主站建立通信连接。
- 确定遥控软连接片在“合位”状态。
- 确定网络“五防”已解锁。
- 确定配电终端已关联图模。
- 确定远方/就地转换开关在“远方”位置。
- 确定被测配电终端回路在遥信分合位置在“分位”状态。

终端侧注意事项：

- 确定配电终端已与配电主站建立通信连接。
- 确定遥控软连接片在“合位”状态。
- 确定远方/就地转换开关在“远方”位置。
- 确定被测回路遥信分合位置在“分位”状态。
- 确定被测回路合闸硬连接片在“合位”状态。

万用表注意事项：

- 确定万用表挡位在蜂鸣挡。
- 确定测量回路间隔为遥控合闸出口节点。

④ 通信参数及点表配置测试要求。

a. 通信参数是指配电主站与配电终端的网络连接参数，可分为有线连接和无线连接。

（a）有线参数配置：

主站侧：终端 IP、端口、规约类型（104）及规约相关的参数（传送原因、信息体地址、公共地址）。

终端侧：主站 IP、端口、规约类型（104）及规约相关的参数（传送原因、信息体地址、公共地址）。

（b）无线参数配置：

主站侧：终端 IP、端口、规约类型（101）及规约相关的参数（传送原因、信息体地址、公共地址）。

终端侧：主站 IP、端口、APN、规约类型（101）及规约相关的参数（传送原因、信息体地址、公共地址）。

终端根据主站提供的网络参数信息，按照不同连接方式，进行不同配置，且参数要与主站配置一致。

b. 点表配置测试要求。点表配置是指配电主站把配电终端自身采集的遥测、遥信、遥脉以及遥控信息，通过有顺序的方式进行排列，使之一目了然，方便查看及管理。点表分为遥信点表、遥测点表、遥控点表和遥脉点表。遥信点表是记录开关位置信息、远方就地信息、故障量信息等信号；遥测点表是记录电压、电流、功率以及一些非电量信息等模拟量；遥控点表是控制开关、电池活化、装置复位等可控制信号；遥脉点表是记录用电量或线损信息。终端配置点表必须与主站进行一一匹配。

与配电主站联调验收结束后配电主站端参照对接入调试情况进行记录。

- 查看终端空气断路器、连接片是否恢复。
- 查看终端遥测信号上送方式是否正确。
- 确认所有故障信息复归，终端已经在线。

若有站用变压器或电压互感器柜，则需等待送电结束，确认低压电源是否正常。若有箱门锁，验收结束后锁好将钥匙移交责任部门。

3. 注意事项

FTU 采集一路数据，数据量不大，调试较简单，调试重点在于回路正确性、后备电源的切换，注意供电电源与采集电源区分，如果是共用的话，要注意调试的方法。

DTU 路采集路数较多，各电源独立不得混用，调试时注意进线、出线柜、电压互感器柜测试项目的不同，对于保护动作信息采集，查看电力互感器是使用了保护电力互感器，还是用了测量电力互感器，采集数据用越限值来判断保护动作，还是用保护回路判断。两种方法准确度不同。

TTU 是对于配电变压器电区进行自动化相关数据的采集，但在台区也会计量数据采集设备，台区小，调试电力互感器回路时要注意调试自动化的电力互感器设备。看台区原来是否有采集设备，如果没有自动化 TTU，那么安装采集就行了，如果有别的专业设备则理想状态是数据共享，减少接线。调试人员需按现场设备进行考虑。

## 2.2.3　终端设备运维

1. 概述

终端设备有时需跨部门协调，主站图形参数的频繁、重复更新，配电终端现场维护工作量大，配电终端种类多，维护界面不统一。多种原因造成设备运维管理不到位。为了保证配电自动化终端（以下简称终端）安全运行，加强运维管理，有必要对终端进行巡视检查，掌握终端的运行情况，监视其薄弱环节，及时消除隐患，以确保终端始终处于健康状态。配电自动化终端的运行维护工作对设备有个运维界限所以会划分具体权责。例如 FTU 类一般以柱上真空开关的控制箱与 FTU 之间的航空插头为界限，开关本体的运维由配电运检专业负责，电流互感器、电压互感器、开关控制箱及其二次线、自控制箱引向 FTU 的航空插头、控制电缆及 FTU 本体的运维由配电自动化专业负责。以 FTU 内 ONU 与加密模块的网线接口为界限，网线及 ONU 的运维由信息通信分公司负责，FTU 本体的运维由配电自动化专业负责。

以 DTU 箱体为界限，环网柜电动控制箱、环网柜本体、保护电力互感器、测量电力互感器、电压互感器及附属二次线的运维由配电运检专业负责，DTU 箱体和 DTU 本体的运维由配电自动化专业负责。以 DTU 内 ONU 与加密模块的网线接口为界限，网线及 ONU 的运维由信息通信分公司负责，DTU 本体的运维由配电自动化专业负责。

2. 操作过程

终端设备运维工作包括巡视作业、运维检修和维修资料管理。

（1）巡视作业。

1）巡视作业的流程。

① 进入巡视现场前。配电终端巡视工作开展前，应按照巡视内容的安全作业要求，核实巡视人员资质，身体及精神状况，是否满足巡视作业要求，召开站班会，进行“三查三交”，即查着装、查状态、查装置、交任务、交技术、交安全，检查巡视所需图纸、巡视作业指导书或记录表格等资料是否齐全，巡视专责人应按卡中内容要求填写好终端的一些基本信息，准备好所需的仪器仪表，对巡视人员明确危险点及防护措施等事项，比对上次巡视记录内容，找出重点仔细巡视，并确保巡视人员清楚工作任务、设备的带电情况和巡视环境。

② 进入巡视现场。按照作业指导书所列项目进行巡视，存在隐患及有过故障的部分要重点进行巡视。按照看、闻、听等辨识方法进行巡视，看主要是核对终端表象部分，如终端的各种指示灯、标识、位置等；闻是空气的味道，一般设备损坏都会有一些故障的味道，焦味等，听是终端运行有无故障响动，通过这些手段加强现场巡视的严谨度。还要善于观察设备周围有无影响设备运行的外部因素，巡视完毕后填写好巡视作业指导书结论。

③ 撤离巡视现场。收拾整理工具，关好柜门、设备门，撤出现场。

配电自动化终端巡视作业指导书模板见附录 B。

2）巡视作业风险辨识及控制措施。风险辨识就是预先判定会发生特定的一种危害，通过管理和操作技能来避免事故的发生，使岗位人员、环境和财产免受损失，结果对风险进行了有效控制。

配电自动化终端安装的位置既有柱上，又有电缆，还有站所，不同的安装位置巡视作业的风险辨识也不尽相同。风险辨识及控制措施见表 2.2－5。

表 2.2－5　风险辨识及控制措施

| 序号 | 作业进度 | 辨识项目 | 风险辨识内容 | 辨识要点 | 典型控制措施 |
|---|---|---|---|---|---|
| 1 | 进入巡视现场前 | 作业安全 | 现场安全交底会危险点分析不全面，采取的安全措施无针对性导致事故 | 工作负责人班前会中核查 | （1）工作负责人开工前对危险点进行全面分析并采取有效的预控防范措施。<br>（2）工作负责人应根据现场实际编写好现场巡视安全措施交底会记录，结合作业指导书、“三措一案”认真开好安全交底会 |
| 2 | 进入巡视现场前 | 作业环境 | 恶劣气候条件下，未采取有效地保障措施在线路巡视。如雨、雾、冰、雪、大风、雷电等天气，以及夜间巡线 | 工作负责人作业前查看气象条件 | （1）一般不宜在雨、冰、雪、大风、雷电、大雾等气候条件下进行室外工作。恶劣天气，不进行高处作业。确需工作时应根据现场实际做好相应的防护措施。<br>（2）雷雨、大风天气或事故巡线应穿绝缘鞋或绝缘靴，暑天、山区巡线应配备必要的防护用具和药品。<br>（3）夜间巡线应携带足够的照明工具，夜间巡线应沿线路外侧进行，大风巡线应沿线路上风侧前进以免触及断落导线。恶劣天气和夜间巡视，不得单人巡视 |
| 3 | 进入巡视现场前 | 作业工具 | 工作所需各类生产工器具、资料等不能满足现场工作需求，临时代用或凭经验工作，导致事故 | 工作前工作负责人核查；现场安全监督人员督查 | （1）按照标准化作业指导书要求，根据现场作业需要准备现场作业必需的各类生产工器具。<br>（2）根据作业现场设备情况核对备品配件、仪器仪表、图纸、资料与现场一致。<br>（3）生产工器具等准备符合现场需要 |
| 4 | 进入巡视现场 | 人员因素 | 单人巡视，违规攀登杆塔，造成高处坠落 | 单人巡视时不得攀登杆塔 | （1）无单独巡视资质人员，不得单人进行配电线路及设备运行巡视。<br>（2）单人巡视，禁止攀登配电杆塔和触碰配电设备 |
| 5 | 进入巡视现场 | 外观 | 打开电缆分接箱、环网柜前未对箱体进行检查，验电易造成触电伤害 | 打开柜门时要进行外壳验电 | （1）打开电缆分接箱、环网柜前应先仔细检查外观，查看电缆分接箱是否有冒烟，异味和故障响声等现象，不要直接打开。<br>（2）打开箱体前，应对箱体进行验电，验明确无电压后方可打开柜门 |
| 6 | 进入巡视现场 | 巡视要求 | （1）巡查设备中接近或接触断落的导线，导致触电，巡视中注意观察巡视通道。<br>（2）在设备巡视时发现设备故障，擅自进行处理，误碰带电设备触电，巡视中注意观察巡视通道。<br>（3）巡视设备时擅自越过围墙、围栏，打开配电设备柜门或箱盖接近接触带电设备，导致触电 | 在巡视中巡视人员需认真观察 | （1）巡视时沿线路外侧行走，大风时沿上风侧行走。<br>（2）事故巡线，应始终把线路视为带电状态。<br>（3）导线断落地面或悬吊空中，应设法防止行人靠近断线点 8m 以内，并迅速报告领导等候处理。<br>（4）巡视中发现设备故障应认真观察，仔细判断，记录清楚，及时汇报。<br>（5）发现危及人身安全和设备安全运行的危急故障时应立即汇报，现场尽可能地做好防止事故扩大的措施，等候处理。<br>（6）巡视检查配电设备时，不得越过遮拦或围墙，单人巡视时，禁止打开配电设备柜门、箱盖。<br>（7）电缆分支箱、环网柜、箱式变电站等巡视确需打开门盖时，需有专人监护，打开门、盖需与带电设备、部位保持足够安全距离（10kV 时不小于 0.7m）。<br>（8）巡视时接触设备或打开运行设备门盖前，需先验电确认无电压，否则需戴相应电压等级的绝缘手套 |

续表

| 序号 | 作业进度 | 辨识项目 | 风险辨识内容 | 辨识要点 | 典型控制措施 |
|---|---|---|---|---|---|
| 7 | 进入巡视现场 | 巡视要求 | 高处坠落或跌入沟、坑 | 运行巡视，避免高空坠落并注意地面情况 | （1）多人运行巡视，需登杆塔时，须落实防高处坠落措施，登高人员上下杆塔及在杆塔上查看，应在有效监护下进行。<br>（2）运行巡视，保持精力集中，注意地面的沟、坑、洞等，防止人员失足掉入、摔跌伤人 |
| 8 | 进入巡视现场 | 巡视要求 | 误动误碰运行间隔或者终端 | 避免终端的误动误碰 | 巡视终端禁止乱动现场设备 |

3）巡视作业的内容。

① 巡视的一般规定。

a. 巡视终端时不得随意触碰运行中的终端接线位置。在巡视线路上的终端时人体与10kV带电部位应保持安全距离，且要遵守配电线路一次设备巡视的所有安全事项。在开闭站巡视时也应遵守开闭站内一次设备巡视的所有安全事项。

b. 配电终端正常情况下每月巡视一次，但是根据负荷分布、各类保电任务、自然天气、季节变换、运行方式等的改变，视实际情况应适当增加巡视次数，以及安排夜巡、特巡或者配合一次班组进行，巡视完毕后需认真填写巡视记录并存档，以便查找隐患或者为故障处理提供可靠的依据。

c. 在终端发生故障时需增加故障巡视，及时寻找发生故障的原因，对发现的可能情况应进行详细记录，并利用拍照等方式取得故障现场的照片。

d. 特殊巡视应与一次班组联合进行。

- 雷雨、大风、雾天、冰雪、冰雹等恶劣天气情况下应结合终端实际情况，有重点地进行巡视。
- 新建、改建、扩建的配电终端，终端投入运行24h应进行监察巡视。

e. 对于综合性隐患问题，应列为监视对象，制定出监视措施，掌握变化情况和发展趋势，发现任何可疑现象，巡视人员均应做出初步判断后上报。

f. 在巡视中发现的故障应尽快通知维护班组进行消除，根据故障的紧急程度向运行管理部门及时汇报，按照故障管理要求及时填写故障记录并上报。

g. 巡视中还应要善于观察终端周围的情况，若有威胁终端运行的情况应及时上报处理。

② 现场巡视检查内容。

a. 装置外观检查。检查箱体外壳有无扭曲、破损、锈蚀，箱体内是否有积水、凝露现象，箱体内温度是否过热，地面有无下陷，门锁是否完好，编号标签是否保持完好，防小动物措施是否落实到位等。

b. 电源系统检查。检查电源模块是否处于浮充状态，电池端子有无氧化现象，电池有无漏液，电池外壳有无破损。正常情况下电源模块上有且仅有充电灯亮。

c. 指示灯检查。配电终端面板、通信终端各指示灯信号运行是否正常，面板上各开关位置指示灯指示位置是否与实际一次开关位置相符。馈线终端底部上具备外部可见的运行指示灯和线路故障指示灯：运行指示灯为绿色，运行正常时闪烁或常亮，故障时熄灭。线路故障指示灯为红色，故障状态时闪烁，闭锁合闸时常亮，非故障和非闭锁状态下熄灭。当终端类为电压时间型、“二遥”动作型终端时，当终端闭锁状态时，故障告警指示灯闪烁，非闭锁状态下指示灯熄灭。

d. 空气断路器检查。正常运行时终端的装置电源空气断路器、电池电源空气断路器、操作电源空气断路器，均应处于合闸状态。

e. 连接片检查。分合闸保护出口连接片的位置应与调度下达的命令所要求的实际位置一致。检查终端操作面板远方/就地/闭锁开关是否处于正确位置。正常运行时应置于“远方”位置。

f. 接线检查。检查终端插件、接线有无可目视的松动、烧焦现象，是否出现松脱掉落现象。

- 终端通信检查：检查终端与主站间是否能够进行正常的数据收发，截取主站的报文是否正常。
- 实时数据检查：检查终端实时遥测数据是否正常，遥信位置是否正确，向主站确认有无遥测遥信信息故障情况。
- 其他检查：如终端设备的接地是否牢固可靠，周边有无影响配电终端正常运行的外界因素，对潜在风险进行预判别。

（2）运维检修。

除日常巡视外还有检修维护，如程序升级，更换终端电源和各种电源板等。

1）终端装置程序升级。

① 进行配电终端装置程序升级工作应向配网调度申请退出该终端装置 FA 功能，取得配网调度同意后方可开始工作。

② 退出该终端装置所有分合闸出口连接片。投退连接片需单手操作，连接片打开后需将固定侧拧紧。

③ 断开该配电终端装置操作电源空气断路器。

④ 进行配电终端装置程序升级工作。

⑤ 程序升级工作完成后，重新启动配电终端装置，核心单元 CPU 面板上运行灯应正常，POWER 板上直流指示灯应正常，控制面板上位置指示灯应正常。

⑥ 使用后台维护软件根据调度命令下达的装置参数进行配置。

⑦ 与配网调度确认监控后台遥测、遥信信号正常。

⑧ 与配网调度进行遥控试验，通过测量终端装置分合闸继电器接点的方法进行校验。

⑨ 合上操作电源空气断路器。

⑩ 单手投入该终端装置所有分合闸出口连接片。

⑪ 结束工作，汇报配网调度可投入该终端装置 FA 功能。

2）终端装置电池的安装及更换。

① 进行电池的安装及更换工作应向配网调度申请退出该终端装置 FA 功能，取得配网

调度同意后方可开始工作。

② 退出该终端装置所有分合闸出口连接片，投退连接片需单手操作，连接片打开后需将固定侧拧紧。

③ 断开直流电源、操作电源、电池电源、装置交流电源空气断路器。

④ 进行电池的安装及更换工作。

⑤ 安装及更换工作完成后，应使用万用表测量电池输出电压，正常应为直流 24～27V。

⑥ 依次合上装置交流电源、电池电源，检查电源模块运行正常，输出电压正常。

⑦ 输出至核心单元电压为±24～27V，输出至操作电源电压为±24～27V，输出至通信设备电压为（ONU）±24～27V。

⑧ 合上直流电源，CPU 面板上运行灯应正常，POWER 板上直流指示灯应正常，控制面板上位置指示灯应正常。

⑨ 通过后台维护软件确认所有遥信、遥测信号正常。

⑩ 与配网调度确认监控后台遥测、遥信信号正常。

⑪ 合上操作电源空气断路器。

⑫ 单手投入该终端装置所有分合闸出口连接片。

⑬ 结束工作，汇报配网调度可投入该终端装置 FA 功能。

3）终端电源板的更换。

① 进行电源板的更换工作应向配网调度申请退出该终端装置退出 FA 功能，取得配网调度同意后方可开始工作。

② 退出该终端装置所有分合闸出口连接片。投退连接片需单手操作，连接片打开后需将固定侧拧紧。

③ 断开直流电源、操作电源、电池电源、装置交流电源空气断路器。

④ 进行更换工作。

⑤ 更换工作完成后，依次合上装置交流电源、电池电源，直流电源空气断路器，观察 CPU 面板上运行灯应正常，POWER 板上指示灯应正常，控制面板上位置指示灯应正常。

⑥ 与配网调度确认监控后台遥测、遥信信号正常。

⑦ 合上操作电源空气断路器。

⑧ 单手投入该终端装置所有出口连接片。

⑨ 结束工作，汇报配网调度可投入该终端装置的 FA 功能。

4）CPU 板的更换。

① 进行 CPU 更换工作应向配网调度申请退出该终端装置退出 FA 功能，取得配网调度同意后方可开始工作。

② 退出该终端装置所有分合闸出口连接片。投退连接片需单手操作，连接片打开后需将固定侧拧紧。

③ 断开核心单元直流电源、操作电源、电池电源、装置交流电源空气断路器。

④ 进行配电终端装置核心单元 CPU 板更换工作。

⑤ 更换工作完成后，依次合上装置交流电源、电池电源空气断路器，核心单元直流电源空

气断路器，核心单元CPU面板上运行灯应正常，POWER板上直流指示灯应正常，控制面板上位置指示灯应正常。

⑥ 使用后台维护软件根据调度命令下达的装置参数进行配置。

⑦ 与配网调度确认监控后台遥测、遥信信号正常。

⑧ 合上操作电源空气断路器。

⑨ 单手投入该终端装置所有分合闸出口连接片。

⑩ 结束工作，汇报配网调度可投入该终端装置FA功能。

5）配电自动化终端的定值整定。

① 配电终端装置的定值整定包括柱上真空开关、环网柜、开关柜本体保护定值整定。

② 进行定值整定前必须确认调度定值通知单的设备双重名称与现场设备双重名称一致。

③ 进行定值整定前必须退出相应开关的分合闸出口连接片。投退连接片需单手操作，连接片打开后需将固定侧拧紧。

④ 整定工作完成后必须将相应开关的分合闸出口连接片投入。

（3）运维资料管理。

设备在未建立台账前不得投运，运维部门应根据施工方提交的审核资料进行台账录入，运维台账信息如图2.2－5所示。运维部门应在设备变更后及时完成台账的更新工作。为确保设备的准确性，终端设备应具有台账信息录入功能后，可通过远程读取方式收集设备信息形成台账。

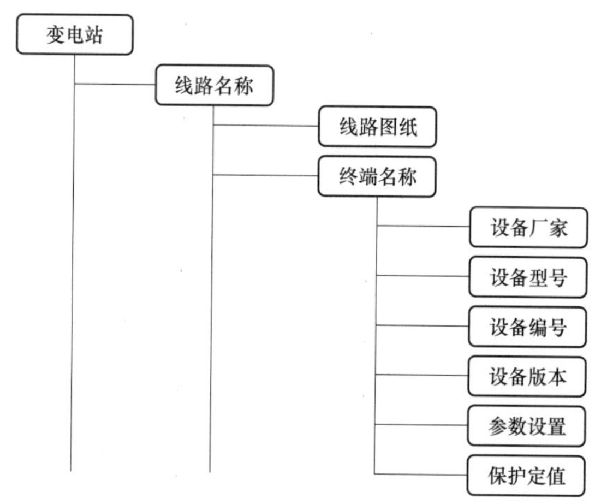


图2.2－5　运维台账信息

3. 注意事项

（1）巡视作业。

春夏季节气候潮湿，凝露现象严重，夏季炎热高温，影响现场配电终端正常运行。记录现场二次附柜内的温度、湿度，对长时间运行数据进行分析。选取现场运行条件较为恶劣的两个典型的二次附柜内温湿度数据进行分析。配电终端二次附柜湿度变化大，春季梅雨季节相对湿度达90%～100%情况较多，需要采用专用的除湿设备对整个柜体进行整体除湿，防止凝露发生；配电终端一般采用工业级的芯片，且在通过实验室的高温 70℃检测后，基本能够满足现场高温条件运行的需求，超过 70℃，需要对柜内的微气候环境进行改善。

铅酸蓄电池适宜的运行温度为 25℃，但现场运行恶劣环境，且浮充电压和充电电流设置如不合理，温、湿度对后备电源的关键性能影响大，需要开展先进高效制冷（或加热），除湿技术研究，控制后备电源箱体温度、湿度恒定，以改善配电终端蓄电池运行环境；另外需加强后备电源在线监视，对蓄电池端电压、充放电电流、内阻等关键指标进行实时监测。定期检查电源管理模块运行参数是否在合格范围内。在电源管理模块配置蓄电池活化电阻，关注蓄电池内阻。

（2）运维资料管理。

运维人员通过使用新开发的专业漏洞及弱口令“一键扫描”软件，对配网终端进行安全扫描。关闭在线终端设备 FTP、TELNET、SNMP、Web 等可远程访问的服务，且禁止使用空口令或者弱口令，禁用终端蓝牙和无线维护方式。

## 2.3　配电自动化通信系统运维管理

配电自动化通信系统运维管理是综合性比较强的一项工作，需具备一次设备、二次回路、微机保护、自动化、交/直流电源、计算机等相关知识，要求运维人员技术水平较高，还需有丰富的现场运行经验以及相应的知识储备，因为不同的通信手段，其组网方式各不相同，需要的设备也都不同。配电自动化通信系统运维管理有着特殊性，其与一次设备验收不同，调试也是验收工作的一部分，调试中有验收，验收也包括调试。有的地区运维单位只收取调试报告（由具备相关资质的单位完成），有的则是自己进行调试把关，根据工作需要做调整。

### 2.3.1　光纤专网运维

1. 组网方式

配网无源光网络（EPON）系统，采用的是树形拓扑结构，如图 2.3－1 所示。OLT 放置在中心局端，分配和控制信道的连接，并有实时监控、管理及维护功能。ONU 放置在用户侧，OLT 与 ONU 间通过无源的光分配网络按照 1:16/1:32/1:64/1:128 方式连接。

2. 光纤专网调试安装

（1）硬件安装（见图 2.3－2～图 2.3－4）。

1）OLT 安装。OLT 上连局端设备，如果光信号过于强（有时因为距离短光信号损耗小）需要加上衰减器。OLT 下联 ONU，在两者之间接分光器。

① 控制板（也叫主控板或者叫超级控制单元）一般一台 OLT 有主、备 2 张板子。

② 直流电源板（从开关电源的－48V 来的电源）一般也是主、备 2 张板子。

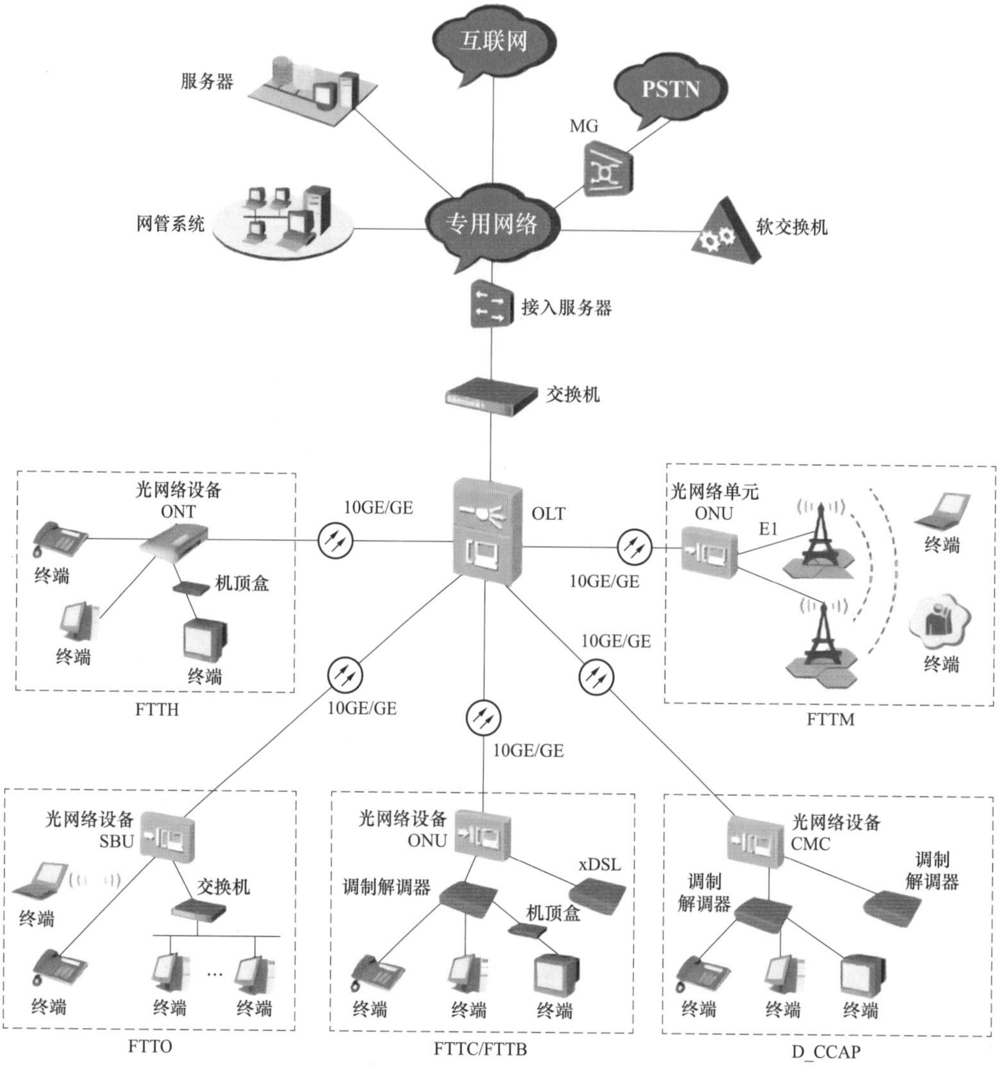

图 2.3－1　OLT 组网方式

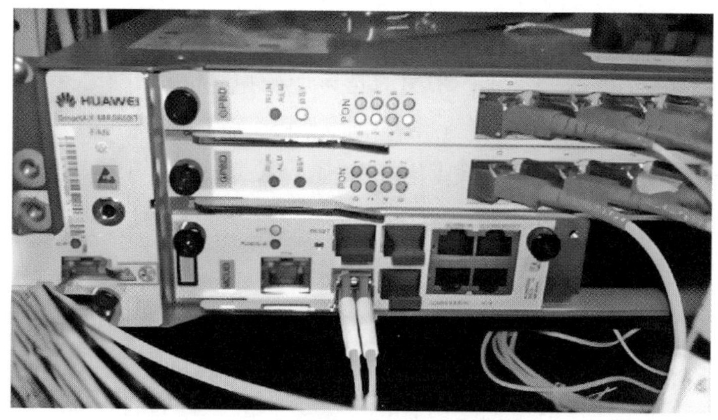


图 2.3－2　OLT 实际安装效果图

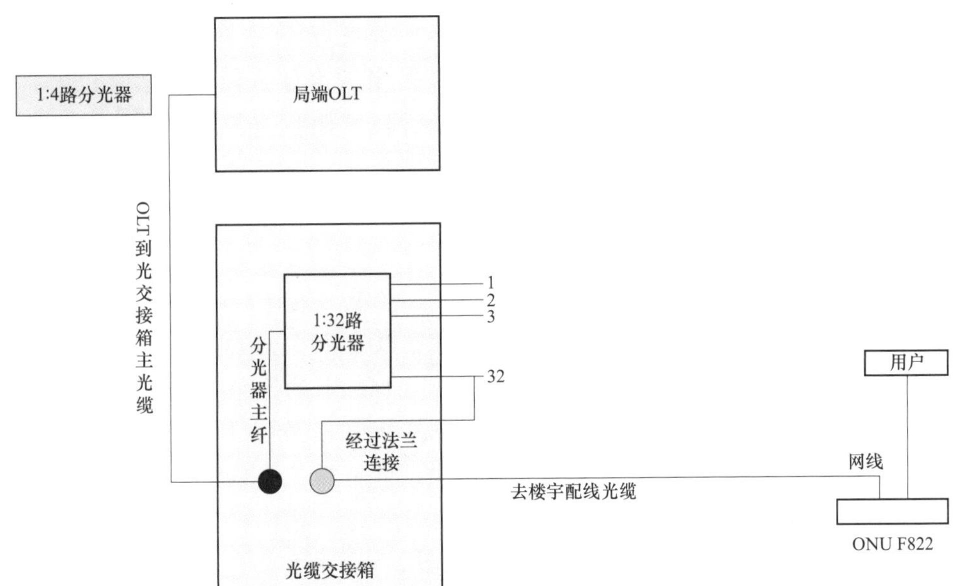


图 2.3－3　OLT 安装连接图

图 2.3－4　OLT 实物构成图

③ 风扇单元（主要设备的环境监控等）。

④ 机框（或者叫业务框）。

⑤ 上行板件：GE 光接口板（含扣板）、光收发一体化模块、一般一张板子是 2 路 GE 口（目前 10GE 的已经商用），上行板件通过 OTN 传输连接到 BRAS（宽带远程接入服务器）等汇聚交换机或者直连 BRAS 等设备和 SR 设备，上行板件根据光模块不一样传输距离（中间不加传输）可以达到 10～40km。

⑥ 下行板件（也叫业务板或者叫 PON 板），一般 OLT 设备具备多端口的 PON 板（比如一张板子有 8 个 PON 端口），每个端口下去通过分光器（不超过 1:64）连接 ONT 终端。

下行板件传输距离和衰耗都有其限制，是因为 ONT 和 OLT 之间具有测距等因素。如 8

端口 GPON OLT 接口板（含可插拔 ClassB＋光模块）要求 ODN 衰耗在－28dB 以内，8 端口 GPON OLT 接口板（含可插拔 ClassC＋光模块）要求 ODN 传输衰耗在－32dB 以内；但是考虑到后期维护因素和其他综合原因：要求把初期工程 ClassB＋光模块的板子控制在－25dB 以内，ClassC＋光模块的板子控制在－29dB 以内。

⑦ 根据业务需要 OLT 还可以插入（都可以混插）TDM 业务版、以太网业务版、16 路 E1 业务版等板件。

⑧ 新增 OLT 设备一定要考虑满配置耗电量（1400W 左右计算）来计算电源线的大小、空气断路器占用的大小（占用 2 组，一主一备）。根据以前经验一般空气断路器选用 63A 的；线径选用 16mm$^2$ 的多股铜芯线（阻燃的），地线选用 16mm$^2$ 的黄绿相间的铜芯线。

⑨ 注意 OLT 上、下行光跳纤安装位置及端子占用情况，便于开通及日常维护；尾纤长度要测量好（光跳纤是厂家提供，电源线厂家提供，但是要注意长度）；光跳纤［OLT 侧是 SC 头（下行）和 LC 头上行］在 ODF 侧法兰类型。

2）ONU 安装。ONU 设备安装连接示意图如图 2.3－5 所示。

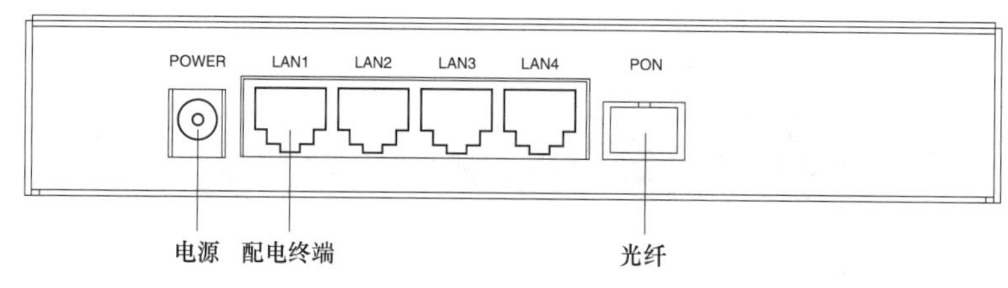


图 2.3－5　ONU 设备安装连接示意图

① ONU 设备安装位置应符合施工图的设计要求，安装应端正牢固，垂直水平偏差不能超出安装规范要求。

② ONU 宜选择合适的安装位置，应避免安装在潮湿、高温、强磁场干扰源的地方，应远离自来水阀门、煤气阀门、暖气阀门、消防喷淋设施等，确有其设施且无法避免的，必须做隔离和防渗处理。

③ ONU 设备安装要防止水淹，防止螺钉、线头等异物通过散热孔进入设备内部，否则会导致设备短路烧毁。

④ 如 ONU 设备安装在机柜（箱），放置 ONU 的机柜（箱）的安装必须采取抗震加固措施，应符合 YD 5090—2005《电信设备安装抗震设计规范》有关要求。

⑤ 安装在机架内的设备应和机架的加固立柱进行加固，质量较大的设备除与立柱加固外应同时采用托板支撑。宽度小于机架左右加固立柱间距的设备可以放置在机架内的托板上，但是必须采取紧固措施，避免设备在机架倾斜时发生位置移动。

⑥ 为了满足设备散热方面的要求，单个机架内安装的设备功耗总和应符合设计要求。机架内的设备安装间距、托板设置应不影响设备散热，架内设备与设备之间应留有足够的散热空间。

（2）开机查看设备状态。

ONU 面板指示灯：

POWER 灯：绿色。灭：掉电。亮：上电。

PON 灯：绿色长亮表示单板自检通过，设备正常运行。

LOS 灯：不亮，正常状态。橙色，不正常状态第一 PON 口无光链，第二光衰超过 24dB。

（3）进行调试。

1）OLT 设备的调试。

① 端口编号方式。常用的端口描述方式：

上联口：gei_0/X/Y，其中 X 为 EC4GM 的槽位号，取值 4；Y 为以太网端口号，取值 1～4。本例中为 gei_0/4/3（4 槽位 3 端口）。

PON 口：epon-olt_0/X/Y，其中 X 为 EPFC 的槽位号，取值 1～6；Y 为 PON 口编号，取值 1～4。本例中为 epon-olt_0/1/1 和 epon-olt_0/1/2（1 槽位 1PON 口和 2PON 口）。

PON-ONU 口：epon-onu_0/X/Y：Z，其中 X 为 EPFC 的槽位号，取值 1～6；Y 为 PON 口编号，取值 1～4；Z 为 ONUID，取值 1～32，本例中为 epon-onu_0/1/1：1（1 槽位 1PON 口，ONUID 为 1）。

② 机架、机框、单板配置调试。

光纤专网设备配置调试主要分为机架、机框、单板配置调试几个步骤，当新设备或开始配置前，先清空配置文件，必须先添加机架、机框，然后再添加单板，工程调试、验收人员可参考下列配置样例。

（a）添加机架。

```
命令行：
ZXAN#configure terminal
ZXAN(config)# add-rack rackno 0 racktype ZXPON
```

（b）添加机框。

```
命令行：
ZXAN#configure terminal
ZXAN(config)# add-rack rackno 0 racktype ZXPON
```

（c）添加单板。

```
命令行：
ZXAN(config)#add-card slotno 1 EPFC
```

添加完成后，使用 show card 命令察看单板状态，要保证各个槽位运行的单板状态是“INSERVICE”。

③ 带外 IP 配置。

```
命令行：
ZXAN#show nvram running
```

（a）查看设备的带外 IP 地址信息。

（b）修改带外 IP 地址。

```
命令行：
ZXAN#show nvram running
```

（c）查看修改后的带外 IP。

```
命令行：
ZXAN#configure terminal
Enter configuration commands, one per line.   End with CTRL/
ZXAN(config)#nvram mng-ip-address 10.11.9.220 255.255.255.0    //把带外网管 IP 改为 10.11.9.220。
```

此时，带外网管重新配置成功后，注意下次远程 telnet 的地址需要改变。

④ 设备基本信息查询。

```
命令行：
ZXAN#show version-running
```

（a）查看设备的运行配置文件。

（b）查看设备单板状态。

```
命令行：
ZXAN#show card
```

（c）系统时间设置。

```
命令行：
ZXAN#clock set 17:05:00 Feb 7 2023（设置系统日期以及时间）
```

（d）查询系统时间的命令。

```
命令行：
ZXAN#show clock
```

2）ONU 的认证及开通。以 mac 地址认证方式如下：

步骤 1：显示未注册认证的 ONU 及其 mac 地址。

```
命令行：
ZXAN#show onu unauthentication epon-olt_0/1/1( 或 epon-olt_0/1/2）   //显示相关 PON 口下未注册认证的 ONU 及其 mac 地址。此时，找出自己桌面上对应 ONU 的 MAC 地址，并记录下来。
```

步骤 2：添加 ONU 的设备型号、描述。

```
命令行：
ZXAN#show onu-type      //查看 OLT 目前支持的 ONU 型号，如果没有则需添加。
```

此时可发现，工程中需要添加的 ONU 表上没有，进行添加如下：

```
命令行：
ZXAN<config>#pon
ZXAN<config-pon>#onu-type epon ZTE-F460 description 4FE，2POTS    //添加 ONU 型号，描述。
```

```
ZXAN<config-pon>#exit
ZXAN#show onu-type
```

此时，设备 ZTE-F460 已添加成功！

步骤 3：ONU 的认证及开通。

命令行：

ZXAN<config>#interface epon-olt_0/1/1(或 epon-olt_0/1/2)　//进入 1 槽板卡第一个 PON 口。

ZXAN<config-if>#onu Z type ZTE-F460 mac XXXX.XXXX.XXXX　//根据 MAC 地址添加 ONU，各位根据自己桌面上 ONU 的地址进行添加。

//这里的 Z 指的是 onu 的编号，目前范围是 1-64。“ZTE-F460”指的是 onu 的类型。

ZXAN<config-if>#exit

ZXAN<config>#show onu authentication epon-olt_0/1/1(或 epon-olt_0/1/2)

ZXAN<config>#interface epon-onu_0/1/1:Z(或 0/1/2:Z)　//进入 PON-ONU 口

ZXAN<config-if>#authentication enable　//开通 ONU，新添加的 ONU，默认状态是未开通的，故需要执行此命令，否则业务不通。

此时，我们输入命令：

ZXAN#show onu detail-info epon-onu_0/1/1:Z(或 0/1/2:Z)　//显示 ONU 的 Admin State，enable 状态，即已开通。

ONU 的认证、开通已完成。

3）维护常用命令（以 MA5680T 为例）。

命令行：

查看 ONU 的状态：

interface gpon 0/1（0 是框号 1 是板号）

display ont info 0 1（0 是端口号 1 是 ONU id 号）

查看 OLT 收 ONU 光信息：

interface epon 0/1 (0 是框号 1 是板号)

display ont optical-info 1 1（0 是端口号 1 是 ONU id 号）

查看某一单板所有用户的状态：

display board 0/1（0 是框号 1 是板号）

命令行：

查看 ONU 收光功率：

interface gpon 0/1（0 是框号 1 是板号）

display ont optical-info 0 1（0 是端口号 1 是 ONU id 号）

display ont info?

命令模式：

by-desc 根据描述信息查找 ONT

by-ip 根据 IP 地址查找 ONT

```
by-loid 根据逻辑标识查找 ONT
by-mac 根据 MAC 地址查找 ONT
by-password 根据密码查找 ONT
by-sn 根据序列号查找 ONT
查看上行板流量：
interface giu 0/17
display port traffic 1
```

### 2.3.2 无线专网运维

1. 组网方式

电力无线专网组网方式（见图 1.3－5），一般是在各个 220/110kV 变电站/供电 N/高山上建设基站，各配网业务接入节点 DTU、FTU 以及抢修车辆，灾变现场，应急通信需求现场配置 CPE 终端进行回传，而各基站则采用光纤传输网、IP 数据网、微波网、卫星通信接入配网中心，应急指挥中心等，使得该电力无线专网适合利用微波网、卫星通信等基础平台迅速建立电力生产业务网络，满足各现场的业务需求。

在日常中可以利用光纤传输网、IP 数据网作为配网自动化的专用通信网络，以满足配网自动化对通信通道的需求。

CPE 与上行服务器、下挂终端设备的组网方式，分为路由模式和桥模式。不同组网方式的具体差别见表 2.3－1。

**表 2.3－1　　CPE 组网方式对比表**

| 组网方式 | 路由模式 | 桥模式 |
|---|---|---|
| 交换方式 | 该模式下 CPE 获取到上方服务器分配给 CPE 的公网 IP 后，不会将公网 IP 直接转发给下挂的终端设备，而是给连接 CPE 的终端设备分配新的 IP 地址。终端用户与上层服务器不是直接交换，而是经过 CPE 转发，数据交换为三层交换 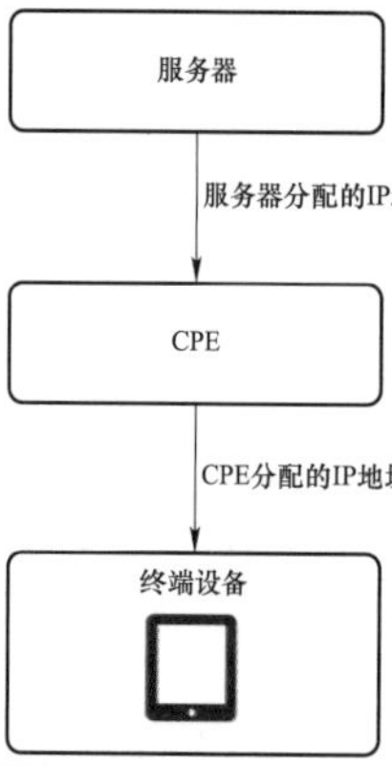<br>服务器<br>服务器分配的IP地址<br>CPE<br>CPE分配的IP地址<br>终端设备 | 该模式下 CPE 相当于桥梁管道，仅为网络的中转，获取上方服务器分配给 CPE 的公网 IP 地址后，直接将公网 IP 转发给下挂的终端设备，实际的数据交换是终端用户与上层服务器直接交换，数据交换为二层交换 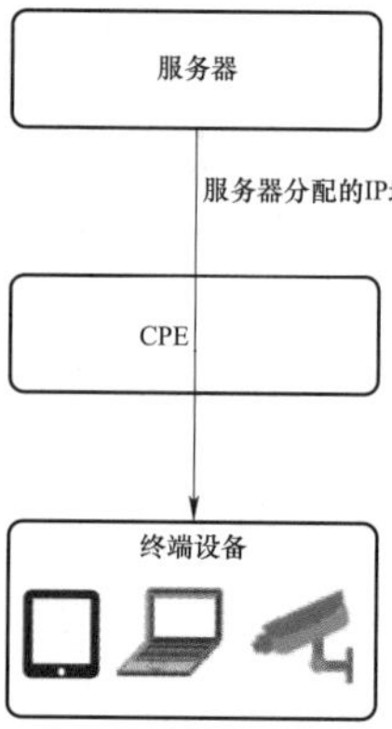<br>服务器<br>服务器分配的IP地址<br>CPE<br>终端设备 |
| 使用场景 | 该模式适用于大多数场景，此时可将 CPE 视为普通的路由器 | 用于一些特殊场景，将复杂的组网需求，直接移交给 CPE 下挂的设备（如路由器）实现时 |

2. 无线专网安装调试

（1）硬件安装。

无线 CPE 安装流程包括以下几个方面：

1）设备选型。

① 根据环境具体需求选取合适型号的 CPE 设备。

② CPE 设备必须同型号配对使用，不能使用不同型号设备配对。

2）CPE 位置与 MAC 地址记录。当使用较多 CPE 设备时，安装前需记录每个位置 CPE 对应 MAC 地址，同时修改每个 CPE 设备的登录 IP 地址，方便后续在 Pharos Control 集中管理软件中统一管理 CPE 设备。

3）选择安装位置。

① 安装高度。无线传输过程中，树木、高楼和大型钢筋建筑物等障碍物都会削弱无线信号。为提高无线传输性能，防止信号受阻，安装时请确保无线 CPE 间的视线范围内无障碍物阻挡。

实际应用中，为保证系统正常通信，收发天线架设的高度要满足尽可能使它们之间的障碍物不超过其菲涅尔区的 40%。

在安装无线 CPE 时尽量不要放置在室内，应该安装在窗户上面或者挂在屋檐下，需要立抱杆。为避免打雷下雨的天气造成 CPE 损坏，应做好防雷安全措施。

② 安装方向。

安装 CPE 设备时请调整其正面板朝向，确保接收设备在其信号覆盖范围内。可以借助谷歌地图、GPS 等工具，并结合 CPE 设备的水平波瓣宽度来大致判断 CPE 的朝向。

4）静电与雷击防护。对室外设备而言，防雷接地是极其重要的一步。CPE 安装示意图如图 2.3－6 所示，室外无线 CPE 可通过两种方式接地。

① 通过带地线的超 5 类（或以上）屏蔽网线与 PoE 适配器相结合进行接地可以方便有效地防止静电和雷击危害。如果您使用的是一般的屏蔽网线，则需要采用方法。

② 使用地线将 CPE 的防雷接地柱与建筑物的接地端相连进行接地。

（2）开机查看设备状态。

首先确保 CPE 正确安装，电源线、网络线等均已连接正确。使用配套的电源适配器将 CPE 连接电源。接通电源后，CPE 会完成自动开机，此时 CPE 运行指示灯常亮，无告警灯。

（3）进行调试。

步骤一：选择 CPE 需要关联的 AP。此时需要登录 CPE 的 Web 页面，进入信号搜索页面，可以预期在搜索页面中 AP2 的信号应该是三个中信号中最强、信噪比较佳的，这就找到了我们需要关联的 AP SSID。

步骤二：安装和调试 CPE。将 CPE 关联到基站 AP 的 SSID，并将 CPE 正对准 AP，此时登录 CPE Web 页面查看和记录信噪比和 RSSI，再微调 CPE 角度直至信号较佳。建议先确定 CPE 的抱杆位置，如果为 2.4G 的 CPE 设备，要求基站和 CPE 之间距离小于 2km，无阻隔，需避开树木、铁丝网、电线等阻挡物；随后调整 CPE 的水平方向角度，将 CPE 对准宏基站上 AP 的天线，部分设备还需调节垂直方向的上下倾角。

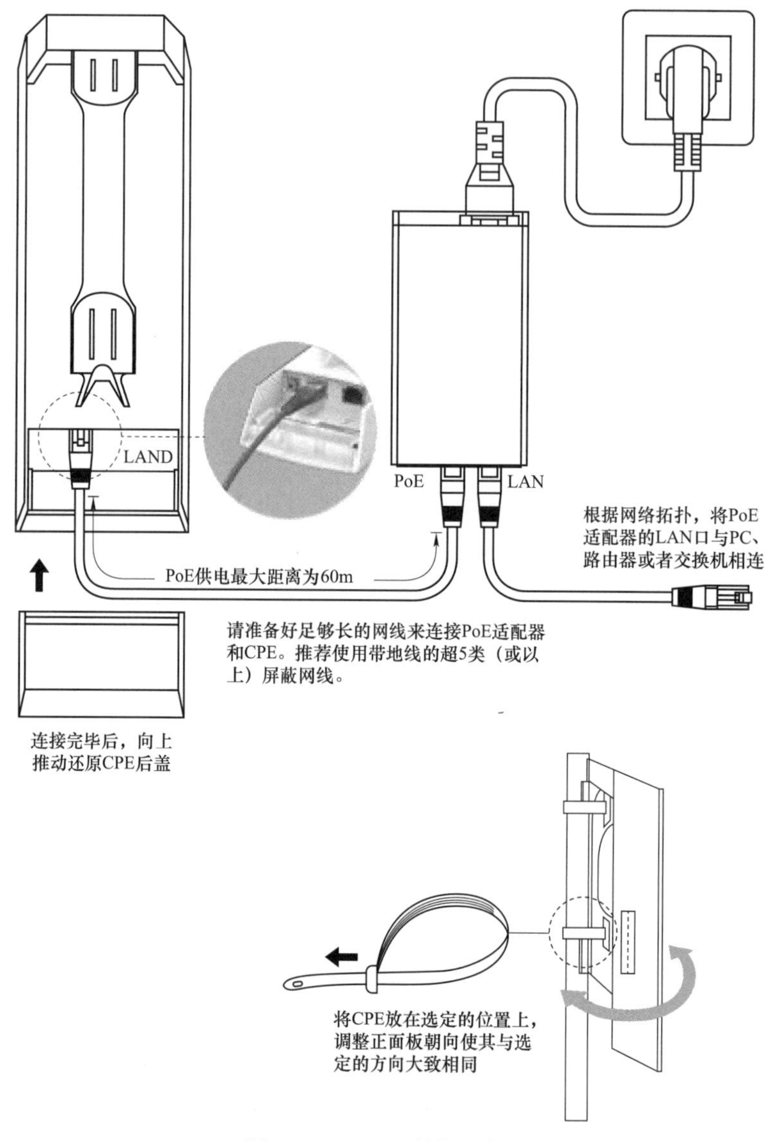


图 2.3－6　CPE 安装示意图

登录 CPE 的 Web 页面，查看运行信息中的信噪比，RSSI 值，再微调 CPE 的天线角度。信噪比应大于－65/－95dBm（WB521X－H 5G CPE 信噪比大于－63dBm），越高越好；RSSI 值应大于 30，越大越好；如果 CPE 为双天线设备，RSSI 值有两个，此差值应小于 10，越小越好。调整完 CPE 后需要将螺栓固定。此时 CPE 外壳上的信号强度指示灯，至少要保证到 2 格以上。

步骤三：专网连接配置。使用电脑进入连接配置页面，填入具体的无线专网网络配置参数，通过 ping 命令，查看网络连接是否正常。

### 2.3.3　无线公网运维

1. 组网方式

无线公网组网示意图如图 2.3－7 所示。

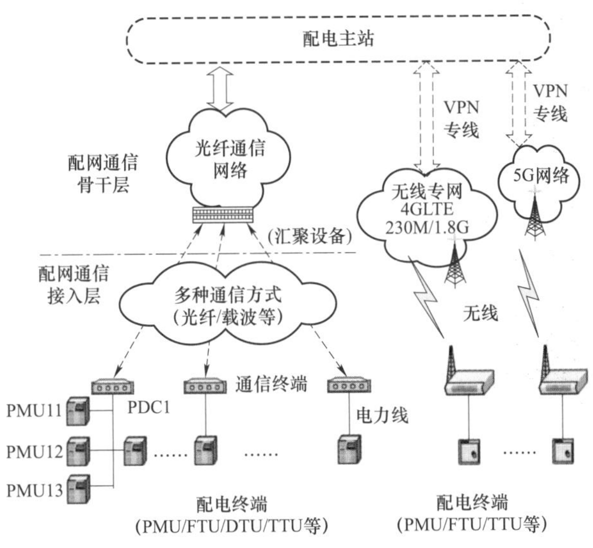


图 2.3－7　无线公网组网示意图

配电终端将遥测、遥信等数据量打包成 IP 包，通过 RS232 串口等标准接口发送到公网无线数据终端（即无线模块），无线模块再将数据发送到最近的信号基站，由此接入到运营商无线公网，之后与无线公网接入服务器通过的光纤经由防火墙将数据传到主站通信服务器（前置机）。如果主站向终端发送对时、总召命令，则按照相反的途径传输数据。

2. 无线公网安装调试

（1）硬件安装。

常用的纬德通信模块有 WD－B－500MC、WD－B－500S 等版本。

1）SIM 卡安装。无线公网加密终端 SIM 卡安装示意图如图 2.3－8 所示。

图 2.3－8　加密终端 SIM 卡安装示意图

正常优先使用主卡槽，插入方法－芯片面朝下，缺角朝内插入，感受卡插入有反弹一下即为插好，如插入有困难或者无法识别到 SIM 卡（电源灯闪烁），可换副卡槽插入，模块自动识别（WD－B－500MC、WD－B－500S 版本都一样）。

2）接口接线（WD－B－500MC）。无线公网加密终端接口接线示意图如图 2.3－9 和图 2.3－10 所示。

图 2.3－9 无线公网加密终端接口示意图

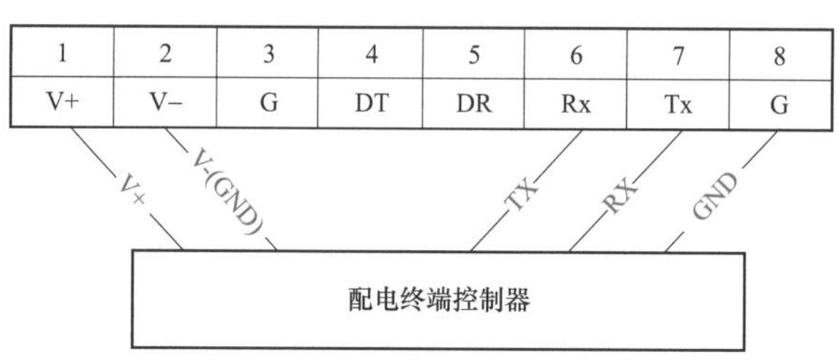


图 2.3－10 无线公网加密终端正确接线示意图

3）接口接线（WD－B－500S）。无线公网加密终端接口接线示意图如图 2.3－11 和图 2.3－12 所示。

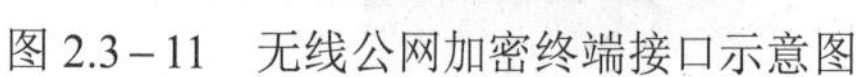


图 2.3－11 无线公网加密终端接口示意图

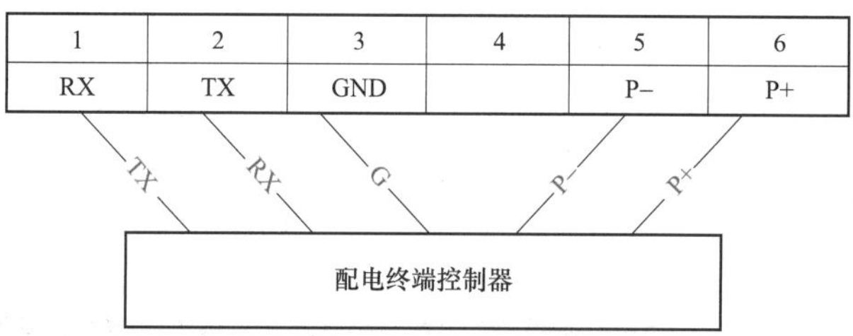


图 2.3－12 无线公网加密终端正确接线示意图

（2）进行调试。

1）单隧道型设备证书签发。

适用于单隧道型设备，如 500MC、500C、500UM、500L、500S（单隧道）。

模块通过串口或网口成功连接配置工具后，再进行如下工作：

① 修改设备名称。无线公网加密终端配置示意图如图 2.3－13 所示（注意：每次签发申请证书，必须保证设备名称唯一，不可重复）。修改设备名称操作方法如下：

点击“快速配置”—“设备名称”（将其改为供电局要求的名称）—“下发参数”，下发成功。

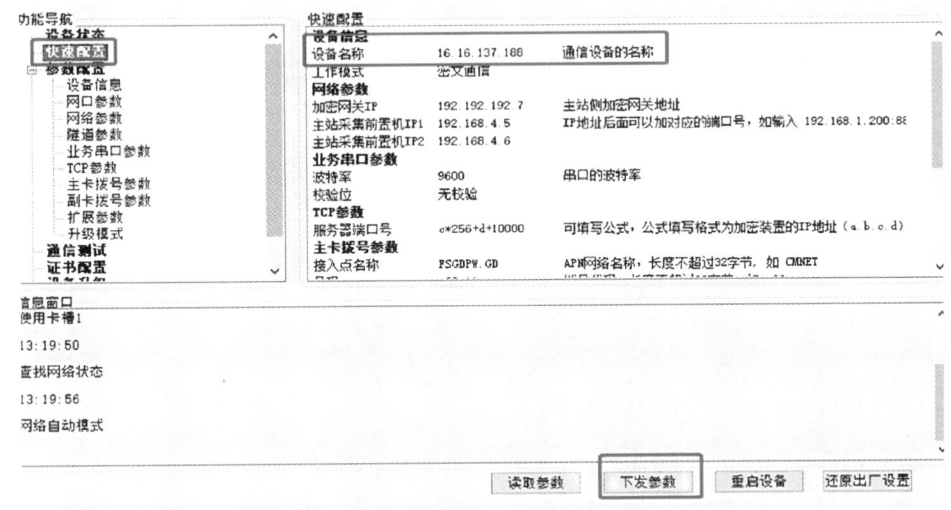


图 2.3－13　无线公网加密终端通信参数配置示意图

依照各地市供电局针对证书管理设备名称命名规则要求，对照信息进行修改，如需重复签发，请在设备名称后加－1，如第一次以设备名称 16.16.137.188 签发不成功，第二次导出申请包，只需要将设备名称修改为 16.16.137.188－1。

② 导出证书申请。无线公网加密终端证书签发操作示意图如图 2.3－14 所示，其操作方法如下：

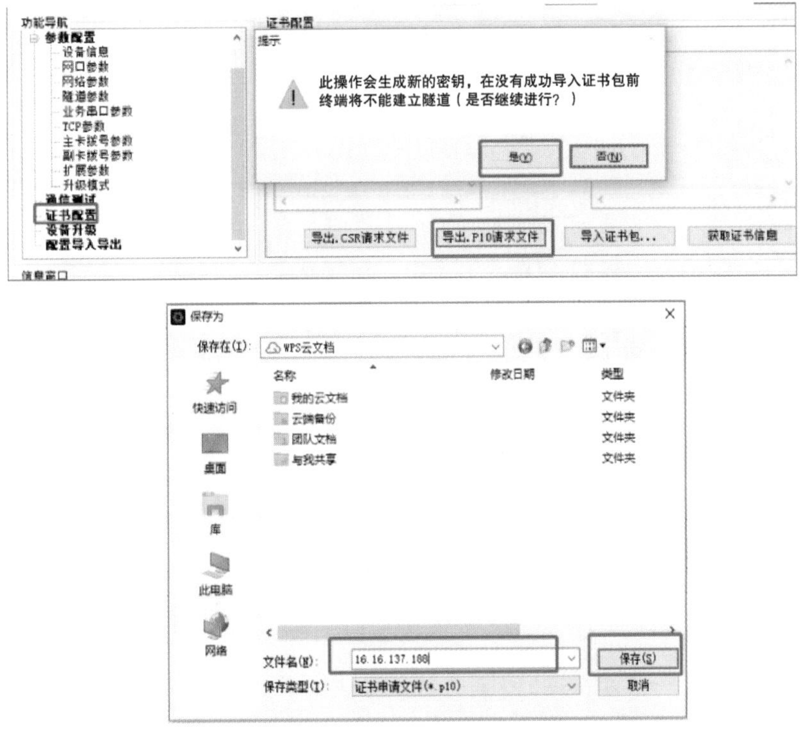


图 2.3－14　无线公网加密终端证书签发操作示意图

点击“快速配置”—“设备名称”（按照各地市命名规则修改设备名称）—“下发参数”—“证书配置”—“导出.P10 请求文件”（部分地区导出“.CSR”文件。注意：此操作可以重复进行，只需要导回最后一次成功签发的证书即可）—“是”—“保存”（按证书命名保存到电脑）—发送给调度进行签发。

③ 导回安全证书。无线公网加密终端证书导入示意图如图 2.3－15 所示，其操作方法如下：

点击“证书配置”—“导入证书包...”—选择对应证书文件—“保存”—导入成功。如果提示导入失败，可尝试继续导入，如果多次失败，请重新签发。

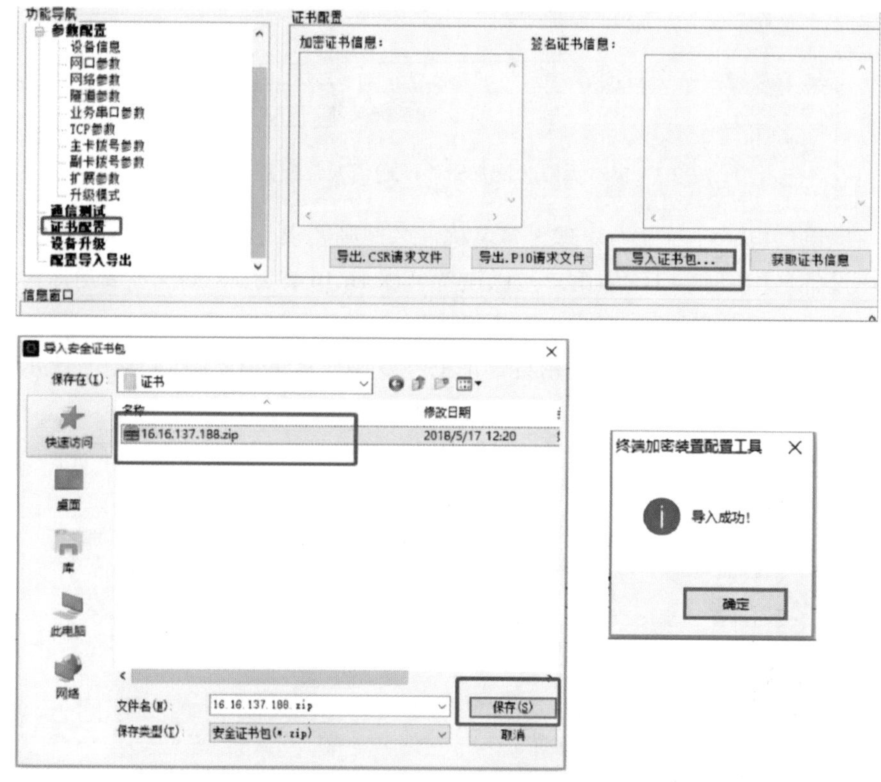


图 2.3－15 无线公网加密终端证书导入示意图

④ 查看证书状态。证书导入成功后，可通过配置工具“设备状态”查看证书是否正常。证书状态为正常，隧道状态为连接，且告警灯熄灭，则表示证书签发成功。

2）多隧道型设备证书签发。适用于多隧道型设备，如 500MI、500UMP、500LP、500S。

模块通过串口或网口成功连接配置工具后，再进行如下工作：

① 修改隧道名称。无线公网加密终端证书配置示意图如图 2.3－16 所示。操作方法如下：

点击“证书配置”—隧道编号：“隧道 1”—使用者：填入局方要求的名称—“下发参数”—下发成功。注意：每次签发申请证书，必须保证隧道名称唯一，不可重复。

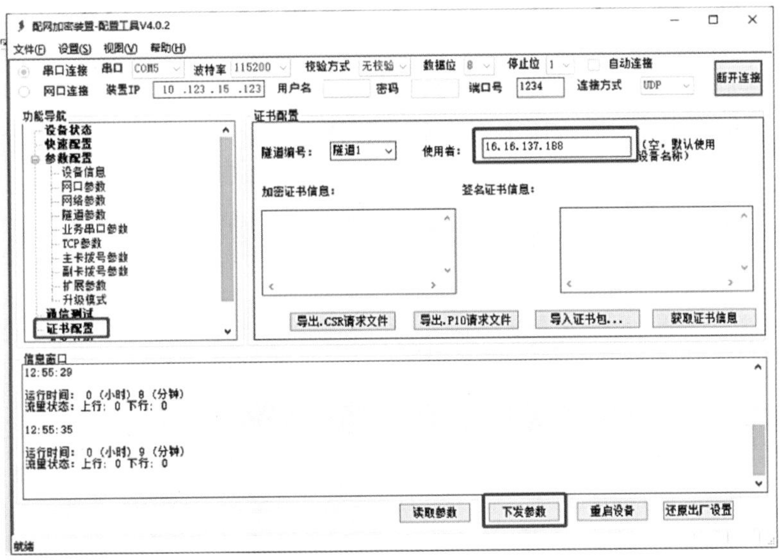


图 2.3－16　无线公网加密终端证书配置示意图

② 导出证书申请。无线公网加密终端设备证书管理图如图 2.3－17 所示。操作方法如下：

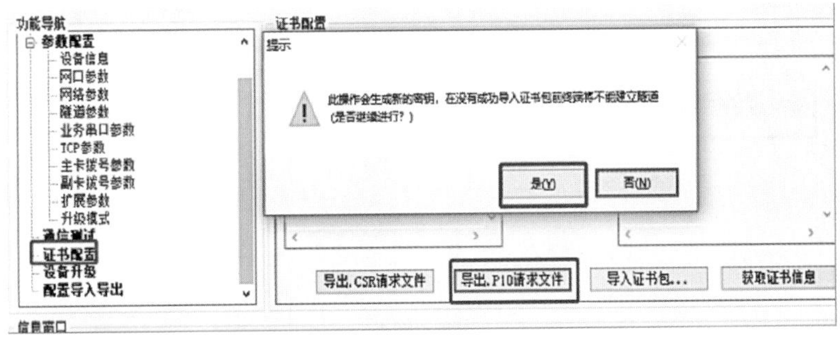


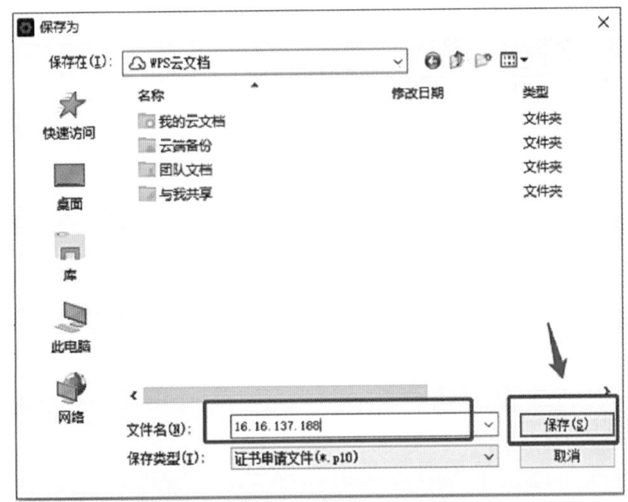


图 2.3－17　无线公网加密终端设备证书管理图

点击“证书配置”—“导出.P10 请求文件”（珠海、江门、阳江、深圳导出“.CSR”文件，注意：此操作可以重复进行，只需要导回最后一次成功签发的证书即可）—“是”—按证书命名保存到电脑—发送给调度进行签发（文尾附件见证书命名规则的联系方式）。

③ 导回安全证书。无线公网加密终端证书导入示意图如图 2.3－18 所示。操作方法如下：

点击“证书配置”—“导入证书包...”—选择对应证书文件—“保存”—导入成功。

如果提示导入失败，可尝试继续导入，如果多次失败，请重新签发。

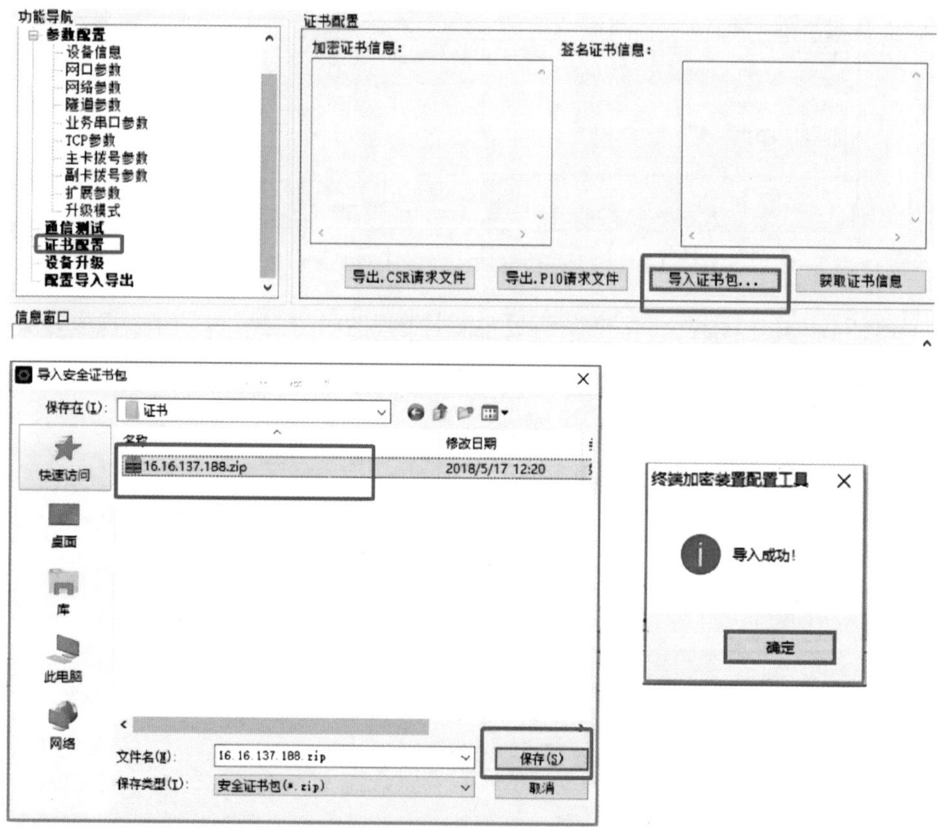


图 2.3－18　无线公网加密终端证书导入示意图

④ 查看证书状态证书导入成功后，可通过配置工具<设备状态>查看证书是否正常。证书状态为正常，隧道状态为连接，且告警灯熄灭，则表示证书签发成功。

注：如需使用多条隧道通信，在隧道编号里选择对应的隧道，然后填上相应的使用者，重复证书签发步骤即可。

## 2.3.4　电力线载波运维

1. 组网方式

中压电力线载波通信网络由主载波、从载波和耦合设备组成，组网结构如图 2.3－19

所示。

（1）组网方式1：主载波机设置在变电站，主载波机通过以太网口接入配网骨干网络。

（2）组网方式2：主载波机设置在已有光纤通信设备的配网点，主载波机通过以太网口接入配网光纤接入网。

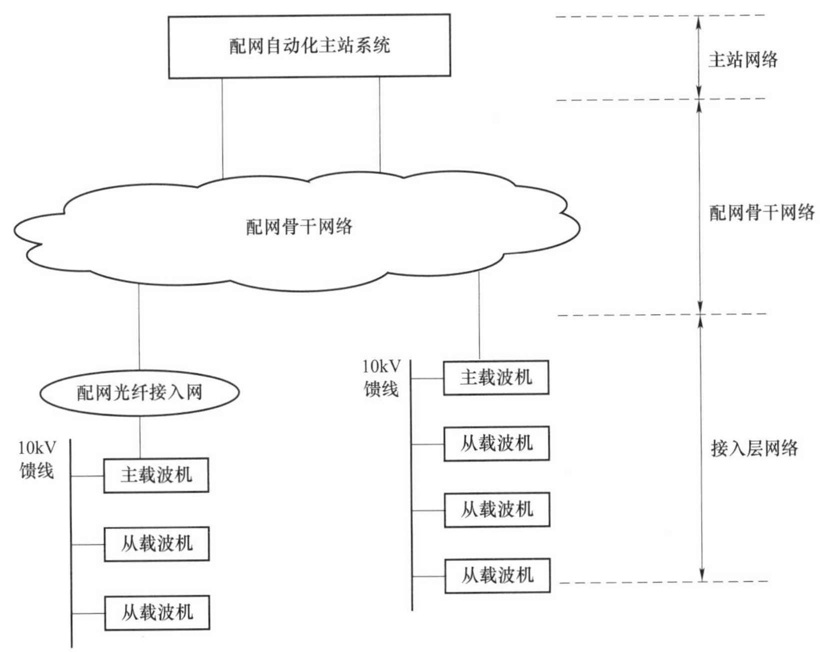


图2.3－19　中压电力线载波通信组网结构示意图

### 2. 电力载波设备安装调试

（1）硬件安装。

中压载波通信机数据通信接口主要有以太网、RS232、RS485、USB、红外、WiFi等，其传输距离不应大于20km，通信速率低于150kbps，采用的载波频率为5～500kHz，架空线路应采用电容耦合方式，电缆线路采用电感耦合方式。

在一条10kV线路上，如果存在有信号的台区，则在有信号台区放置一台主载波机，这台主载波机与一台带GPRS模块的集中器通过级联485口相连（图2.3－20）。在其他无信号的台区放置从载波机，每个从载波机与一台不带GPRS模块的集中器相连。无信号台区处的集中器报文通过中压载波传输到有信号台区，再通过该台区的集中器GPRS模块将报文上传到主站。主站下发的命令则先通过GPRS通信传到有信号台区的集中器，再通过中压载波传给各无信号台区的集中器。

在一条10kV线路上，如果所有台区都没有信号，则在变电站内放置一台主载波机，这台载波机与光端机相连（图2.3－21）。在所有无信号的台区放置从载波机，每个从载波机与一台不带 GPRS 模块的集中器相连。无信号台区处的集中器报文通过中压载波传输到变电站，再通过光端机走光纤通信将报文上传到主站。主站下发的命令则先通过光纤通信传到变电站，再通过中压载波传给各无信号台区的集中器。

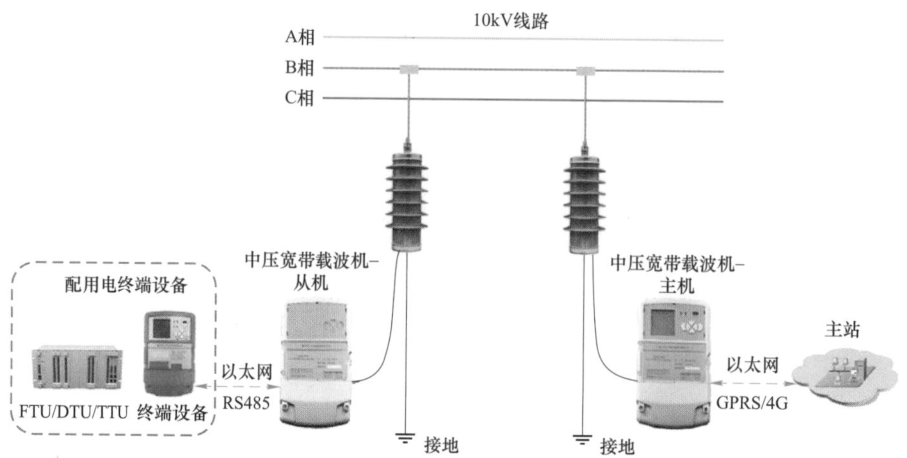


图 2.3－20　中压载波设备安装方式 1

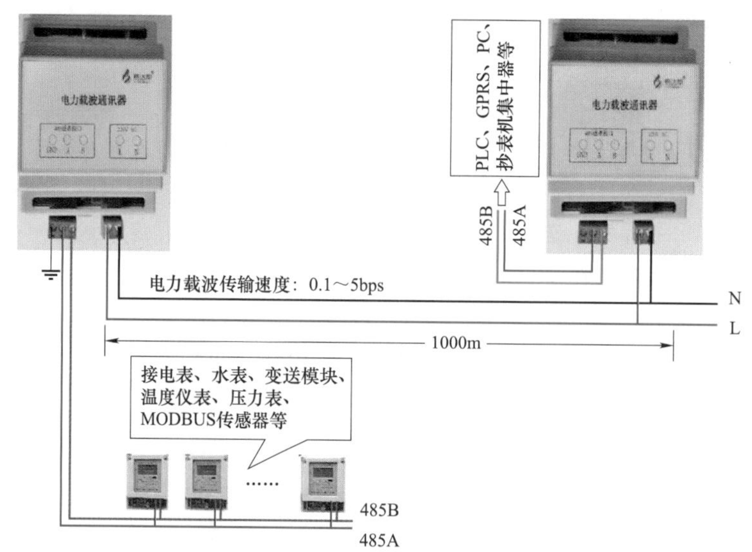


图 2.3－21　中压载波设备安装方式 2

（2）进行调试。

如图 2.3－22 所示，在使用载波器前，请在上电前先设置主机和从机。主从拨码开关拨

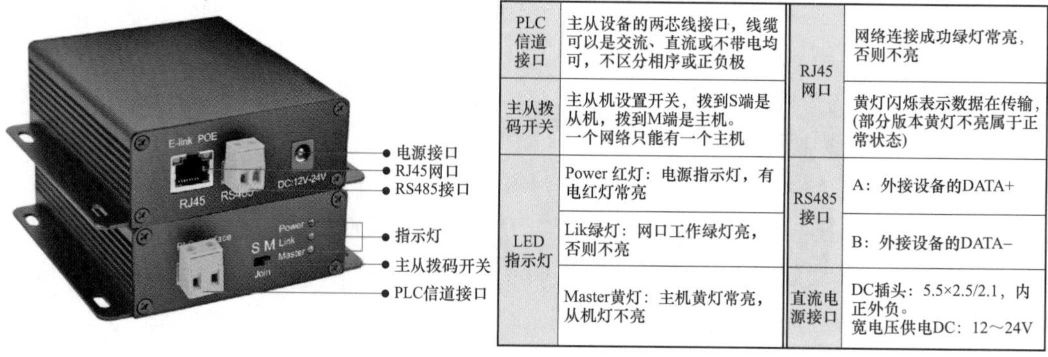


| PLC信道接口 | 主从设备的两芯线接口，线缆可以是交流、直流或不带电均可，不区分相序或正负极 | RJ45网口 | 网络连接成功绿灯常亮，否则不亮 |
|---|---|---|---|
| 主从拨码开关 | 主从机设置开关，拨到S端是从机，拨到M端是主机。一个网络只能有一个主机 | | 黄灯闪烁表示数据在传输，(部分版本黄灯不亮属于正常状态) |
| LED指示灯 | Power 红灯：电源指示灯，有电红灯常亮 | RS485接口 | A：外接设备的DATA+ |
| | Lik绿灯：网口工作绿灯亮，否则不亮 | | B：外接设备的DATA− |
| | Master黄灯：主机黄灯常亮，从机灯不亮 | 直流电源接口 | DC插头：5.5×2.5/2.1，内正外负。宽电压供电DC：12～24V |

图 2.3－22　中压载波设备接口示意图

到 M 端是主机，上电后主机指示灯亮；开关拨到 S 端是从机，上电后主机指示灯不亮。主从机设置好后再上电。如果上电后再设置主从机需断电重启设备。

无论是一对一还是一对多点组网，必须设置一个主机，其他设置成从机。确保网络有且只有一个主机。一个网络没有主机或有多个主机，网络将不能组网或组网错误。

在使用过程中如果更换主机或新增的从机无法入网，需断电重启整个网络的载波器，进行重新组网。

请选择使用铜芯线缆，线径要求 RVV、RVS 两芯线 $0.5mm^2$ 以上。使用其他材质的线缆或混接多种材质线缆可能会造成信号质量降低。

请按照连接示意图正确连线，接线处要牢靠。如果接线错误或松动，网络将不通。

装置安装后为避免出现一次接线错误和通信连接错误，应再次进行安全检查。

1）通电前的静态常规检查。

① 检查装置内的所有紧固螺钉是否牢固。

② 检查装置的接地线是否与大地相连，连接是否可靠。

③ 检查装置接线端子上的所有端子是否接牢。

④ 检查耦合器的一、二次接线是否正确。

⑤ 检查装置对外通信电缆连接是否正确无误。

⑥ 检查机箱上是否有遗弃的其他物品，并清理安装现场，不留拔线头、扎带碎片等杂物。

2）载波机通信测试。主、从载波机之间试通信，用笔记本模拟终端设备发数据在主、从载波机两端，或在另一端做通信回环的状态下测试通信功能。

3）配合主站和终端设备做通信联调。在终端设备和主站系统均做好相关设置的情况下，可以做系统通信联调。

① 测试主站与本站内终端设备是否可以正常做数据通信。

② 查看已接线的遥测量是否正常。包括电压、电流，如果用户对功率有要求还应确认一下功率是否正常。如果功率有明显的错误，极有可能是电压、电流的相序错误，特别是电流的进出方向容易出错。

③ 查看已接线的遥信状态是否正常。

④ 如果上级主站方具备条件，可联系主站方查看上送数据是否正常。

⑤ 确认无误后请将机箱门用钥匙锁牢，填写好相应安装调制表单，完成安装任务。

### 2.3.5　光缆运维

配网光纤由于其通信方式的特殊性，进行功能调试后，还需要单独对通信通道（光缆）进行运维管理。

1. 光缆外观检查

（1）检查光缆及金具的安装方法和工艺，如图 2.3－23 和图 2.3－24 所示。

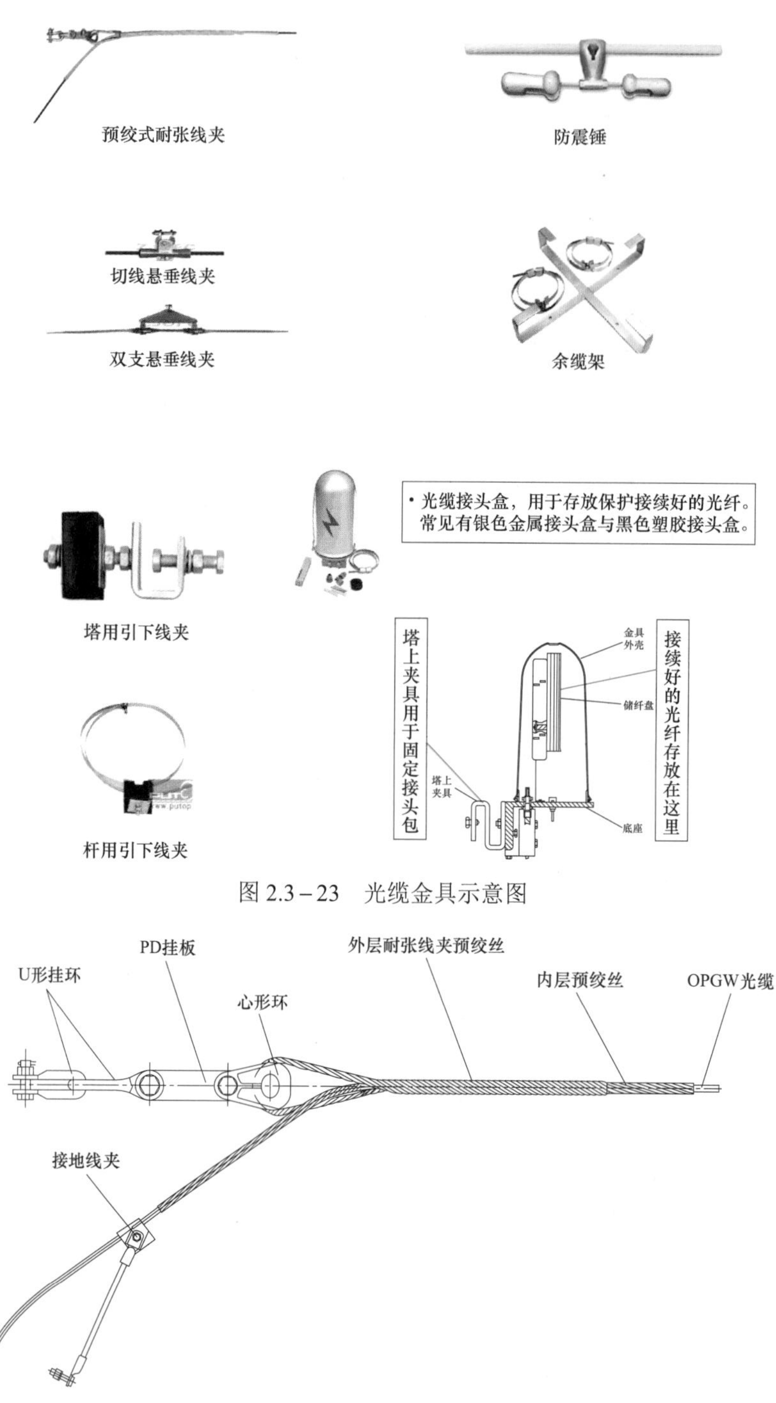


图 2.3－23　光缆金具示意图

图 2.3－24　光缆金具（OPGW 光缆）安装示意图

（2）检查光缆的外观，外层无损伤、扭曲、折弯、挤压、松股、鸟笼等现象；重点检查施工过程中是否对光缆有造成损伤，如图 2.3－25 所示。

2. 光缆接续工艺检查

（1）检查光缆接头安装质量及保护。光缆凡是经过熔接、跳接，必须经过 OTDR 测试

（图 2.3－26），结果正常（接续点损耗小于或等于 0.8dB）之后方能使用。

（2）检查预留光缆盘放质量及弯曲半径。

（3）检查光缆安装工艺与质量。

图 2.3－25　光缆外观损伤示意图

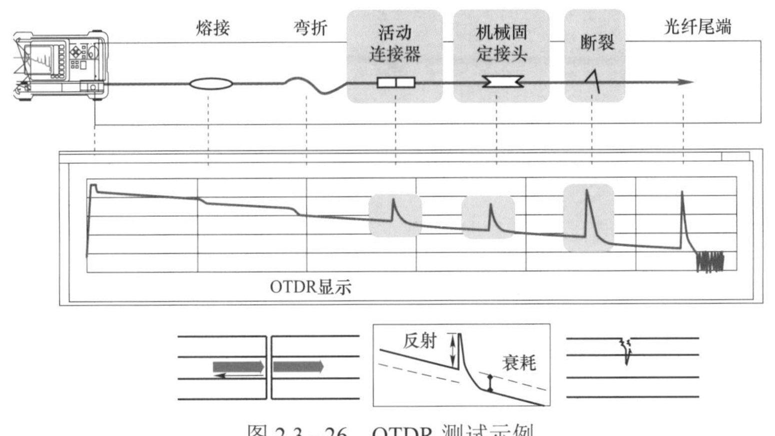


图 2.3－26　OTDR 测试示例

3. 光缆标识检查

光缆在线路分支接头盒、变电站 A 架引下处、电缆沟防火墙两侧、进入建筑物墙体两侧、到达设备机柜等处应有清晰正确地表示该条光缆起止地点、规格参数的标识牌，如图 2.3－27 所示。

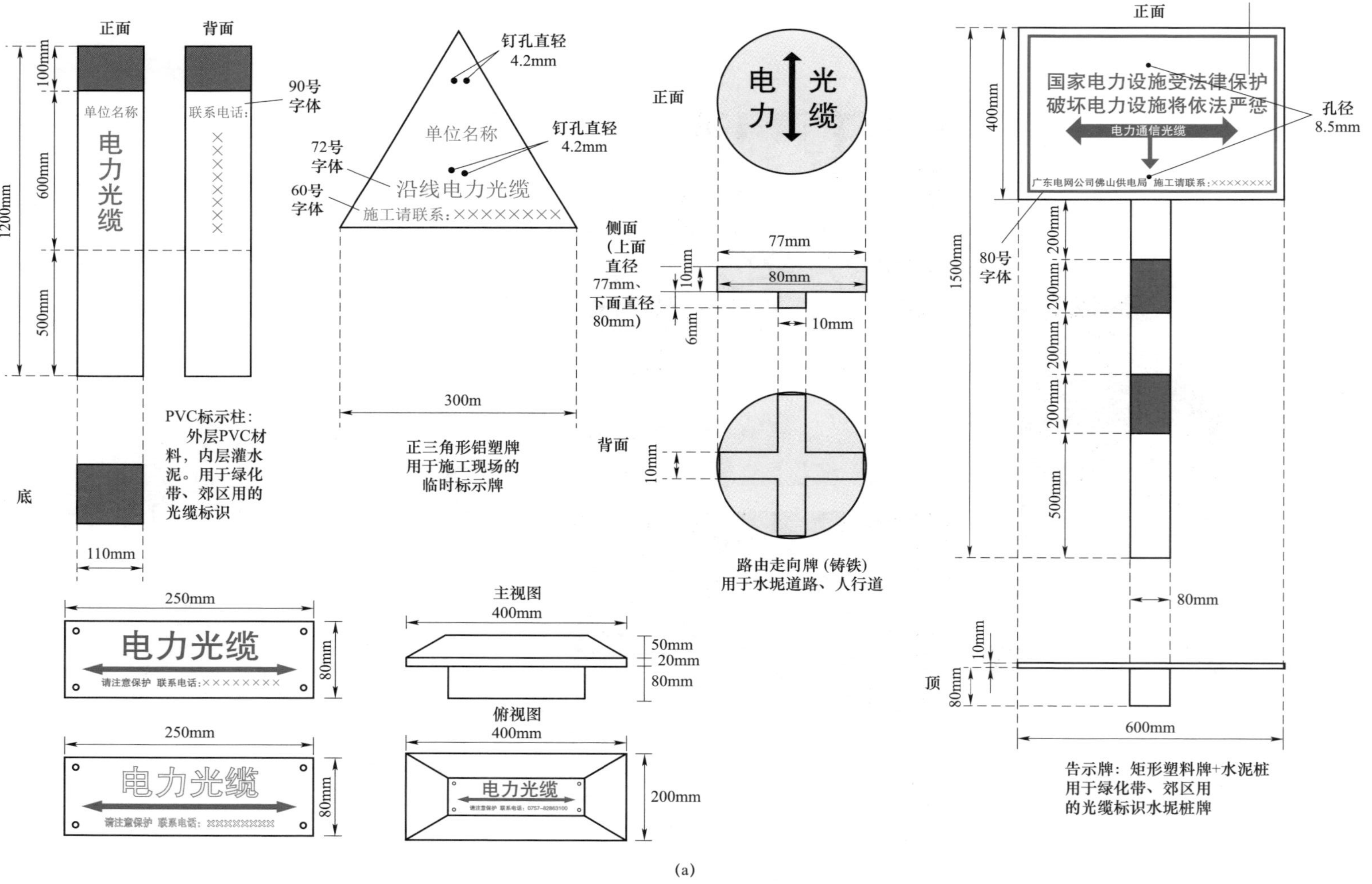

正面
背面
100mm
600mm
500mm
1200mm
单位名称
电力光缆
联系电话：
××××××××
90号字体
底
110mm
PVC标示柱：
外层PVC材料，内层灌水泥。用于绿化带、郊区用的光缆标识
钉孔直轻
4.2mm
单位名称
沿线电力光缆
施工请联系：××××××××
72号字体
60号字体
300m
正三角形铝塑牌
用于施工现场的临时标示牌
电力
光缆
77mm
80mm
10mm
6mm
侧面（上面直径77mm、下面直径80mm）
路由走向牌（铸铁）
用于水泥道路、人行道
国家电力设施受法律保护
破坏电力设施将依法严惩
电力通信光缆
广东电网公司佛山供电局 施工请联系：××××××××
孔径
8.5mm
80号字体
400mm
200mm
1500mm
顶
600mm
告示牌：矩形塑料牌+水泥桩
用于绿化带、郊区用
的光缆标识水泥桩牌
250mm
电力光缆
请注意保护 联系电话：××××××××
主视图
俯视图
50mm
20mm
(a)

图 2.3－27　光缆标识（一）

(b)

图 2.3－27　光缆标识（二）

4. 光纤配线架安装检查

光纤配线架安装示意图如图 2.3－28 所示，检查内容如下：

图 2.3－28　光纤配线架安装示意图

（1）机架安装、固定、接地良好。

（2）机架倾斜小于 3mm。

（3）子架排列整齐。

（4）接续光纤盘留量不小于 500mm。

（5）接续光纤弯曲半径不小于 30mm。

5. 架空光缆检查

（1）光缆线行。

1）检查光缆弧垂，如图 2.3－29 所示，其允许偏差范围应符合 GB 50233—2014《110～750kV 架空输电线路施工及验收规范》。

2）检查光缆塔上引缆及其夹具的安装工艺和质量。引下线夹采用材质应符合要求，如图 2.3－30 所示。

3）检查光缆挂点位置与电力线的安全距离，安全距离符合对应电压等级要求，如图 2.3－31 所示。

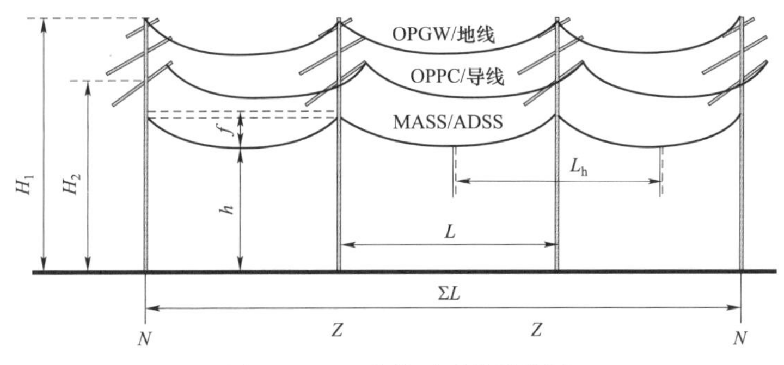


图 2.3－29　光缆弧垂偏差范围

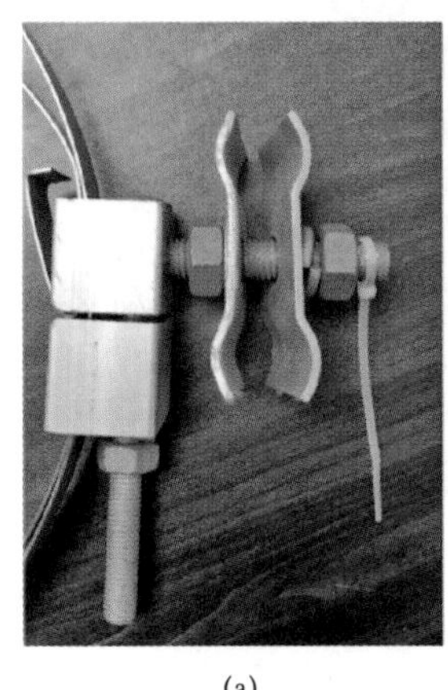
(a)

(b)

(c)

图 2.3－30　引下线夹要求

（a）正确引下线夹；（b）错误引下线夹；（c）引下线夹安装点

图 2.3－31　光缆挂点位置与电力线的安全距离

4）检查光缆与其他物体的水平和垂直距离，如图 2.3－32 所示。

（2）光缆引下线。

1）检查接地引下线安装顺直美观，每隔 1.5～2m 安装 1 个固定卡具，如图 2.3－33 所示。

2）检查变电站光缆引下线保护措施，光缆引入电缆沟前需套镀锌钢管保护，高度约 2m，由引下保护管至终端之间路径的光缆必须套光缆子管进行保护，如图 2.3－34 和图 2.3－35 所示。

图 2.3－32　光缆与其他物体的水平和垂直距离错误示意图

(a)

(b)

(c)

图 2.3－33　接地引下线安装

（a）接地引下线构架顶端；（b）接地引下线并沟线夹；（c）下部接地端子

图 2.3－34　光缆引下线保护措施正确示范

图 2.3－35 光缆引下线保护措施错误示范

3）检查变电站 A 架引下的光缆是否顺直，固定点是否足够和牢固，光缆与带电体距离是否满足该电压等级最小安全距离；检查光缆接续线序、工艺和质量，如图 2.3－36 所示。

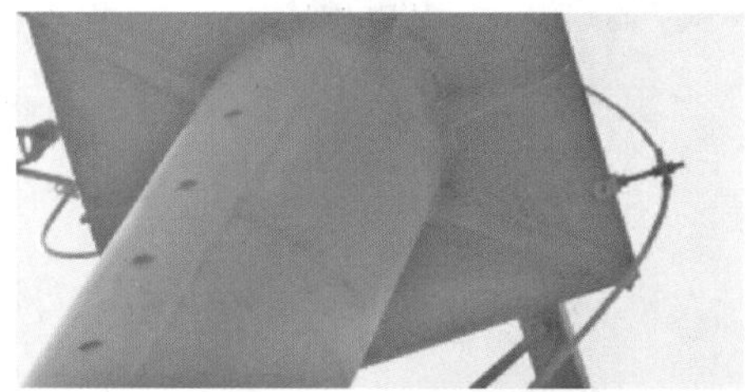

图 2.3－36 检查示意图

6. 管道光缆检查

（1）站内电缆沟中光缆需穿子管敷设，在直线段光缆子管每间隔 1.5～2m 需绑扎在电缆支架上固定；在转弯段子管两端绑扎在电缆支架上固定，如图 2.3－37 所示。

（2）光缆绑扎固定可采用尼龙扎带或包胶铁线。其中尼龙扎带宽度至少为 7.6mm、长度至少为 300mm、拉力 LGS 不低于 55；包胶铁线要求铁线截面积不小于 $1.5mm^2$。

（3）站内通信光缆子管接头处采用套管接头胶粘固定和套管接头外观良好，如图 2.3－38 所示。

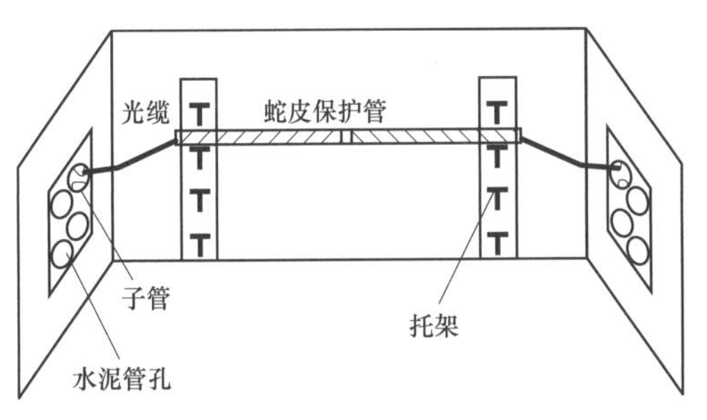


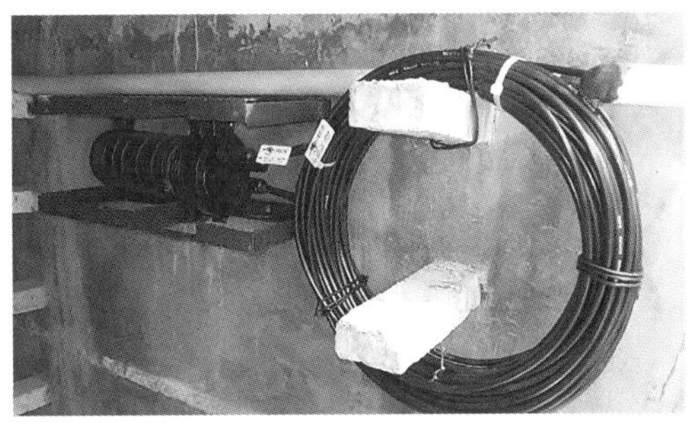

图 2.3－37　人孔内光缆的固定和保护

图 2.3－38　站内通信光缆子管接头外观示意图

（4）光缆子管外需挂光缆标志牌，在直线段每间隔 30m 需挂牌一个；在转弯段 2 端需挂牌，在进出口处需挂牌，如图 2.3－39 所示。

图 2.3－39　挂牌示意图

7. 直埋光缆检查

直埋光缆埋深应满足通信光缆线路工程设计要求的有关规定，具体埋设深度应符合表 2.3－2 的要求。光缆在沟底应自然平铺状态，不得有绷紧腾空现象。人工挖掘的沟底宽度宜为 400mm。同时，埋地光缆敷设还应符合以下要求：

（1）直埋光缆的曲率半径应大于光缆外径的 20 倍。

（2）光缆可同其他通信光缆同沟敷设，同沟敷设时应平行排列，不得重叠或交叉，缆间的平行净距应大于或等于 100mm。

表 2.3－2　　直埋通信线路与其他设施间最小净距表

<table>
<tr><th colspan="2">敷设地段或土质</th><th>埋深/m</th><th>备注</th></tr>
<tr><td colspan="2">普通土</td><td>≥1.2</td><td></td></tr>
<tr><td colspan="2">半石质、砂砾土、风化石</td><td>≥1.0</td><td rowspan="2">从沟底加垫 100mm 细土或沙土，此时光缆的埋深可相应减少</td></tr>
<tr><td colspan="2">全石质</td><td>≥0.8</td></tr>
<tr><td colspan="2">流沙</td><td>≥0.8</td><td></td></tr>
<tr><td colspan="2">市郊、村镇</td><td>≥1.2</td><td></td></tr>
<tr><td colspan="2">市区人行道</td><td>≥1.0</td><td></td></tr>
<tr><td rowspan="2">公路边沟</td><td>石质（坚石、软石）</td><td>边沟设计深度以下 0.4</td><td rowspan="2">边沟设计深度为公路或城建管理部门要求的深度</td></tr>
<tr><td>其他土质</td><td>边沟设计深度以下 0.8</td></tr>
<tr><td colspan="2">公路路肩</td><td>≥0.8</td><td></td></tr>
<tr><td colspan="2">穿越铁路、公路</td><td>1.2</td><td>距路基面或距路面基底</td></tr>
<tr><td colspan="2">沟、渠、水塘</td><td>1.2</td><td></td></tr>
<tr><td colspan="2">农田排水沟（沟深 11m 以内）</td><td>≥0.8</td><td></td></tr>
<tr><td colspan="2">河流</td><td></td><td>应满足水底光（电）缆要求</td></tr>
</table>

（3）直埋光缆与其他设施平行或交越时，其间距不得小于表 2.3－2 中的规定。

（4）光缆在地形起伏较大的地段（如山地、梯田、干沟等处）敷设时，应满足规定的埋深和曲率半径的要求。

（5）在坡度大于 20°、坡长大于 30m 的斜坡地段宜采用 S 形敷设。坡面上的光缆沟有受到水流冲刷的可能时，应采取堵塞加固或分流等措施。在坡度大于 30°的较长斜坡地段敷设时，宜采用特殊结构光缆（一般为钢丝铠装光缆）。

（6）直埋光缆穿越保护管的管口处应封堵严密。

（7）直埋光缆进入人（手）孔处应设置保护管。光缆铠装保护层应延伸至人孔内距第一个支撑点约 100mm 处。

（8）应按设计要求装置直埋光缆的各种标志。

（9）直埋光缆穿越障碍物时的保护措施应符合设计要求。

（10）回填土应符合下列要求：

1）先填细土，后填普通土，且不得损伤沟内光缆及其他管线，如图 2.3－40 所示。

2）市区或市郊埋设的光缆在回填 300mm 细土后，盖红砖保护。每回填土约 300mm 处应夯实一次，并及时做好余土清理工作，如图 2.3－41 所示。

3）回土夯实后的光缆沟，在车行路面或地砖人行道上应与路面平齐，回土在路面修复前不得有凹陷现象；土路可高出路面 50～100mm，郊区大地可高出 150mm 左右。

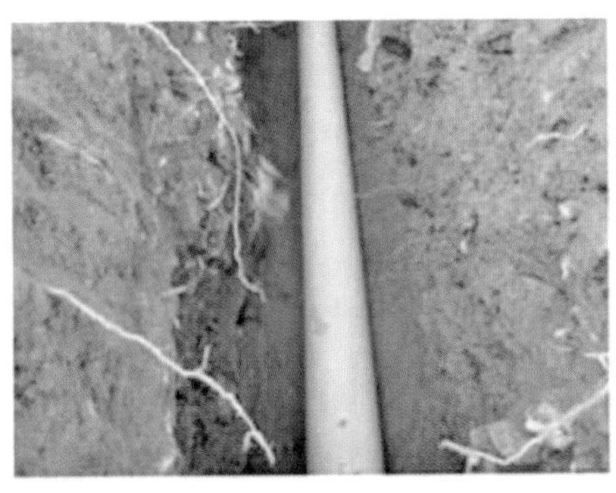

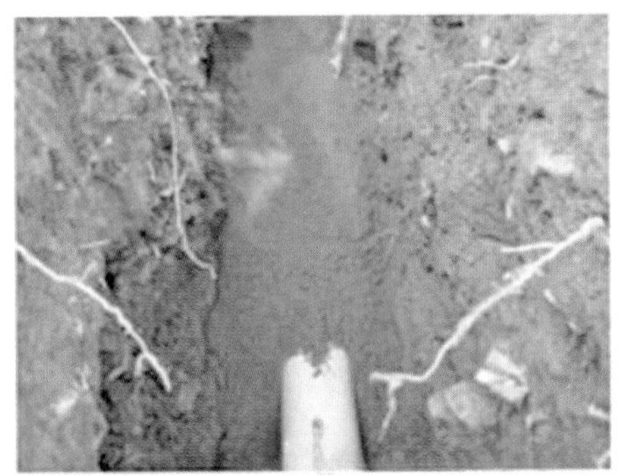

图 2.3－40　回填土示意图

图 2.3－41　盖红砖保护与余土清理

需要用到路面微槽光缆时，光缆沟槽应切割平直，开槽宽度应根据敷设光缆的外径确定，一般应小于 20mm；槽道内最上层光缆顶部距路面高度宜大于 80mm，槽道总深度宜小于路面厚度的 2/3；光缆沟槽的沟底应平整、无硬坎（台阶），不应有碎石等杂物；沟槽的转角角度应满足光缆敷设后的曲率半径要求。同时，还需要遵循下列要求：

（1）在敷设光缆前，宜在沟槽底部铺 10mm 厚细砂或铺放一根直径与沟槽宽度相近的泡沫条作缓冲。

（2）光缆放入沟槽后，应根据路面恢复材料特性的不同在光缆的上方放置缓冲保护材料。

（3）路面的恢复应符合道路主管部门的要求，修复后的路面结构应满足相应路段服务功能的要求。

8. 配网光缆检修

（1）工器具准备。

做好仪表、工器具、技术资料等的准备和检查。确保 OTDR、光缆普查仪、光纤熔接机、光源、光功率计、跳纤、带漏电开关的电源线盘等常用工器具，带齐配网 ODF 配线资料。

（2）作业步骤。

配网光缆检修内容主要包括因故障或迁改工程造成光缆中断，如何熔接光缆及验收光缆熔接质量。

1）取出光缆。如图 2.3－42 所示，红叉处为光缆中断点，分别在 A、B 电缆井处将光缆取出，重新敷设一段光缆。

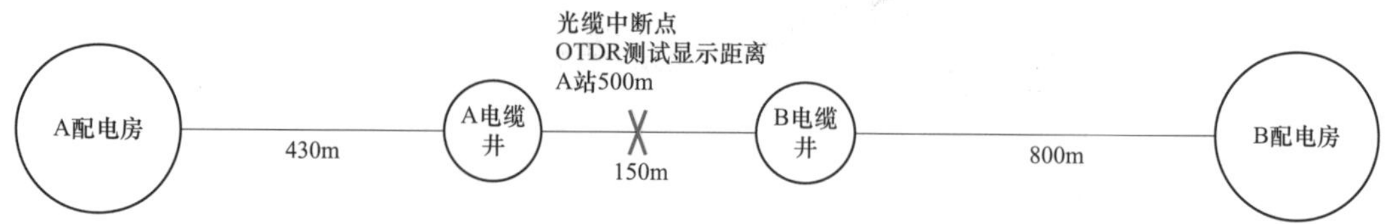


图 2.3－42　光缆中断点示意图

部分电缆沟中存在多条光缆，对于配合市政工程或配网工程需配合进行光缆迁改的工作，由于一般情况下通信网管不允许同时进行多条光缆中断迁改，因此核查光缆起始点，明确光缆承载业务，逐条申请光缆中断迁改就显得尤为重要。针对这种情况，一般需要通过光缆普查仪配合进行敲缆测试核查出电缆沟内各条光缆的用途。

2）熔接光缆。在 A、B 两处电缆井分别使用光纤熔接机将新敷设光缆与原光缆进行熔接，如图 2.3－43 和图 2.3－44 所示。完成熔接之后，需通知 A 配电房人员使用 OTDR 进行纤芯测试。

图 2.3－43　光纤熔接对接图

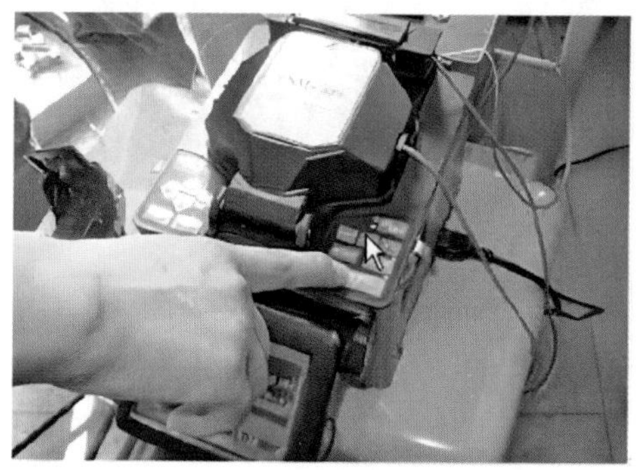

图 2.3－44　光缆熔接操作图

3）测试光缆熔接质量。在 A 配电房的人员收到通知光缆熔接完成之后，需进行熔接点损耗测试，一般建议在 A 电缆井处的光缆熔接完成前。A 配电房的人员用 OTDR 进行测试，此时光缆的中断距离就是第一个熔接点（A 电缆井处）的位置，再根据新放光缆的长度即可大致判断第二个熔接点（B 电缆井处）的位置。

熔接测试配网光缆一般采用 1310nm 波长的光，测试量程建议选取光缆全长的 1.5～2 倍。如图 2.3－45 所示，第 1 个熔接点为 180m 处，熔接损耗为 0.179dB；第 2 个熔接点为 1.88km 处，熔接损耗为 0.128dB。一般要求熔接损耗为 0.1dB 以下，条件放宽时不超过 0.2dB，若有纤芯熔接损耗超过 0.2dB，一般建议是让现场施工人员重新熔接该纤芯。

OTDR 测试完成确认熔接正常之后，A 配电房与 B 配电房的人员需配合进行对光，检查光缆纤序是否出错，即 A 配电房 ODF 处的 A1 需对应 B 配电房 ODF 处的 A1，以此类推。常见对光方法有一端接光源，另一端接光功率计，检测对应端口是否有光发出；或者一端接红光笔，另一端观察对应端口是否有红光发出。若发现纤序错乱，则需要重新熔接光缆。

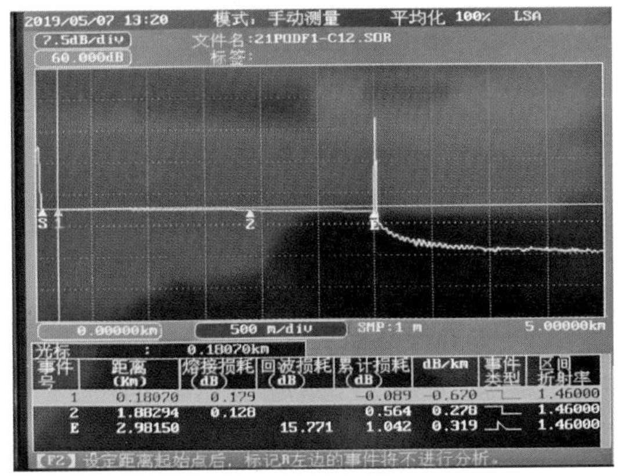


图 2.3－45　OTDR 测试波形图

OTDR 测试及对光均正常后，即可通知光缆熔接现场人员做好光缆标识，将光缆盘放进电缆井中，过程中注意不要弯折光缆。ADSS 光缆还需注意光缆引下段需用引下夹具固定，除此以外不能有非固定性接触点，盘缆需用不锈钢材料绑扎牢固，如图 2.3－46 所示。

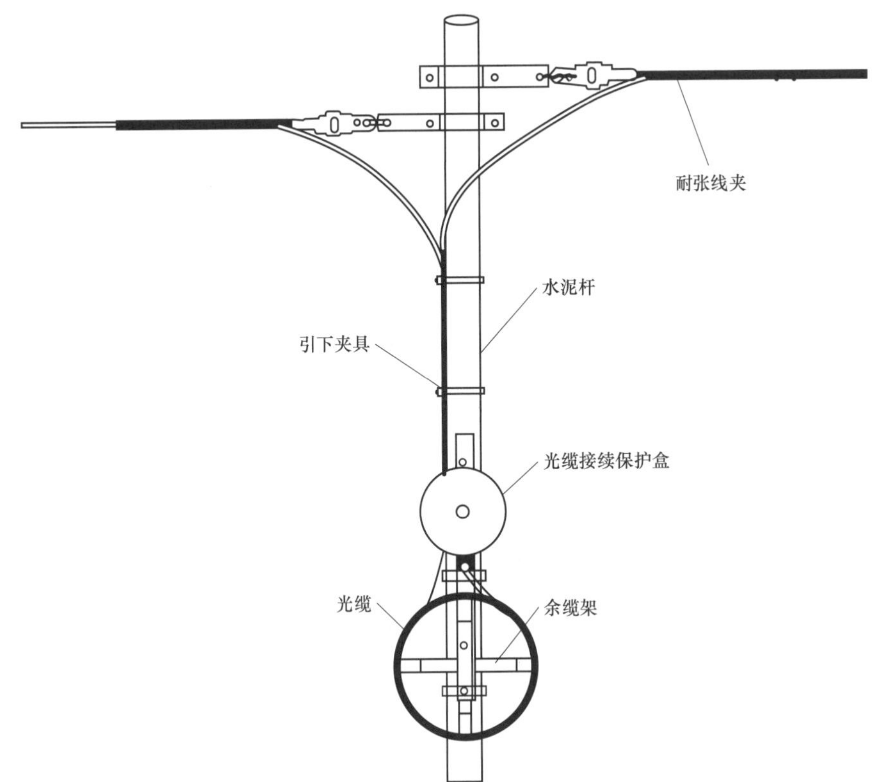


图 2.3－46　光缆引下段盘缆示意图

（3）作业终结。

光缆检修完成之后，需及时更新配网 ODF 资料，修改承载光路情况及光缆实际长度。若光缆路径发生变化的，还需在通信 GIS 系统上进行光缆路径修改。

## 2.4 配电自动化模式与配置

配电自动化的模式选择和参数配置需要综合考虑供电可靠性要求、网架结构、一次设备、保护配置、通信条件以及运维管理水平，按差异化的原则实施。同一供电区域内选用一种或几种模式，模式种类不宜过多。

随着配网分级保护和接地故障多级方向保护的发展和应用，配网故障处理朝着继电保护与馈线自动化协同配合的方向发展。发生故障后，首先由配网分级保护和接地故障多级方向保护有选择性地切除故障区段，同时启动集中型或就地型馈线自动化逻辑，进一步缩小停电范围，然后通过馈线自动化实现故障点下游非故障区段的转供。

无论采用何种模式，都要求配电终端具备与主站通信的能力，并将运行信息和故障处理信息上送配电主站。

### 2.4.1 集中型馈线自动化

1. 适用范围

集中型馈线自动化功能对网架结构以及布点原则的要求较低，一般可适应绝大多数情况，主要应用于 A+、A、B、C 类区域的架空、电缆线路、架空电缆混合线路，以及网架结构为单辐射、单联络或多联络的复杂线路。

2. 开关及终端要求

配电线路开关类型可采用断路器或负荷开关，具备配电自动化接口：三相电流、零序电流（可选配）、三相电压或线电压、电动操作机构。

对于配电线路关键性节点，如主干线联络开关、分段开关，进出线较多的节点，配置三遥配电终端。非关键性节点如分支开关、无联络的末端站室等，可不配三遥配电终端。

3. 通信要求

宜采用光纤通信方式（EPON 或工业以太网交换机）将开关动作信息、故障信息上传主站，对于不具备光纤通道条件，可考虑采用无线通信方式。

4. 与保护的配合

集中型馈线自动化与变电站出线断路器保护或长线路中间断路器配合，由具备保护功能的断路器切断故障后，通过集中型馈线自动化定位并隔离故障点，恢复非故障区段供电。

5. 配置与实施

集中型馈线自动化主站配置是以单条线路为单位进行配置，可灵活配置单条线路的启动与退出功能，并可配置执行模式为全自动或半自动两种方式，结合终端故障测量信号实现精确的故障定位和隔离，非故障区域通过遥控或现场操作恢复供电。

集中型馈线自动化功能应与就地型馈线自动化、继电保护等协调配合使用，通过主站实现馈线自动化处理过程和结果查询，馈线自动化处理策略应能适应配网运行方式和负荷分布的变化。

（1）配电终端要求与主站实时通信，能够将现场故障信号、开关变位信号以及闭锁信号等上送主站。

（2）配套开关要求、开关电压互感器接线要求遵循配电自动化建设改造技术原则的要求。

（3）后备电源能保证配电终端运行一定时间：免维护阀控铅酸蓄电池，应保证完成分—合—分操作并维持配电终端及通信模块至少运行 4h；超级电容，应保证分闸操作并维持配电终端及通信模块至少运行 15min。

### 2.4.2　就地型馈线自动化

1. 适用范围

就地型馈线自动化模式适用于 B、C、D 类区域的架空线路。网架结构为单辐射、单联络等简单线路时，可以采用电压时间型、电压电流时间型或自适应综合型；网架结构为多联络线路时，宜采用电压电流时间型或自适应综合型。就地型馈线自动化模式所需要的重合闸可通过变电站出线开关重合闸次数设置或主站遥控等方式实现。

2. 开关及终端要求

采用就地型馈线自动化模式时，变电站出线开关到联络点的干线分段及联络开关，均可采用具备就地型馈线自动化功能的一二次融合开关作为分段器，一条干线的分段开关宜不超过 3 个；对于大分支线路原则上仅安装一级开关，配置与主干线相同开关。

配套开关可选用具备来电延时合闸、失电压分闸的电磁操动机构类型开关，也可选用普通的弹操机构开关，选用弹操开关需要配电终端配合完成来电延时合闸、失电压分闸功能，依赖于后备电源。开关取能单元应在不依赖于后备电源的情况下，满足操动机构动作的能量需求。

配电线路开关类型可采用断路器或负荷开关，具备配电自动化接口。配电自动化接口应与就地型馈线自动化模式对应。例如采用电压电流时间型时，需要三相电流、零序电流（可选配）、三相电压或线电压、电动操作机构。若需使用小电流接地故障处理功能，需配套零序电压互感器。

各类型馈线自动化配套终端应按照国家电网公司最新的配电终端技术规范要求，选用满足国家电网公司专项检测要求的三遥 FTU 馈线远方终端，优选《12kV 一二次融合柱上断路器及配电自动化终端（FTU）标准化设计方案》配套的柱上终端；后备电源同样按照国家电网公司最新的配电终端技术规范执行。

3. 通信要求

故障处理过程不依赖于主站系统和通信方式，可采用无线通信方式。

4. 与保护的配合

与变电站出线开关配合应满足以下要求：

（1）变电站出线开关通常设速断保护、限时过电流保护，当线路发生短路故障时，可保护跳闸，跳闸后启动就地型馈线自动化逻辑。

（2）出线开关配置一次、两次或三次重合闸，与不同的就地型馈线自动化逻辑配合。当无法配置两次、三次重合闸时，可延长首台分段开关的来电延时合闸时间使出口重合闸再次动作，或者通过遥控方式实现出线断路器的两次、三次重合功能。重合闸时间必须大于就地型分段开关的可靠分闸时间。

当长线路配置中间断路器时，中间断路器将线路分成前后两部分，中间断路器与出线断路器应形成保护级差配合，中间断路器负责线路后段的保护和重合闸。中间断路器配置两次重合闸，线路上分段开关定值整定与普通线路一致。

5. 电压时间型配置与实施

（1）电压时间型馈线自动化分段开关参数整定原则。

1）同一时刻不能有 2 台及以上开关合闸，以避免多个开关同时闭锁导致故障隔离区间扩大。

2）优先恢复最长主干线的供电，再处理其他干线。

3）靠近正常电源点的干线优先供电。

4）多条干线并列时，主干线优先供电，然后次分干线，再次次分干线。

5）当合上联络开关反方向转供时，也应满足第一点。

（2）电压时间型馈线自动化推荐时间定值。

1）所有分段开关的 X 时限、Y 时限推荐设置默认为 7s、5s。

2）变电站出线首台终端的 X 时限，根据出线断路器配置重合闸次数的不同进行整定，当出线断路器配置 2 次重合闸时，第一台开关 X 时限设置为 7s；当出线断路器只配置 1 次重合闸时，第一台开关 X 时限应大于出线断路器重合闸充电时间，以使断路器合到故障后再次动作，推荐设置为 21s。

3）变电站出线断路器配置两次重合闸时，推荐第一次重合闸时间整定为 2s，第二次重合闸时间整定为 21s。

（3）开关及互感器安装：线路分段及联络开关应安装相间电压互感器，采用 V－V 接线，分别安装于开关两侧，分别检测 $U_{ab}$ 和 $U_{cb}$；靠近变电站的线路首台开关电压互感器仅安装电源侧，不安装负荷侧，防止向变电站倒供电。

6. 自适应综合型配置与实施

自适应综合型动作参数的基本配置要求与电压时间型相同，结合开关可就地判别是否位于短路故障和接地故障路径上，分别以下边两种策略进行优化：

（1）非故障路径长延时处理策略。

1）短路故障处理时，根据开关对短路故障过电流信号的检测结果，位于故障路径上的开关 X 时限按常规设置（7s），位于非故障路径上的开关 X 时限增加一个长延时（如 50s），等待故障路径上所有开关动作完成后，非故障路径上的开关再动作。

2）该策略中开关正向闭锁合闸功能仍以合闸到故障失电压为唯一判据，判别可靠。

3）处理接地故障时，线路首个重合器需具备接地故障检测（选线）功能。重合器检测到接地故障后分闸并重合，其他分段开关只需检测零序电压，即可判别是否合闸到接地故障，并主动分闸隔离接地故障。

4）如线路结构比较复杂，存在多条干线联络时，进行接地故障处理时，两条非故障路径的干线有可能同时闭合，导致接地故障隔离区间护套。

5）采用该策略时非故障回路恢复停电时间较长。

（2）非故障路径同步处理策略。

1）开关在常规电压时间型闭锁逻辑的基础上，结合故障检测信号（短路过电流信号、界内接地故障信号），实现开关 Y 时限准确闭锁。位于故障路径上的开关，Y 时限不满足且检测到故障信号时正向闭锁；位于非故障路径上的开关，Y 时限不满足但检测不到故障信号时不闭锁。

2）所有开关（不论位于故障路径还是非故障路径）设置同样的 X 时限和 Y 时限值，默认值为 7s 和 5s。

3）本策略采用故障检测信号作为正向合闸闭锁判据的一部分，为避免因未检测到故障信号导致开关正向闭锁失败，进而引起出线断路器反复重合闸，本策略要求出线断路器或重合器直接配置两次重合闸和人工遥控进行重合。

4）当处理接地故障时，本策略要求每个开关均能判别是否位于接地故障路径上，而不能仅判别合闸后出现零序电压。

（3）开关及互感器安装要求。

自适应综合型开关同时要安装零序电压互感器。线路开关还需要安装相电流电流互感器和零序电流互感器，相电流电流互感器做故障记忆检测用，零序电流互感器做暂态接地选线/选段判别用。

7. 电压电流型配置与实施

（1）电压电流型馈线自动化参数及定值整定原则。

1）变电站若配置三次重合闸，第一次重合闸时间为 0.2s，第二次重合闸时间为 2s，第三次重合闸时间为 21s。

2）若变电站配置一次重合闸，站外首段开关 X 时限均整定为 21s。

3）主干线分段开关 X 时限均整定为 7s，Y 时限整定为 5s。

（2）开关及互感器安装要求。

电压电流型线路分段及联络开关应安装相间电压互感器，采用 V－V 接线，分别安装于开关两侧，分别检测 $U_{ab}$ 和 $U_{cb}$；靠近变电站的线路首台开关电压互感器仅安装电源侧，不安装负荷侧，防止向变电站倒供电；所有开关同时要安装零序电压互感器。线路开关还需要安装相电流电流互感器和零序电流互感器，相电流电流互感器做故障记忆检测用，零序电流互感器做暂态接地选线/选段判别用。

### 2.4.3　智能分布式馈线自动化

1. 适用范围

智能分布式馈线自动化（简称分布式 FA）主要应用于对供电可靠性要求较高的城区电缆线路，包括但不限于 A+、A 类区域。速动型分布式 FA 适用于单环网、双环网、多电源联络、*N* 供 1 备、花瓣形等各种开环或闭环运行的配电网架。缓动型分布式 FA 主要应用于单环网、双环网等开环运行的配电网架。

2. 开关及终端要求

速动型分布式 FA 要求主干线路开关全部为断路器，且变电站/开关站出口断路器保护满足延时配合条件，如出口保护延时 0.3s 及以上或变电站出口断路器配置光差保护。缓动型分布式 FA 的开关可以是断路器，也可以是负荷开关。变电站/开关站出口断路器可以无延时。联络互投的线路，配电终端的馈线自动化模式应一致。

对于不同的网架，速动型分布式 FA 各配电站根据间隔数量分别配置 1～$N$ 台具备分布式 FA 功能的站所终端，采用速动型 FA 方式，各环进环出间隔配置故障检测功能，各出线间隔配置速断跳闸功能。对于花瓣形网络，在某个花瓣电源侧全失电或开环状态发生故障后，可根据预设条件，将部分负荷通过花瓣间联络线转供到其他花瓣。

缓动型分布式 FA 各间隔（环进、环出及出线间隔）配故障检测参与缓动型 FA 逻辑，出线间隔配置过电流、失电压跳闸。若环进、环出间隔为负荷开关，出线间隔为断路器，可与变电站出口形成级差配合，不能配合的配置过电流、失电压跳闸。

分布式 FA 对环网箱的要求：

（1）速动型分布式 FA 开关为断路器，断路器分闸动作时间小于或等于 60ms。

（2）缓动型可以是断路器，也可以是负荷开关。

（3）开关具备三相保护电流互感器、零序电流互感器（可选配）。

（4）环网箱配置母线电压互感器。

（5）开关取能单元，应在不依赖于后备电源的情况下，满足操作机构动作的能量需求。

3. 通信要求

（1）终端间的通信网络宜采用工业光纤以太网，也可采用 EPON 光纤网络、无线网络。

（2）速动型分布式 FA 对等通信的故障信息及控制信息交互时间小于或等于 20ms。

（3）分布式 FA 通信与主站通信使用单独信道，互不干扰。

（4）分布式 FA 终端应满足国家电网公司对配电终端的信息安全要求。

（5）分布式 FA 终端应具备至少两个独立物理地址的网口，一个用于与配电主站通信，另一个用于分布式 FA 的信息交互。

（6）不同联络互投区域的配电终端应选择不同网段，且不能与主站通信地址冲突。

4. 与保护的配合

（1）速动型分布式 FA 的保护配置要求。

1）速动型分布式 FA 整组动作时限主要由过电流检测时间、故障信息交互时间、故障定位时间、继电器出口动作时延组成，典型的过电流检测时间为 0.02s 时，FA 整组动作时限为 0.09s。

2）变电站出口断路器的速断、过电流保护的动作时限与速动型分布式 FA 整组动作时限需有级差配合，典型级差 0.3s，满足故障时速动型分布式 FA 在变电站出口保护动作前动作的原则。

3）当开关拒动时，速动型分布式 FA 仍满足该原则。

4）分布式 FA 终端宜与变电站侧过流保护特性相同，例如同为定时限特性。

（2）缓动型分布式 FA 的保护配置要求。

1）故障检测时间满足变电站出口保护动作前，终端可靠检测到故障。

2）动作逻辑满足在变电站出口保护动作后动作的原则。

3）分布式 FA 终端宜与变电站侧过电流保护特性相同，例如同为定时限特性。

5. 配置与实施

分布式 FA 参数主要分为动作参数与负荷转供参数。

动作参数主要包括动作限值和动作时限两组参数。动作限值满足可靠检测到故障，随着线路运行拓扑的改变，动作限值要适用不同的变电站出口断路器保护动作限值。负荷转供参数用于故障隔离后联络电源负荷转带的条件判断，主要包括各配电线路及电源的负荷转带限值。

（1）速动型分布式 FA 参数配置要求：

1）变电站出口保护应整定为限时速断，动作时间按照标准保护时限阶段 $\Delta t \geqslant 0.3\text{s}$ 整定。

2）配电终端设备宜与变电站侧保护特性相同，例如同为定时限特性。

3）时限参数充分考虑变电站出口断路器的动作时间、配电线路断路器的动作时间。

4）判断与动作的逻辑及参数，满足在变电站出口保护动作出口之前快速完成故障区段定位及隔离的原则。

5）负荷转带限值应小于联络电源及线路的最大负载允许值。

6）当描述本开关及相邻开关连接关系的静态拓扑模型发生变化时，仅需修改相邻的终端参数。

（2）缓动型分布式 FA 参数配置要求：

1）故障判断逻辑及参数，满足变电站出口保护切除故障之前，终端能可靠检测到故障并进行故障区段定位。

2）动作逻辑及参数，满足在变电站出口保护可靠切除故障之后，再完成故障区段隔离的原则。

3）负荷转带限值应小于联络电源及线路的最大负载允许值。

4）当描述本开关及相邻开关连接关系的静态拓扑模型发生变化时，仅需修改相邻的终端参数。

（3）安装调试要求：

1）检查环网箱或开闭所的配套电源电压，与开关电动操作机构的电源一致。

2）测试配套电源、供电电压互感器的带载能力。

3）测试开关的分/合闸、储能时间特性。

4）完成配电终端与开关信号的联调。

5）检验配电终端的三遥基本功能。

6）完成配电终端与配电主站的通信测试，验证终端的通信参数及设置，测试终端上送主站的信号配置、信息安全等。

7）完成配电终端之间的分布式馈线自动化通信测试，测试终端的分布式 FA 信号、数据交互吞吐量、通信抗冲击能力、通信异常检测能力等。

8）针对现场目标网架拓扑，搭建测试系统，开展系统集成测试，验证逻辑、参数等方面。

### 2.4.4 短路故障分级保护或纵联保护

1. 适用范围

国内配网线路以辐射式或环式结构为主，环式线路一般采用开环运行方式，负荷沿线路分布，因此可以采用配网分级保护模式实现故障有选择性地切除。

对于供电可靠性要求特别高，或者含分布式电源的有源配网，也可以采用纵联差动保护、纵联方向保护或智能分布式保护实现短路故障的处理。

2. 开关及终端要求

参与分级保护的架空线路分段开关、大分支首端开关、分界开关为断路器，环网柜出线开关为断路器。断路器分闸动作时间小于或等于60ms，开关具备三相保护电流互感器，环网箱配置母线电压互感器，出线开关具备三相保护电流互感器。

配电终端配置三段式过电流保护，小电阻接地系统配置零序过电流保护，各级保护之间通过时间级差配合实现短路故障的就近隔离。对于供电可靠性要求较高，或无法通过时间级差配合实现保护的选择性时，可以采用纵联差动保护、纵联方向保护或智能分布式保护。

3. 通信要求

分级保护模式故障处理过程不依赖于主站系统和通信方式，可采用无线通信方式。基于通信的纵联保护或智能分布式保护宜采用工业光纤以太网，也可采用EPON光纤网络、无线网络。

4. 配置与实施

国内配网线路以辐射式或环式结构为主，环式线路一般采用开环运行方式，负荷沿线路分布。其中架空线路一般在主干线路配置分段开关（或中间断路器），大分支线路首端配置分支开关，公用配电变压器或用户产权分界点配置分界开关。电缆线路在开闭所进线或出线，环网柜出线等位置配置断路器。配网中一般采用三段式电流保护和熔断器保护作为短路故障的主要保护方法，三段式电流保护的配置与配网具体线路结构、负荷特点以及故障处理策略有关，主要有以下几种情况：

（1）二级保护配置。

二级保护配置是目前最常用的配网三段式电流保护的配置方案。第一级是变电站线路出口保护，配置三段保护或两段保护，配置两段保护时，一种方案是配置Ⅰ段和Ⅲ段，另一种是退出Ⅰ段保护，配置Ⅱ段和Ⅲ段保护。第二级保护是公用配电变压器或用户产权分界点保护，容量较小的配电变压器采用跌落式熔断开关，容量较大的采用断路器保护，一般配置Ⅰ段和Ⅲ段保护。部分配电网架空线路将变电站出口保护和分支线路首端保护作为二级保护，在电缆线路中将变电站出口保护和直接连接公用变压器或用户的环网柜出线开关保护作为二级保护。

二级保护配置简单，整定维护方便，但是难以兼顾保护动作的选择性和速动性。此外，城市配网中往往主干线路较短，分支线路众多，分支线路和用户侧故障占绝大多数（部分城市线路超过90%），因此二级保护配置方式无法满足减少主干线路停电的要求，对供电可靠性影响较大。

（2）三级保护配置。

三级保护配置是目前适用性较强的配网电流保护配置方案。第一级是变电站线路出口保护。架空线路中第二级保护是分支线路首端保护，电缆线路中第二级保护是环网柜出线开关保护。第三级是公用配电变压器或用户产权分界点保护。第一级和第三级保护的配置与二级保护配置类似，分支线路首端或环网柜出线开关保护一般配置Ⅱ段和Ⅲ段保护。对于农村或城郊配网中线路较长，T 接线用户较多的架空线路，也可以取消分支线路首端保护，用线路分段开关作为第二级保护，形成三级保护的配置模式。

三级保护配置方案在合理整定的基础上，能够实现用户故障不出门（由分界开关隔离），分支故障不影响主干线路（由分支首端开关隔离），减小故障停电范围，提高供电可靠性。

（3）四级保护配置。

四级保护配置是指变电站线路出口开关、架空主干线路分段开关、分支线路首端分支开关、公用配电变压器或用户产权分界点分界开关配置四级电流保护。由于电缆线路供电半径通常较小，主干线路较短，一般不配置四级保护。个别包含开闭所的电缆线路在开闭所的进线或出线配置一级保护，可能形成四级或更多级保护，但是由于线路辐射半径小，整定配合较为困难。

四级保护配置方案能够最大程度上实现保护动作的选择性，但是对于保护动作定值和动作时限的整定要求更加复杂。通过动作时限级差配合实现保护动作选择性时，保护动作延时时间会较长，可以采用永磁开关或磁控开关等动作延时较小的新型开关，降低动作时限级差的时间来解决。

### 2.4.5　接地故障多级方向保护

1. 适用范围

接地故障多级方向保护模式适用于小电流接地系统（包括中性点不接地系统和经消弧线圈接地系统）单相接地故障保护，包括辐射式、开环运行的环式结构线路以及含分布式电源的有源配网，通过暂态方向判断接地故障的线路和位置，通过阶梯式动作时限实现小电流接地系统接地故障的快速、就近隔离。

接地故障多级方向保护模式主要应用于对接地故障要求较高的场合，如山林火灾风险较高的区域或接地故障频发的区域。与采用馈线自动化技术隔离故障相比，多级方向保护模式的开关动作次数少，故障点上游非故障线路区段用户不会遭受短时停电，故障隔离速度快。

2. 开关及终端要求

接地故障多级方向保护的架空线路分段开关、分支开关、分界开关、环网柜环进环出开关、出线开关可以采用断路器，也可以采用负荷开关。开关具备零序电流互感器或三相电流互感器，具备零序电压互感器或零序电压传感器。

配电终端配置暂态方向法保护，实现小电流接地系统单相接地故障的方向判断。通过阶梯式动作时限快速、就近隔离故障。

变电站的接地故障选线跳闸装置一般是集中式故障选线装置，与出线开关保护装置配合切除线路上的接地故障，亦可采用具有接地方向保护功能的出线保护装置。

3. 通信要求

接地故障多级方向保护模式故障处理过程不依赖于主站系统和通信方式，可采用无线通信方式。

4. 配置与实施

变电站接地故障保护装置与线路开关的配电终端在检测到接地方向为正方向时启动，通过阶梯式动作时限配合，由故障点相邻的上游开关动作，实现接地故障的快速、就近隔离。接地保护的动作时限根据开关所处的位置整定，末级分界开关接地保护的动作时限 $t_0$ 选为 2s，其他开关保护的动作时限均比下游相邻开关的最大动作时限大一个时间级差$\Delta t$（选为 0.5s）。

以图 2.4－1 所示配电线路（图中仅给出了两个分支线路）为例，线路出口断路器 QF，主干线路开关 Q1、Q4，分支线路开关 Q2 与 Q5，以及分界开关 Q3 与 Q6 都部署了接地保护。分界开关接地保护动作时限选为 2s；分支线路开关 Q2 与 Q5 的动作时限增加一个时间级差，设为 2.5s；主干线路开关 Q4 接地保护的动作时限比 Q5 增加一个时间级差，设为 3s；Q1 接地保护的动作时限比 Q4 增加一个时间级差，设为 3.5s；出口接地保护的动作时限则设为 4s。按照这样的动作时限配合方案，在线路上 k1 处发生接地故障时，Q6 跳闸切除故障；k2 处故障时，Q2 跳闸；k3 处故障时，Q1 跳闸；实现了保护的有选择性动作。

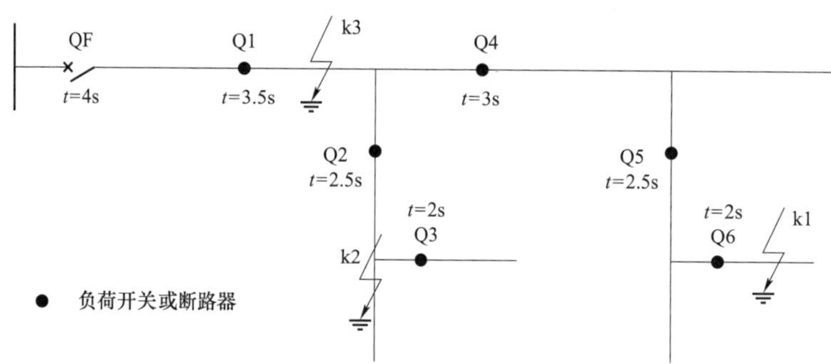


图 2.4－1　接地故障多级保护动作时限配合示意图

为提高供电可靠性，架空线路上接地故障多级方向保护应配置一次重合闸。实际接地故障保护动作统计结果表明，架空线路接地故障重合闸成功率接近 60%。这说明部分电弧不能自行熄灭的接地故障，在跳闸切除故障后再送电可以恢复正常运行。

上面介绍的接地方向保护动作时限整定，适用于放射形配电线路。对于有联络电源的环网线路，在由联络电源供电时，因为供电方向发生了变化，在本侧线路上发生接地故障时，上面的分段开关检测到的接地故障方向为反向，保护将拒动，这种情况下由联络开关动作切除故障。如图 2.4－2 所示单联络线路，变电站 M 侧线路上第一个线路区段因检修退出运行，出线断路器 QF1 处于分位，联络开关 Qt 处于合位，本侧线路由 N 侧变电站供电。如在开关 Q1 与出线断路器 QF1 之间的线路上 k 处发生接地故障，Q1、Q2 均检测到故障为反向的，保护不启动。联络开关 Qt 检测到接地故障在其供电方向的下游，保护动作切除故障，开关 Q1、Q2 因检测到接地故障后又失电自动跳闸。Qt 动作切除故障后经设定的时限重合闸，Q2 检测到来电后延时（1s）合闸，Q2 合闸后 Q1 检测到来电后延时合闸，如故障是永久性的，Q1 加速跳闸隔离故障，恢复 Q1 与 Qt 之间的线路供电。

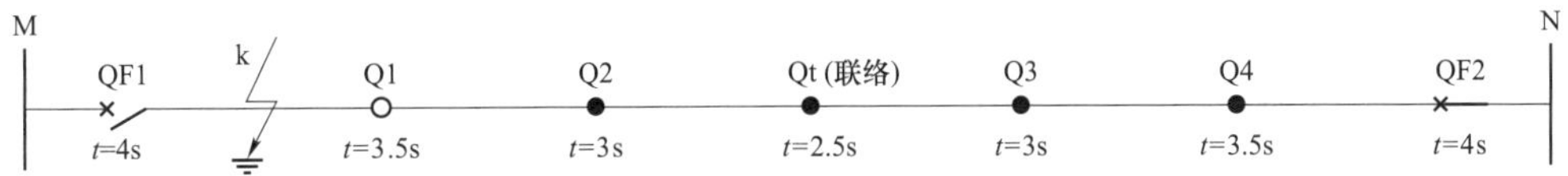


图 2.4－2　联络电源供电的环网线路

在联络开关处于分位的正常运行状态下，当本侧主干线路上的接地故障被就近隔离时，联络开关检测到一侧线路失电合闸，采用前面介绍的动作逻辑，可以恢复非故障区段的供电。如图 2.4－3 所示的单联络环网，k1 点永久性故障时，QF1 在 4s 后保护跳闸切除故障；联络开关 Qt 在检测到一侧失电后合闸，Q1 与 Q2 失电后检测到接地故障加速跳闸切除故障；Q2 首先重合闸，Q1 检测到来电后延时 1s 重合闸，重合到故障加速跳闸切除故障；Q2 维持合闸状态，Q1 下游线路恢复供电。k2 点永久性故障时，Q1 在 3.5s 后保护跳闸切除故障；联络开关 Qt 在检测到一侧失电后合闸，Q2 失电后检测到接地故障加速跳闸切除故障，然后重合闸，再次重合到故障上加速跳闸，Q2 下游线路恢复供电。k3 点永久性故障时，Q2 在 3s 后保护跳闸切除故障；联络开关 Qt 在检测到一侧失电压后合闸，其接地保护延时 2.5s 动作切除故障。

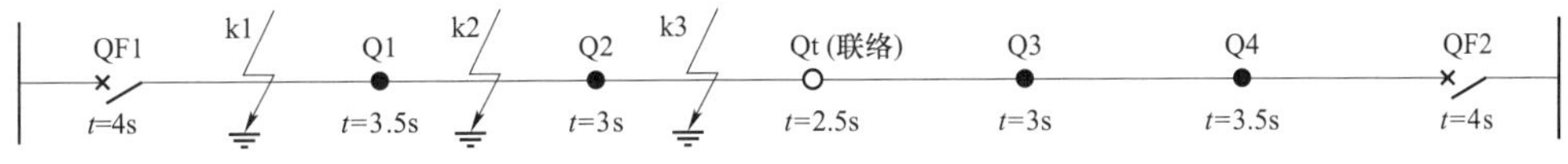


图 2.4－3　单联络环网线路

## 2.4.6　分级保护＋配电自动化

随着配网分级保护技术的发展与应用，配网故障处理逐渐向分级保护加配电自动化的综合模式发展。其中，分级保护实现故障的快速、就近隔离，配电自动化实现进一步缩小故障停电范围和非故障区段的供电恢复，以及分级保护越级动作时的辅助处理。

1. 短路故障

常见的短路故障分级保护加配电自动化模式一般是三级保护加集中型配电自动化，或者三级保护加就地型配电自动化。三级保护包括变电站线路出口保护，架空线分支线路首端保护或电缆环网柜出线开关保护，公用配电变压器或用户产权分界点保护。

在三级保护的基础上，主干线路可配置集中型配电自动化或就地型配电自动化，发生主干线路故障时，在变电站出线开关保护跳闸后，启动集中型配电自动化或就地型配电自动化逻辑，进一步缩小停电范围。

对于长分支线路，可以在分支线路上设置支线分段开关，并配置集中型配电自动化或就地型配电自动化，发生分支线路故障时，在分支线路首端开关保护跳闸后，启动集中型配电自动化或就地型配电自动化逻辑，进一步缩小停电范围。

2. 接地故障

接地故障的处理模式可以分为两种，一种模式是线路上全部配电终端都配置多级方向保护，因为接地故障允许的处理时间较长，可以有足够的保护动作延迟时间来设置多个时间级差，实现有选择性地保护动作来就近、快速隔离故障。

另一种模式与短路故障处理类似，采用三级保护加集中型配电自动化，或者三级保护加就地型配电自动化。主干线路故障在变电站出线开关保护动作后，启动配电自动化逻辑进一步缩小停电范围。分支线路故障时，在分支线路首端开关保护动作后，启动配电自动化逻辑进一步缩小停电范围。

典型的主干三分段线路，也常采用五级保护加配电自动化模式，五级保护包括变电站线路出口保护，架空线路第一分段开关保护，架空线路第二分段开关保护，分支线路首端保护，分界开关保护。

# 第3章 配电自动化故障处理

## 3.1 配电自动化主站故障处理

1. 天文时钟常见故障处理

（1）故障现象。

配电自动化主站系统时钟方面存在对时异常等故障，在主站系统初次进行调试搭建过程中，应进行时钟同步配置，让所有系统设备与天文时钟进行对时，保证所有系统设备处于同一标准时间内，如果出现对时异常、时间不同步等异常信息，需要对装置对时脚本进行检查，并设置定期重启。

（2）故障原因。

天文时钟对时异常常见于GPS对时异常和北斗对时异常，天文时钟设备断电，北斗时钟接受终端或者北斗时钟馈线异常。主站间对时脚本异常，各服务器、工作站、交换机间对时不同步。

（3）故障处理。

检查天文对时装置状态，若存在明显的告警信息，对时钟接受终端和时钟连接馈线进行检查，进行设备更换。定期检查系统同步对时脚本，定期重启脚本。

2. 图模异动常见故障处理

（1）故障现象。

1）在单线图点击遥控、置数等操作时，无图形文件；或者说图元文件无属性，无法进行右键点击操作。

2）图模导入出现名称程度校验，提示违反此约束，如图3.1－1所示。

（2）故障原因。

1）现象1：在图模异动中常见故障主要是图模更新后，终端设备未能有效关联在设备图模上，导致遥控操作、馈线自动化应用启动等功能受限，无法正常操作。同时影响到数据监测、状态监测和事故处置。

2）现象2：PMS侧出现重复或者未归属大馈线等内容，需要联系PMS项目组进行修改。部分导图工具会设置字符长度限制，部分出厂设置为64个字符（32个汉字），设备名称无法通过字符长度校验。

（3）故障处理。

1）现象1：遇见此类问题，要根据各区县公司维护PMS异动人员操作过程进行修改，图模异动在PMS端是进行删除重新建立模型（设备ID不一致，终端不会自动关联）还是进行布局移位，按照具体情况将关联遥信、遥测、通道、终端信息删除后，重新进行图模异动操作过程中的步骤 1、2（第 2 章“4. PMS 图模导入和终端联调”中）。

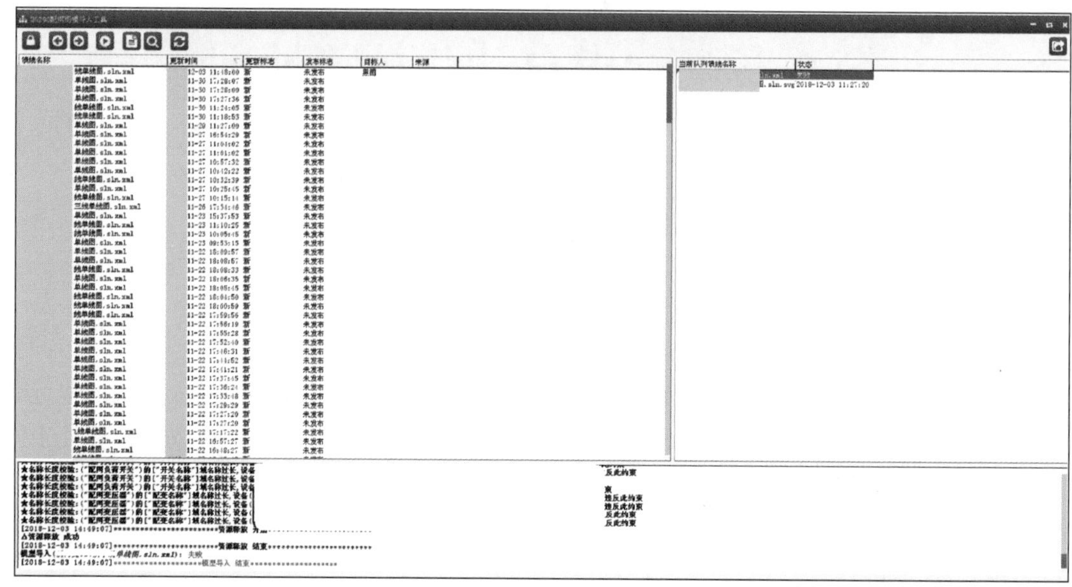

(a)

★名称长度校验:("配网负荷开关")的["开关名称"]域名称过长, 设备
★名称长度校验:("配网负荷开关")的["开关名称"]域名称过长, 设备
★名称长度校验:("配网负荷开关")的["开关名称"]域名称过长, 设备
★名称长度校验:("配网变压器")的["配变名称"]域名称过长, 设备(
★名称长度校验:("配网变压器")的["配变名称"]域名称过长, 设备(
★名称长度校验:("配网变压器")的["配变名称"]域名称过长, 设备(
★名称长度校验:("配网变压器")的["配变名称"]域名称过长, 设备(
[2018-12-03 14:49:07]***********************资源释放
△资源释放 成功
[2018-12-03 14:49:07]***********************资源释放 结束***********************
模型导入 单线图. sln. xml)：失败
[2018-12-03 14:49:07]********************模型导入 结束********************

(b)

图 3.1－1 图模导入问题

（a）图模导入错误信息；（b）图模名称过长

2）现象 2：一是按照命名规范修改设备名称，二是联系配电自动化项目组进行校验规则修改。第二种方法需注意整体系统的联动性，部分过长名称会导致系统 BUG，建议谨慎使用。

3. 终端联调常见故障处理

（1）故障现象。

1）通道退出，主站有下发报文，但终端没有回复，如图 3.1－2 所示。

2）通道退出，没有报文发送，链路未建立。

3）通道显示投入，但报文一直提示签名错误。

4）通道显示正常，遥信数据正常，遥测不刷新。

（2）故障原因。

1）这种现象在 PH（JM）101 规约通道比较常见，通道由于各种原因中断重连后，主站没有下发加密随机数，终端无法识别。

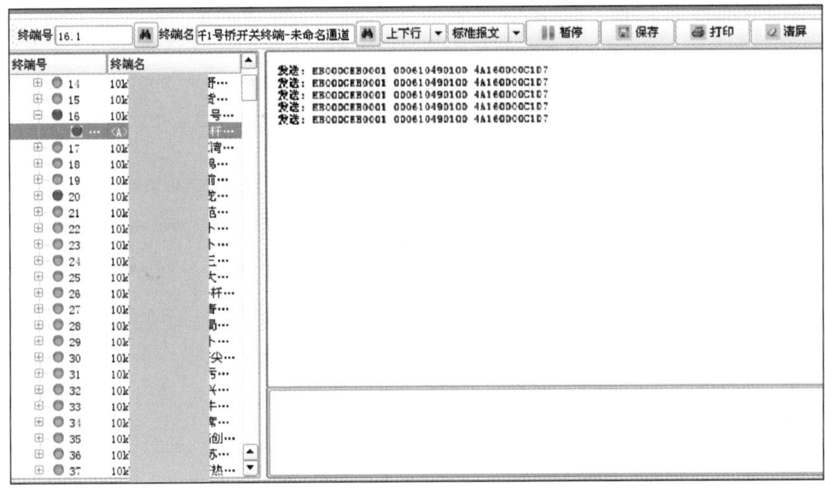

图 3.1－2　主站下发报文信息

2）通道显示投入，但报文一直提示签名错误的问题，一般是因为终端侧与主站侧证书不对应造成的，在加解密过程中，无法通过认证。

3）终端遥测信息上送死区值、零漂值设置异常。主站侧故障阈值设置异常。

（3）故障处理。

1）到配网通道表找到该通道，将网络类型中的“GPRS 共用（静态 IP）”改为“人工调试”，保存后，再改回“GPRS 共用（静态 IP）”，如图 3.1－3 所示。通过对通道信息进行重置后，重新发起握手，建立链路进行处理。

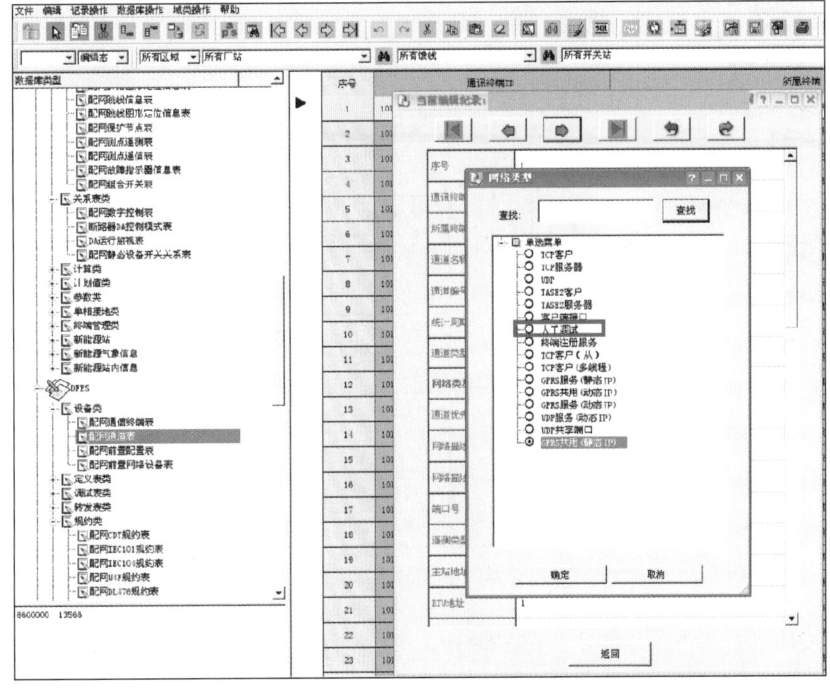

图 3.1－3　配网通道信息配置

2）到配网通道表查看该终端的 IP 地址，如图 3.1－4 所示。

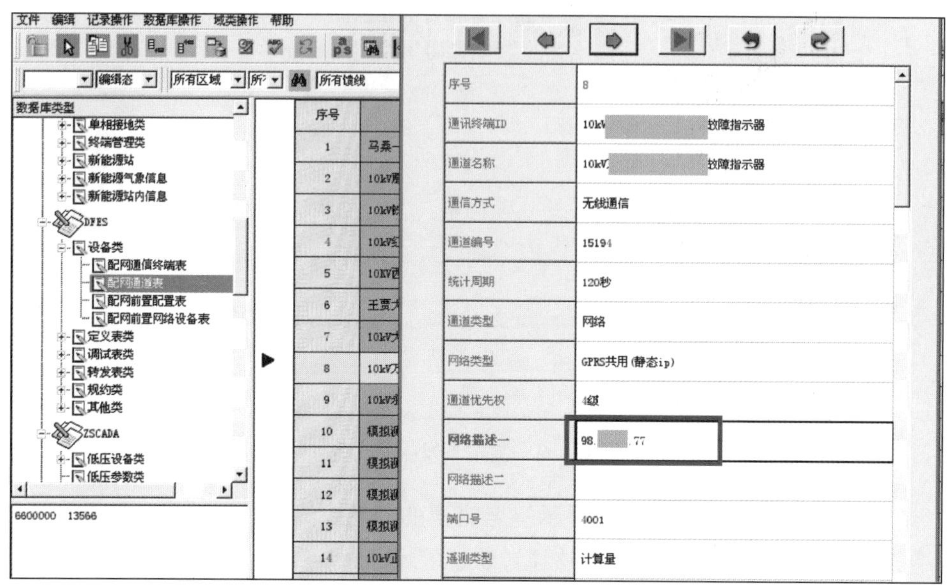

图 3.1－4　查看终端 IP 信息

看一下所连前置机名称，如图 3.1－5 所示。

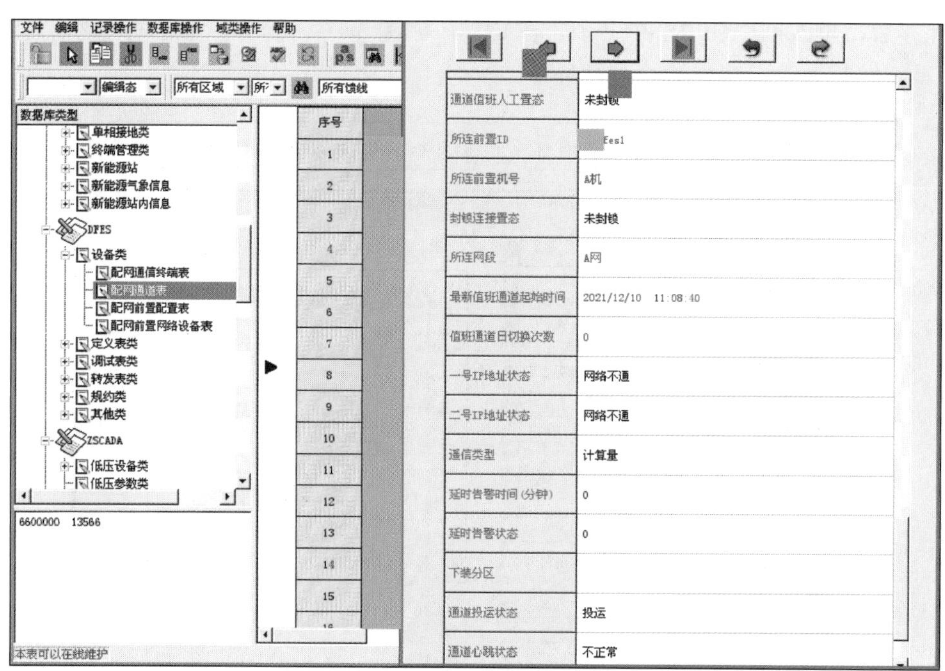

图 3.1－5　查看所连前置名称

然后登录所连前置机，ping 一下终端 IP，看是否能 ping 通，如图 3.1－6 所示。两遥终端在三区前置服务器操作，三遥终端需要在安全接入区前置服务器操作。

```
//    fes1:/home/d500(      % ping 10.    .204
PING 10.   .204 (10.8  .204) 56(84) bytes of data.
```

图 3.1－6　ping 测试不通

如果 ping 不通，就需要终端检查设置是否正常。如果能 ping 通，则需要检查 TCP 链路是否连接，如图 3.1－7 所示。

```
/     fes1:/home/d5000/      % ping 10.    .98
PING 10.    .98 (10.   .98) 56(84) bytes of data.
64 bytes from 10.    .98: icmp_seq=1 ttl=252 time=1237 ms
64 bytes from 10.    .98: icmp_seq=2 ttl=252 time=240 ms
64 bytes from 10.    .98: icmp_seq=3 ttl=252 time=59.3 ms
64 bytes from 10.    .98: icmp_seq=4 ttl=252 time=61.5 ms
64 bytes from 10.    .98: icmp_seq=5 ttl=252 time=61.2 ms
^C
--- 10      98 ping statistics ---
5 packets transmitted, 5 received, 0% packet loss, time 4005ms
rtt min/avg/max/mdev = 59.367/331.980/1237.485/458.060 ms, pipe 2
//    fes1:/home/d5000       | % 
```

图 3.1－7　检查链路连接

图 3.1－8 表示 TCP 链路连接正常。

```
//    fes1:/home/d5000/      % netstat -an | grep 10.      98
2067:tcp        0      0 198.200.40.15:3002        10.      98:34379        ESTABLISHED
/    fes1:/home/d5000/      % 
```

图 3.1－8　检查链路连接正常

假如 TCP 链路连接正常，就需要检查主站配置，程序是否正常。

假如 TCP 链路连接不存在，PH（JM）101 规约的通道需要联系终端厂家排查为何终端不建立 TCP 链路连接。

IEC（JM）104 规约的通道，需要检查下终端 2404 端口连接是否正常，如图 3.1－9 所示。

```
//    fes1:/home/d5000/      % telnet 10.    .170 2404
Trying 10.8.4.170...
Connected to 10.8.4.170.
Escape character is '^]'.
Connection closed by foreign host.
//    fes1:/home/d5000/      % 
```

图 3.1－9　检查端口连接

该界面表示 2404 端口连接正常，其他界面都是端口连接不正常，需要联系终端解决。如果端口连接正常，则需要检查主站配置和程序。

3）该现象一般表示加密规约程序没读到证书，或者证书错误。到配网通道表找到该通道，将网络类型改为“人工调试”，保存后，再改回原来的网络类型或者重启加密规约程序（ssh ***fes1 / kp dfes_prot_jm101）。

如果修改通道表和重启加密规约程序没解决，需要到前置服务器/home/d5000/***/var/dfes/目录下检查该终端证书是否存在。如果不存在，则导入正常；如果存在，则可尝试重新导入一次证书。如果重新导入证书后仍然提示签名错误，则需要终端排查提供的证书是否正确或者在终端侧重新导入主站证书。

4）在终端侧检查参数设置，检查终端遥测刷新上送时间、死区值、零飘值设置是否合理。在主站前置通道表故障阈值参数调整。

4. 设备网络等故障处理

配电主站系统常见设备硬件故障和网络故障，需要针对具体问题进行具体处理。配电自动化主站硬件主要涉及服务器、交换机、工作站、正反向隔离装置、纵向加密认证装置等设备，在进行设备巡视时，可观察设备运行状态灯等，若出现运行灯异常、设备异响等，则需要进行专门的设备检查，对设备硬件进行更换维修。常见问题主要有硬盘储存容量满、设备板卡插件故障等。

设备若出现网络中断或者服务中断等问题，则需进一步检查交换机、服务器等网络端口配置，针对特有问题进行特定处理。

## 3.2 配电自动化终端故障处理

对于终端来说故障主要包括遥测、遥信、遥控、二次回路、电源、通信等几方面的故障。

### 3.2.1 终端遥测故障处理

遥测是电力系统远方监视的一项重要内容，包括线路上的电压、电流等测量值，遥测数据故障，主要有交流电压故障，交流电流故障和直流量故障等。

1. 交流电压采样故障处理

（1）故障现象。

交流电压某一相数值减少或者为零，或者线电压不平衡等。

（2）故障原因。

二次回路断线、电压互感器二次侧接线错误、采样板、CPU 板损坏、软件错误（系数）等。

（3）故障处理。

首先，判断电压故障是否属于电压二次回路问题，用万用表直接测量终端遥测电压输入端子排的电压值即可判断，如果测量发现二次输入电压故障，则应对电压互感器一次侧检查电压值，直至检查到电压互感器二次侧引出端子位置，若电压仍然故障，则可判定为电压互感器一次输出故障。

其次，如果在终端电压输入端子处，用万用表测量并无故障，则是遥测板、CPU 板、终端应用程序等故障，处理这种终端本体故障应按照先软件后硬件、先采样后核心板件的原则进行。

最后，如果是上送遥测数据故障，则还应检查转发表的参数配置。

注意：更换终端内部板件时，一定要对更换板件进行相应的参数配置，并且还应考虑板件是否支持带电插拔。

2. 交流电流采样故障处理

（1）故障现象。

交流电流某一相数值减少或者为零，以及线电流不平衡等。

（2）故障原因。

二次回路断线、电流互感器二次侧接线错误、采样板、CPU 板损坏、软件错误（系数错误）等。

（3）故障处理。

首先，判断电流故障是否属于电流二次回路问题，用钳形电流表直接测量终端遥测电流输入回路的电流值即可判断，如果测量发现二次输入电流故障，则应逐级向电流互感器一次侧检查电流二次回路，直至检查到电流互感器二次侧引出端子位置，若电流仍然故障，则可判定为电流互感器一次输出故障。

其次，如果测试发现二次输入电流正常，则应属于终端本体故障，包括遥测板、CPU 板、终端应用程序等故障，处理这种终端本体故障应按照先软件后硬件、先采样后核心板件的原则进行。

最后，如果是上送遥测数据故障，则还应检查转发表的参数配置。

注意：更换终端内部板件时，一定要对更换板件进行相应的参数配置，并且还应考虑板件是否支持带电插拔。因为交流电流的采样值是随负荷的变化而变化的，所以在检查过程中，一定要结合整条线路上下级的终端采样值进行比较核对，此外还要确定电流互感器的变比。

3. 直流量故障处理

配电终端的直流采样主要包括后备电源电压、直流 0～5V 电压或 1～20mA 电流的传感器输入回路。

（1）故障现象。

直流量数值错误。

（2）故障原因。

接线错误、直流采样板选用错误、温度变送器选用错误、软件错误等。

（3）故障处理。

1）判断是外部回路还是内部回路问题：如果是外部回路问题，可以解开，外部端子排，用万用表测量电压，如果输入的是电流，可以用钳形电流表直接测量。如果是内部回路问题，则需检查装置内部回路，了解从端子排直接到装置背板的直流采样过程。

2）对端子排的检查：查看端子排内外部接线是否正确、是否有松动、是否压到二次电缆表皮、有没有接触不良的情况。

3）对线路的检查：断开直流采样的外部回路，从端子排到装置背部端子，用万用表测量一下通、断电流判断线路是否有问题。

4）当直流 0～5V 电压或 1～20mA 的电流、温度、电阻回路、温度变送器没有问题时，可以直接更换直流采样板件。

### 3.2.2　终端遥信故障处理

遥信是一种状态量信息，反映的是断路器、隔离开关、接地开关等位置状态信息以及过电流、过负荷等各种保护信号量，遥信根据产生的原理不同，分为实遥信和虚遥信。实遥信通常由电力设备的辅助接点提供，辅助接点的开合直接反映出该设备的工作状态，虚遥信通常由配电终端根据所采集的数据通过计算后触发，一般反应设备保护信息、故障信息等。

1. 遥信信号故障的处理

（1）故障现象。

遥信缺失、某一遥信缺失、数据库信号与实际位置不符等。

（2）故障原因。

遥信电源、回路接线、软件配置、终端应用程序、遥信采样板或者 CPU 板故障等。

（3）故障处理。

1）遥信电源问题的处理。遥信电源故障会导致装置上所有遥信状态都处于故障，因此处理遥信信号采集故障，最先应检查遥信电源是否正常。

2）应判断信号状态故障是否属于二次回路的问题，可以将遥信的外部接线从端子排上解开，用万用表对遥信点与遥信公共端测量，带正电压的信号状态为 1，带负电压的信号状态为 0，如果信号状态与实际不符，则检查遥信采集路的辅助接点或信号继电器接点是否正常，端子排内外部接线是否正确，是否有松动，是否压到电缆表皮，有没有接触不良情况。

3）检查二次回路，判断外部遥信输入正常，应使用终端维护软件查看终端遥信采集值是否正常，若正常则可判定为配电主站侧遥信参数配置错误，否则应检查终端遥信参数配置是否正确，当检查发现终端遥信参数配置正确时，即可判定为终端本体故障。

4）终端本体故障可能是由于终端应用程序、遥信采样板或者 CPU 板故障引起的，处理终端本体故障应按照先软件后硬件、先采样后核心板件的原则进行。

注意：更换终端内部板件时，一定要对更换板件进行相应的参数配置。

2. 遥信故障抖动的处理

由于配网设备运行环境比较复杂，遥信信号有可能出现瞬间抖动的现象，如果不加以去除会造成系统的误遥信。

（1）故障现象。

操作开关或者某遥信点时，发出多个相同的遥信。

（2）故障原因。

接地不良、二次回路接线松动、电磁兼容性能差等。

（3）故障处理。

首先，检查接地，检查配电终端装置外壳和电源模块是否可靠接地，若没有接地则做好接地。

其次，检查设置，检查配电终端防抖时间设置是否合理，可以适当延长防抖时间 200ms 左右。

再次，检查二次回路，同时检查该二次回路连接点是否牢固，螺栓是否拧紧，压线是否压紧。

如果上面检查都无问题则将配电终端误发遥信的二次回路在辅助回路处进行短接后进行观察。主站观察监视该配电终端误信号，在二次回路短接之后，7 天内是否有继续发生遥信误报，如果遥信误报消失，则更换开关辅助接点后观察 7 天，如果遥信误报仍然存在，则可能配电终端存在电磁兼容性能不过关情况，需对配电终端重新进行电磁兼容性测试。

### 3.2.3　终端遥控故障处理

配电终端遥控信息故障主要是指配电终端对遥控选择、遥控返校、遥控执行等命令的处理故障。

1. 遥控选择失败

（1）故障现象。

遥控选择是遥控过程的第一步，是由配电主站向配电终端发选择报文，如果报文下发到装置后，装置无任何反应，说明遥控选择失败。

（2）故障原因。

五防逻辑闭锁、通信故障、就地位置、CPU 板件故障等。

（3）故障处理。

1）检查配电主站五防逻辑是否闭锁。

2）配电主站与配电终端之间的通信故障，可以在通信网管侧查看终端侧通信终端是否在线，应确保终端在线与主站通信正常前提下，进行遥控操作。

3）配电终端处于就地位置。

配电终端面板上有“远方/就地”切换把手，用于控制方式的选择，“远方/就地”切换至“远方”时可以进行遥控操作，切换至“就地”时只可以在终端就地操作，“远方/就地”切换至“就地”时就会出现遥控失败的现象，将其切“远方”即可。

如果以上都无问题判断是 CPU 板件故障。关闭装置电源，更换 CPU 板件。

2. 遥控返校失败

（1）故障现象。

遥控选择是遥控过程的第一步，是由配电主站向配电终端发选择报文，如果报文下发到装置后，装置无任何反应，说明遥控选择失败。

（2）故障原因。

遥控板件故障、遥控加密设置错误等。

（3）故障处理。

遥控板件故障会导致 CPU 不能检测遥控返校继电器的状态，从而发生遥控返校失败，可关闭装置电源，更换遥控板件。至于遥控加密设置错误，检查加密即可。

3. 遥控执行失败

（1）故障现象。

遥控执行是遥控过程的最后一步，是由配电主站向配电终端发选择报文，如果报文下发到装置后，装置形成返校后，装置不执行说明遥控执行失败。

（2）故障原因。

遥控执行继电器、端子排接线、开关机构故障等。

（3）故障处理。

1）检查遥控执行继电器，如果终端就地控制继电器无输出，则可判断为遥控板件故障，可关闭装置电源，更换遥控板件。

2）检查端子排，检查遥控回路接线是否正确，其中遥控公共端至端子排中间串入一个硬结点——遥控出口连接片，除检查接线是否通畅外，还需检查对应连接片是否合上。

3）若以上检查均无问题，则可判定为开关电动操作机构问题，需检查开关电动操作机构。

### 3.2.4 终端二次回路故障处理

1. 电流互感器二次回路开路故障

（1）故障现象。

电流互感器二次回路单相开路时，开路相无电流，导致二次设备采集的电流缺相，通常对于保护设备来说，由于三相电流不平衡，零负序电流长期存在会导致保护装置报装置故障信号，对于测量设备来说，由于电流缺相会导致监控潮流故障，更重要的是二次回路长期开路会造成电流互感器铁心饱和，引起铁心振动和发热，导致二次绝缘击穿，危及人身和设备安全。

（2）故障原因。

常见的电流互感器二次回路开路故障原因有，电流端子连片开路；二次电缆在端子排处错接入空端子；N 回路连片在端子排上开路；二次接线在保护装置背板后接线错误。

（3）故障处理。

首先应检查各保护、测控设备以及电能表的采样值是否故障，确定故障相后，应在各端子排和装置背板上检查连接处是否有明显断点和烧糊痕迹，如无明显痕迹可寻，应依次在端子排、设备背板处对故障相进行通流试验来查找断开点。如果断线发生在 N 回路接线时，在正常运行时由于三相电流平衡，N 回路断线难以发现，只有在发生不对称短路时，N 回路中产生的不平衡电流无法流动才会体现出来，只有通过通流时加入单相电流进行检查才能发现。

2. 电压互感器二次回路短路故障

（1）故障现象。

电压互感器二次回路短路时，会导致二次设备采集的电压缺相。通常对于保护设备来说，由于三相电压不平衡，会导致保护设备报 TV 断线装置故障信号，对于测量设备来说，由于电压回路短路，调度端监视到电压为零，会导致监控潮流故障，更为严重的是，如果电压互感器二次短路发生在零序电压回路，由于该回路正常运行时无不平衡电压，不对称故障时才会感应零序电压，所以正常运行时零序回路短路基本无法监测，但是不平衡故障时产生的零序电压在短路情况下会导致电压互感器饱和，二次回路流过大电流烧毁电压互感器。

（2）故障原因。

电压互感器短接的情况常发生在零序回路上，由于零序电压回路是由三相电压回路串接组合而成，常常发生零序电压 L630 与 N600L 电缆被短接。

（3）故障处理。

电压互感器三相回路短接时，首先查看保护测量设备的采样值是否故障，确定故障相后，首先从电压互感器远端开始沿着电缆走向向末端排查，依次在各接口端子排和装置背板上解开对接电缆，然后用万用表测量解开末端电缆后，源端侧的电压互感器电压是否恢复，如果电压恢复，那么短路点在后一级回路上，如果仍未恢复，那么短路点应在上一级和本级回路之间。

3. 直流回路短路接地故障

（1）故障现象。

直流回路发生接地时，直流回路对地绝缘电阻值降低，可能会导致保护装置电源达不到电压标准值范围而引起装置故障。

（2）故障原因。

直流接地常常发生在雨天，一次设备机构环网柜因潮湿进水导致电缆绝缘能力降低而引起接地故障发生，也存在由于电缆破损或者寄生回路靠接屏柜导致接地发生。

（3）故障处理。

根据接地现象采取分级排查原理，例如开闭站的直流接地的查找，首先应检查直流绝缘巡检仪上报的接地支路，然后确认采用该支路电源的二次电缆敷设情况，通过拉开下级空气断路器的方法来检查绝缘是否恢复，如果绝缘恢复则可确定接地故障发生在该空气断路器的下级回路上，合上该空气断路器后再逐个拉开下级空气断路器，检查绝缘是否恢复来确认接地故障在哪个空气断路器下，当确定到空气断路器后，再结合现场设备的实际运行情况，通过各信号操作回路的定义，用万用表测量各二次电缆的电位是否与实际一致，如果发现某二次电缆电位故障，在端子箱和主控室断开两端电缆，检查绝缘是否恢复，如果是由该电缆引起，首先判断是否是因天气原因或破损接地导致，若为天气导致则用电吹风进行烘干，若为寄生回路或破损接地导致则剔除寄生回路，包裹破损部位。

4. 控制回路断线故障

（1）故障现象。

控制回路断线时，保护设备装置报告警信号，同时监控后台报“控制回路断线”告警信号，在配电终端处监视不到开关位置。

（2）故障原因。

控制回路断线发生的原因较多，开关 $SF_6$ 气压低，操作回路继电器烧毁、弹簧未储能、操作电源消失等情况都会引起控制回路断线故障发生。

（3）故障处理。

处理此类故障时，首先在监控后台调出控制回路断线信号发生时，伴随发生的相关告警信号，如果同时发生的有 $SF_6$ 气压低告警、弹簧未储能、操作电源消失等信号，那么可以先排查控制回路断线告警是否由上述信号导致的，如无相关信号发生，那么需要检查操作回路是否有故障，先用万用表检查合闸回路和跳闸回路是否电位正常。当开关在合位时跳闸回路应带负电，当开关在分位时，合闸回路应带负电，如果电位正常，那么故障点应在操作板上，对操作板进行更换，如果电位不正常，那么故障点应在开关机构处，需按照二次回路接点依次进行进一步的检查，最终确定故障是由操作回路上哪一个元件引起的。

### 3.2.5 终端电源故障处理

常见的电源回路故障，主要包括主电源回路故障和后备电源故障，针对以下各类故障情况，分析原因并提出相应的解决办法。

1. 主电源回路故障

（1）故障现象。

主电源缺失。

（2）故障原因。

主电源回路故障包括交流回路故障、电源模块故障等。

（3）故障排查。

分别测量电压互感器柜、终端屏柜接线端子电压，以确定问题所在。

1）检查交流空气断路器是否跳闸或者熔丝是否完好，若两者都没问题，检查电源回路是否有故障。

2）若空气断路器正常，检查确认电压互感器所在线路是否失电。若线路有电，依次排查电压互感器柜侧二次端子是否有电，终端屏柜侧端子排是否有电，空气断路器导线是否松动，以及中间继电器是否正常等。

3）检查电源模块输入正常但输出故障，则需检查电源模块接线和模块本身是否损坏。

2. 后备电源回路故障

（1）故障现象。

主电源断开后不能切换到后备电源。

（2）故障原因。

蓄电池本体故障、AC/DC 电源模块、后备电源管理出现故障。

（3）故障排查。

查看蓄电池接线是否松动，蓄电池是否有明显漏液或损坏；查看蓄电池输出电压是否正常，是否存在“欠电压”，如果蓄电池无接触不良或损坏，电压正常，则可判定为 AC/DC 模块故障。

### 3.2.6 终端通信故障处理

配电终端通信通道故障表现为主站与终端无法正常通信，引起终端掉线或者频繁投退。通信信道故障可能是由于物理通信链路出现故障造成的，也可能是由通信设备或配置不当造成的，配电终端通信故障原因比较多样化，需要分段排除。

1. 故障现象

主站与终端不能进行通信。

2. 故障原因

配电主站到通信主站核心交换机、通信主站与终端侧通信终端、配电终端通信接口等故障。

3. 故障处理

（1）维护人员应核查通信网管理系统，核查通信终端是否有故障告警信息，对于单个配电终端通信故障可由现场运维人员到现场检查终端网口是否正常通信，网线是否完好，网络交换机工作是否正常，还要检查网络参数配置是否正确，是否正确配置路由器，合理分配通信用 IP、子网掩码及正确配置网关地址。对于某条线路出现终端同时掉线的情况，可通过网管系统是否出现 OLT 设备故障告警信息判断，若无则可判定为通信光缆被破坏，需要通信运维人员到现场进行确认，并尽快恢复。对于主站系统内所有终端出现同时掉线的情况，基本可判定配电主站到通信主站之间的链路或核心交换机设备故障，应由主站运维人员与通信运维人员协同处理。

（2）针对 RS232 通信口通信失败现象，应确认通信电缆是否正确并与通信口（RS232）接触良好。使用终端后台维护工具通过维护口确认通信规约、波特率、终端站址配置正确。若通信仍未建立，则立即按复位按钮持续大约 2s，使终端复位。

（3）确认通信电缆正确并与网络口（TCP/IP）接触良好，可观察网络收发及链路指示灯是否正常。使用 USB 维护口工具读取 IP 设置，确认 IP 配置的正确性。通过 PC 机，采用 ping 命令测试设备网络是否正常，若通信仍未建立，立刻按复位按钮持续大约 2s，使终端复位。

## 3.3　配电自动化通信系统故障处理

### 3.3.1　光纤专网通信故障处理

1. 故障现象

光纤专网通信故障多为光路故障和 ONU 设备故障，主要是看面板指示灯是否正常。

（1）ONU 设备故障：看面板指示灯说明，见表 3.3－1。

表 3.3－1　　面板指示灯说明

| 面板指示灯 | 故障 |
| --- | --- |
| 电源（POWER）绿灯长亮 | 设备电源开启 |
| 电源（POWER）绿灯灭 | 设备电源关闭 |
| LOS 灯灭 | PON 口接收光功率正常 |
| 橙灯闪烁 | PON 口无光或者光功率低于接收灵敏度 |
| PON 口（PON）绿灯长亮 | 设备完成发现和注册 |
| PON 口（PON）绿灯闪烁 | 设备未做数据 |
| PON 口（PON）绿灯不亮 | PON 口无光或者光功率低于接收灵敏度。LAN1、LAN2、LAN3、LAN4 是电口，TEL1、TEL2 是语音口 |

（2）光路故障：看 PON 灯状态，PON 灯绿色常亮表示光路正常，PON 灯灭表示光路断，同时 LOS 灯会显示橙色。

2. 故障原因

光功率合格范围（1310nm 挡）为－8～－24dB，如果超出范围，会影响 ONU 正常工作质量，用户上网会受到影响。

3. 故障处理

（1）看 ONU 设备运行是否正常（设备面板指示灯是否正常），设备运行正常后再查找其他原因。

（2）用光功率表测试光路，检查上一级光路，到光缆交接箱测试故障用户光缆所对应的分光器尾纤：

1:2 路分光器衰减为 – 3dB。

1:4 路分光器衰减为 – 6dB。

1:8 路分光器衰减为 – 9dB。

1:16 路分光器衰减为 – 12dB。

1:32 路分光器衰减为 – 15dB。

1:64 路分光器衰减为 – 18dB。

1）如果分光器尾纤输出光功率合格，请更换光缆交接箱到楼宇之间的纤芯，一般从交接箱到楼宇至少要敷设两条纤芯，更换完毕再到末端测试，如果是分光器出来的尾纤光功率不合格，请更换合格的尾纤接到楼宇尾纤上。

2）如果是光路故障：首先拔下 ONU 上尾纤测试光功率，若无光或者功率不合格，则需到光缆交接箱法兰盘上找到该 ONU 对应的分光器 1～32 条尾纤中的那条，从法兰上拔下尾纤测试光功率，如果该条尾纤不合格，更换 1～32 条其中任意一条闲置尾纤即可。切记：分光器主纤不能拔，它会影响全部 ONU。

### 3.3.2 无线专网通信故障处理

1. 故障现象

（1）CPE 设备无法正常启动。

（2）CPE 信号强度过低原因。

（3）CPE 扫描的 SSID 值高、网络质量很差。

（4）CPE 电脑 PING 设备地址丢包、延时大。

（5）CPE 拨号不能上网出现错误代码 678。

（6）CPE 用户经常掉线、速度慢。

2. 故障原因

（1）造成 CPE 设备无法正常启动的原因。

1）无线 CPE 设备到 POE 模块间的网线长度超过 40m。

2）网线的质量没有达到超 5 类线标准。

3）网线的水晶头压接不牢固或线序错误。

（2）造成 CPE 信号强度过低的原因。

1）无线 CPE 未能与 AP 可视，有较大的掩体。

2）无线 CPE 的平面板未正对 AP。

3）无线 CPE 安装在窗户上，易造成平面干扰。

（3）造成 CPE 扫描的 SSID 值高、网络质量很差的原因是周围环境存在多个严重干扰。

（4）造成 CPE 电脑 ping 设备地址丢包、延时大的原因。

1）AP 上没有开启客户端隔离。

2）连接同一个 PoE 交换机下的 AP 间没有做端口隔离。

3）网线水晶头压接不良。

（5）造成 CPE 拨号不能上网出现错误代码 678 的原因是本地连接到认证服务器的逻辑链路断开。

（6）造成 CPE 用户经常掉线、速度慢的原因。

1）AP 的接入用户过多。

2）AP 信号弱。

3）周围环境存在多个严重干扰信号，CPE 与 AP 没有做绑定。

4）检查用户数量及上一级网络带宽是否达到饱和。

3. 故障处理

（1）CPE 设备无法正常启动。

1）若无线 CPE 设备到 PoE 模块间的网线长度超过 40m，则应该尽量使用短网线进行测试，若正常，则改走线方向或中间增加交换机或其他信号增强设备。

2）若网线的质量没有达到超 5 类线标准，则应改用优质的超 5 类、6 类网线。

3）网线的水晶头压接不牢固或线序错误，重新按规范制作水晶头。

（2）CPE 信号强度过低。

1）无线 CPE 未能与 AP 可视，有较大的掩体，则寻找更优安装位置，重新安装。

2）无线 CPE 的平面板未正对 AP，重新调整平面板位置。

3）无线 CPE 安装在窗户上，易造成平面干扰，此时应重新调整安装位置。

（3）CPE 扫描的 SSID 值高、网络质量很差。

周围环境存在多个严重干扰，则尽量选择干扰较小的频段或换装至其他干扰较少的地方。

（4）CPE 电脑 ping 设备地址丢包、延时大。

1）在 AP 上需开启客户端隔离。

2）连接同一个 PoE 交换机下的 AP 间做端口隔离。

3）网线水晶头压接不良，则应重新按网线水晶头压接规范重新进行压制。

（5）CPE 拨号不能上网，且出现错误代码 678。

将本地连接到认证服务器的逻辑链路断开，重新进行拨号连接，直至拨号成功，或查询服务器侧是否有异常。

（6）CPE 用户经常掉线、速度慢。

1）AP 的接入用户过多，调整 AP 的接入用户数或增加 AP。

2）AP 信号弱，增加发射功率或调整安装位置、距离等。

3）尽量避开周围环境存在的多个严重干扰信号或更改安装位置。另外，需做好 CPE 与 AP 的相互绑定。

4）检查用户数量及上一级网络带宽是否达到饱和，若饱和，则增加相应的网络通路。

### 3.3.3 无线公网通信故障处理

1. 故障现象

终端不在线；终端在线率低，终端加密模块指示灯异常。

2. 故障原因

故障原因见表 3.3－2，无线公网加密终端指示灯含义如图 3.3－1 所示。

表 3.3－2　　故　障　原　因

<table>
<tr><td rowspan="5">4 个灯</td><td rowspan="5">快闪（间隔 1s）<br>慢闪（间隔 3s）</td><td>指示灯</td><td>常亮</td><td>慢闪</td><td>快闪</td></tr>
<tr><td>电源灯</td><td>正常工作</td><td>拨号失败，无法获取 IP</td><td>SIM 卡无法识别</td></tr>
<tr><td>告警灯</td><td>证书错误</td><td>加密芯片错误</td><td>隧道不通</td></tr>
<tr><td>数据灯</td><td colspan="3">数据收发一次，闪烁一次</td></tr>
<tr><td>网络灯</td><td>启动中</td><td>正常工作</td><td>拨号中</td></tr>
</table>

3. 故障处理

（1）观察通信模块指示灯是否正常：若电源灯不亮，需检查串口是否松动或是否有电压输入；若串口无电压输入，需检查串口线或通信管理机是否故障。

（2）用电脑连接模块调试口，检查通信模块：若无法连接通信模块则可能模块故障，需尝试更换模块。网口连接优先使用网口进行调试（修改电脑 IP 跟模块同网段进行连接）。

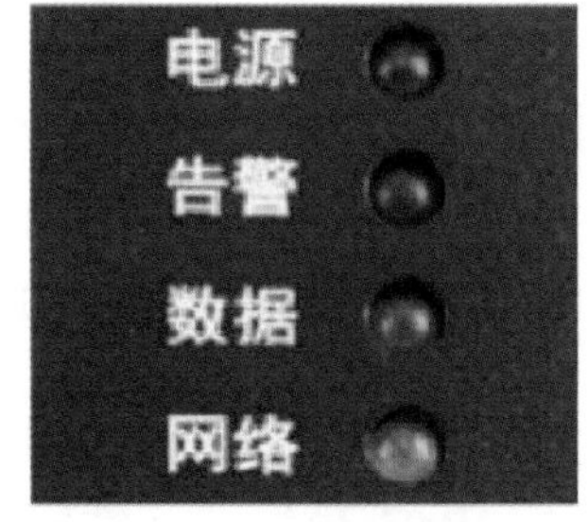


图 3.3－1　无线公网加密终端指示灯含义

串口连接，使用 RS232 串口线接模块调试串口（115200）。无线公网加密终端参数配置图如图 3.3－2 所示。

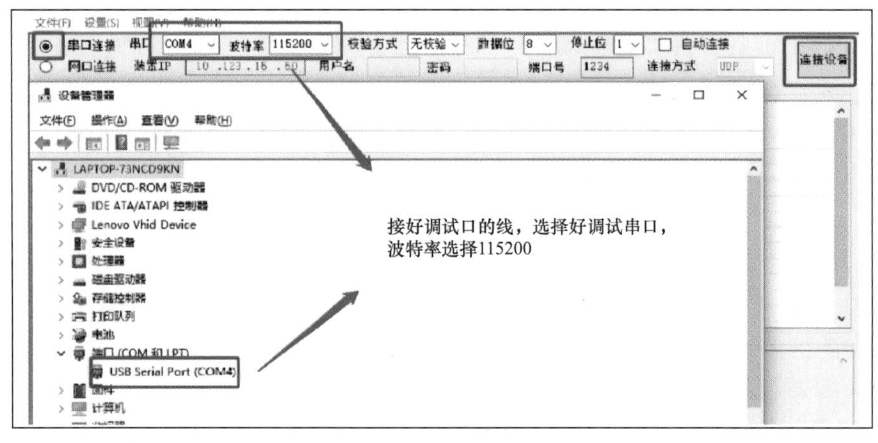


(a)

图 3.3－2　无线公网加密终端参数配置图（一）

（a）串口连接参数配置图

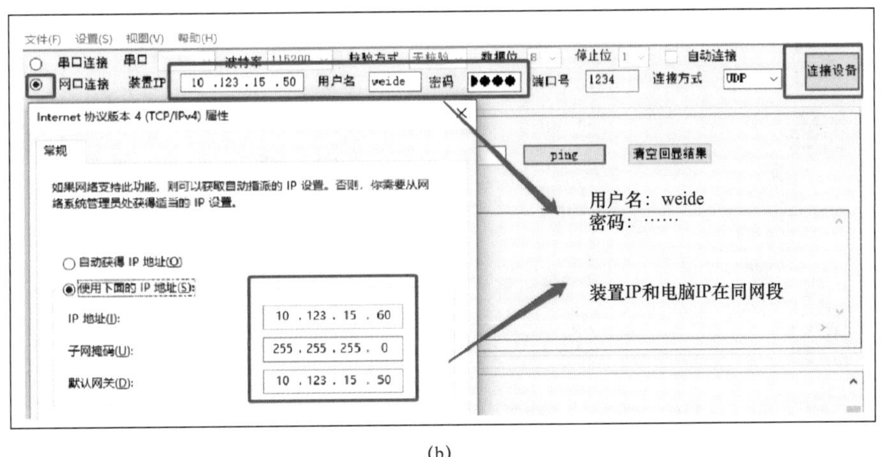


(b)

图 3.3－2　无线公网加密终端参数配置图（二）

（b）加密参数配置图

（3）查看通信卡读卡信息：若读卡失败则可能是通信卡故障或异常，尝试更换电话卡。无线公网加密终端 SIM 卡状态图如图 3.3－3 所示。

（4）查看通信模块配置信息：若发现模块参数有误，需重新导入正确配置文件。无线公网加密终端参数重新导入配置图如图 3.3－4 所示。

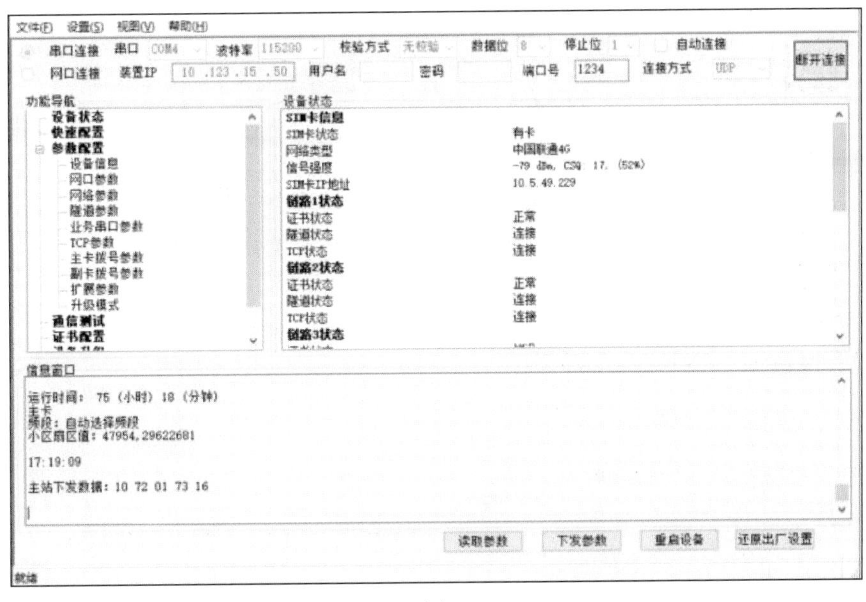

(a)

图 3.3－3　无线公网加密终端 SIM 卡状态图（一）

（a）电话卡读卡正常

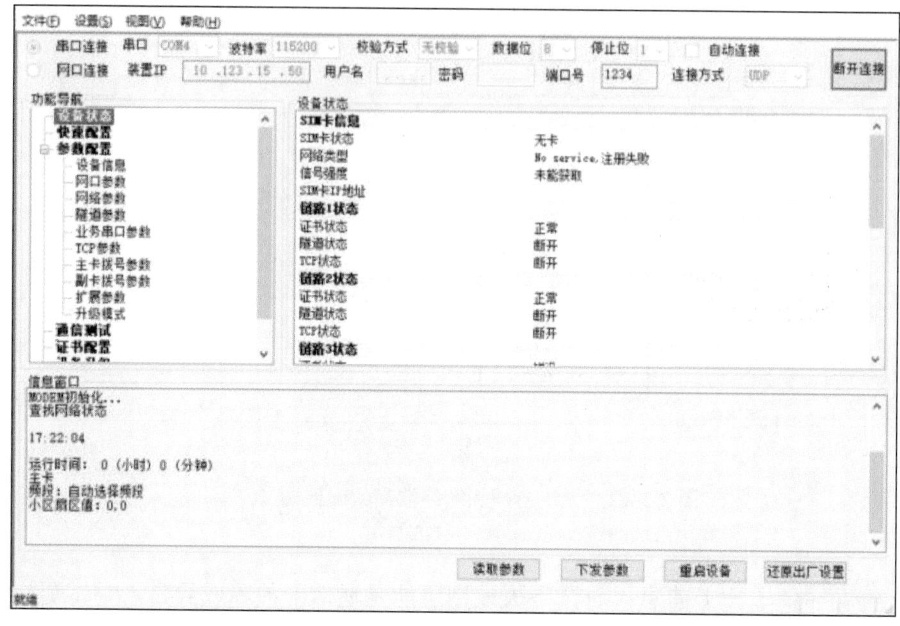


(b)

图 3.3－3　无线公网加密终端 SIM 卡状态图（二）

（b）电话卡读卡失败

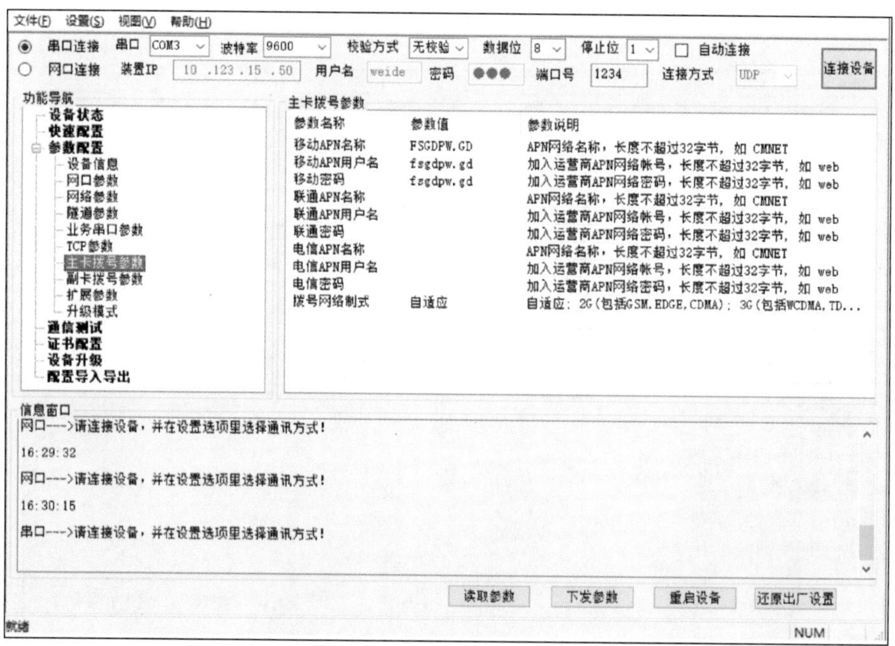


(a)

图 3.3－4　无线公网加密终端参数重新导入配置图（一）

（a）主卡拨号参数

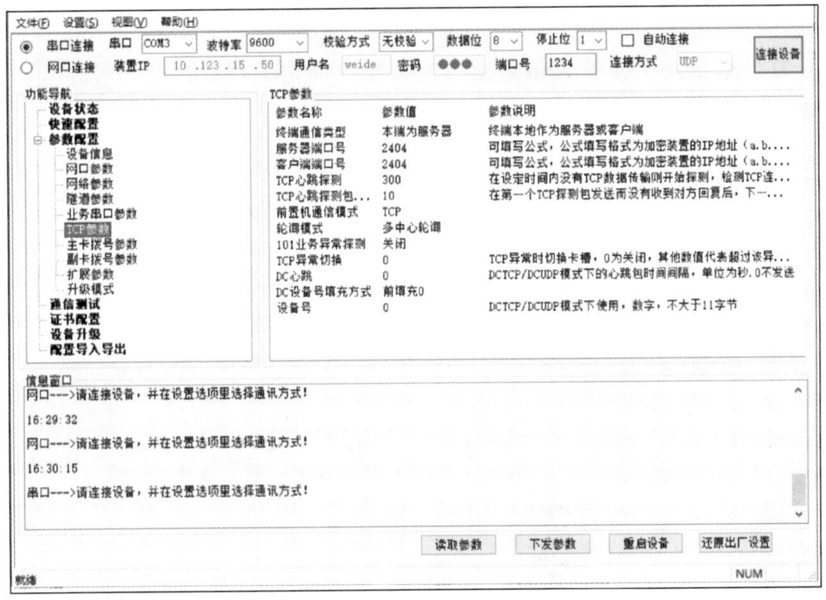


(b)

(c)

图 3.3－4　无线公网加密终端参数重新导入配置图（二）

（a）TCP 参数；（b）导入参数配置文件

（5）检查通信隧道状态：若隧道异常，需重新申请签发证书，并联系主站检查隧道是否添加策略。

（6）查看软件信息窗口：若显示 TCP 拒绝连接，需检查主站数据库是否与终端一致、检查终端端口号配置是否正确；若频繁显示 TCP 重置连接，需通过模块的通信测试功能 ping 主站前置机 IP，确保网络能到主站前置机；若显示 TCP 连接超时，需通过 ping 前置机检查网络状况。

（7）查看软件信息窗口：若显示主站下发报文、终端无回复，则一般为控制器链路设置错误、接线错误、波特率不一致、规约设置问题。

（8）查看软件信息窗口：若显示报文有交互却突然中断，则一般为主站检测到控制器回复错误的报文，就会重置 TCP 连接，重新建立链路；若报文有交互但主站不上线，一般为控制器规约设置问题。

（9）检查模块版本：若不是最新版本，则需要进行升级。无线公网加密终端软件升级示意图如图 3.3－5 所示。

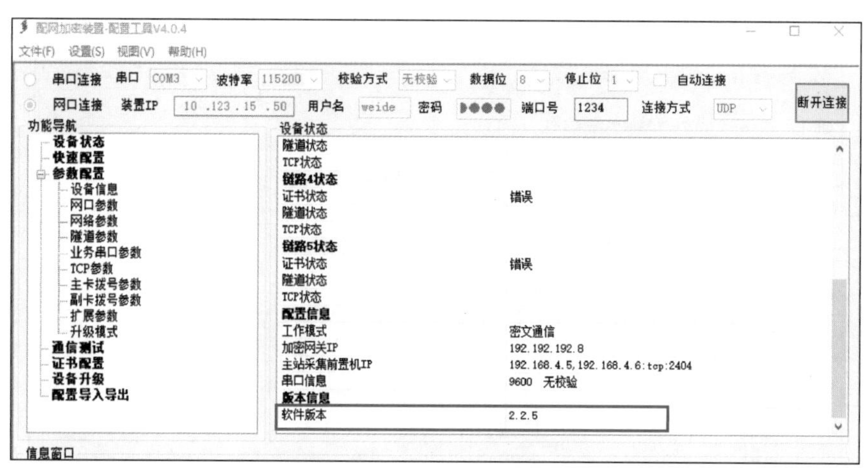

(a)

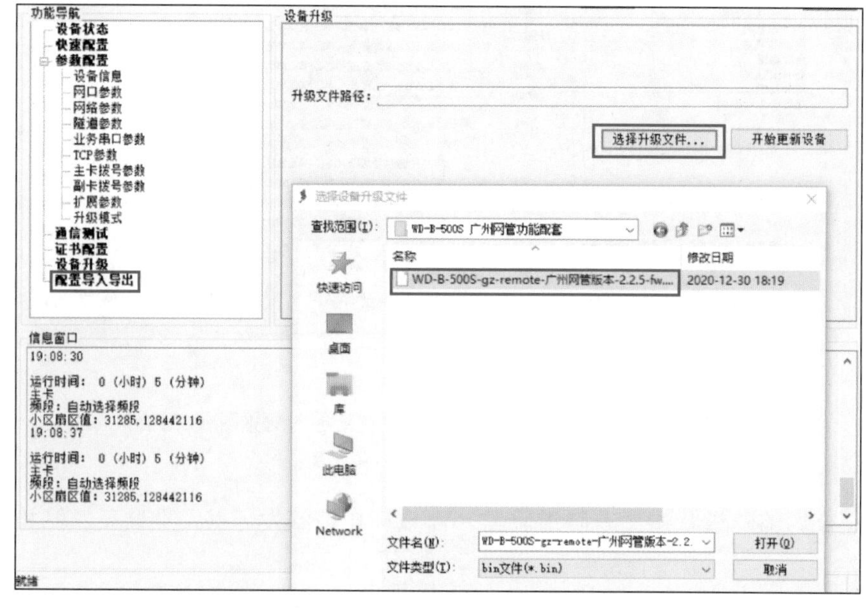

(b)

图 3.3－5　无线公网加密终端软件升级示意图（一）

（a）检查加密终端软件版本；（b）升级加密固件程序

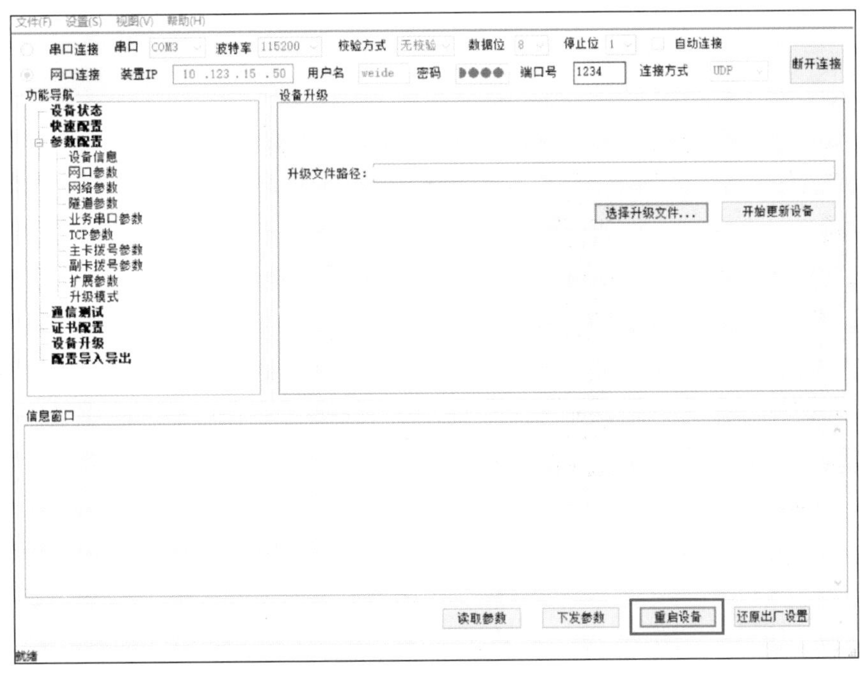


(c)

图 3.3－5　无线公网加密终端软件升级示意图（二）

（c）升级完成后需重启装置

（10）检查通信通道质量：若运营商信号差，可申请更换使用其他运营商通信卡；若模块频繁拨号，可强制切换至 2G 或 4G 通道。无线公网加密终端信号质量分析示意图如图 3.3－6 所示。

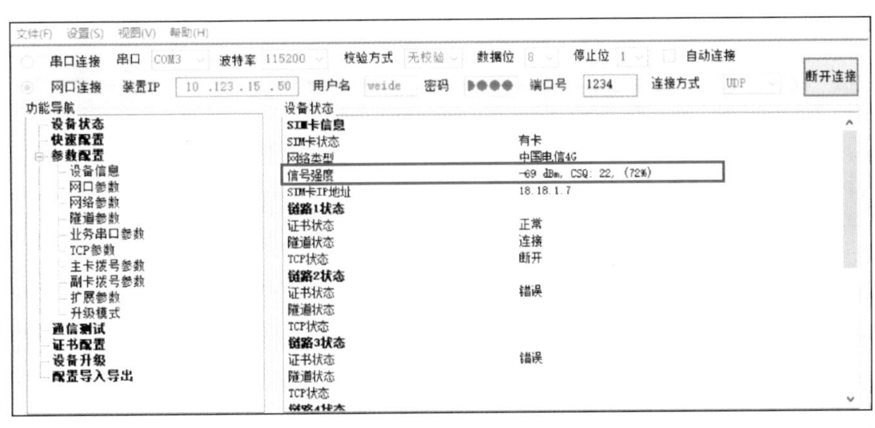


(a)

图 3.3－6　无线公网加密终端信号质量分析示意图（一）

（a）检查通道信号强度

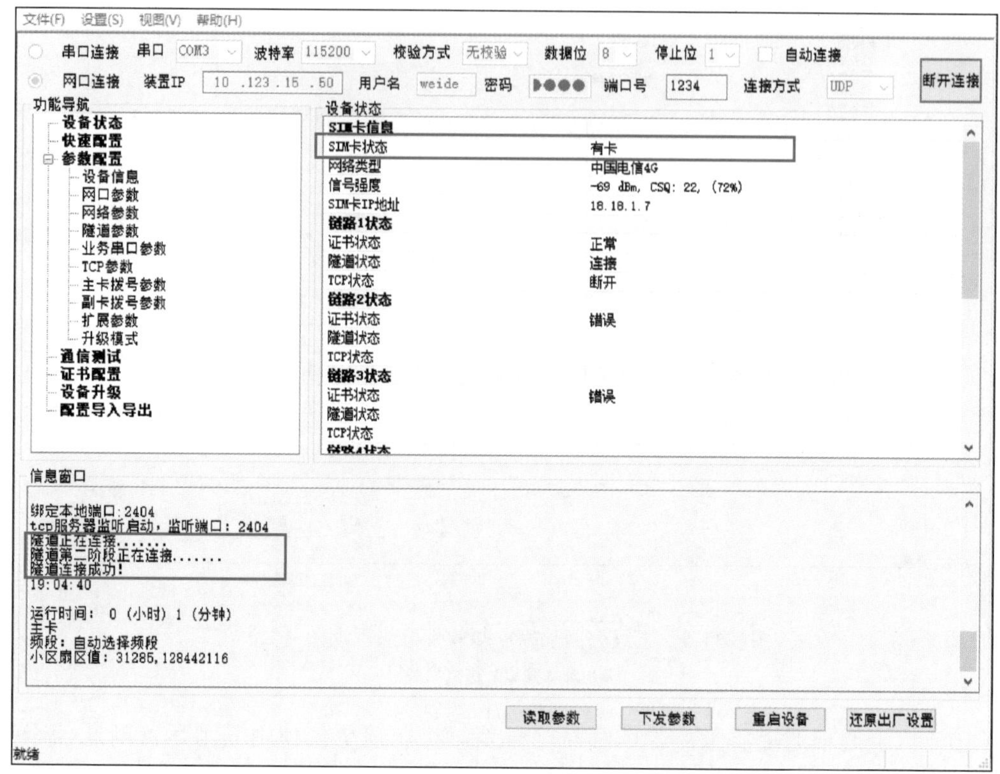


(b)

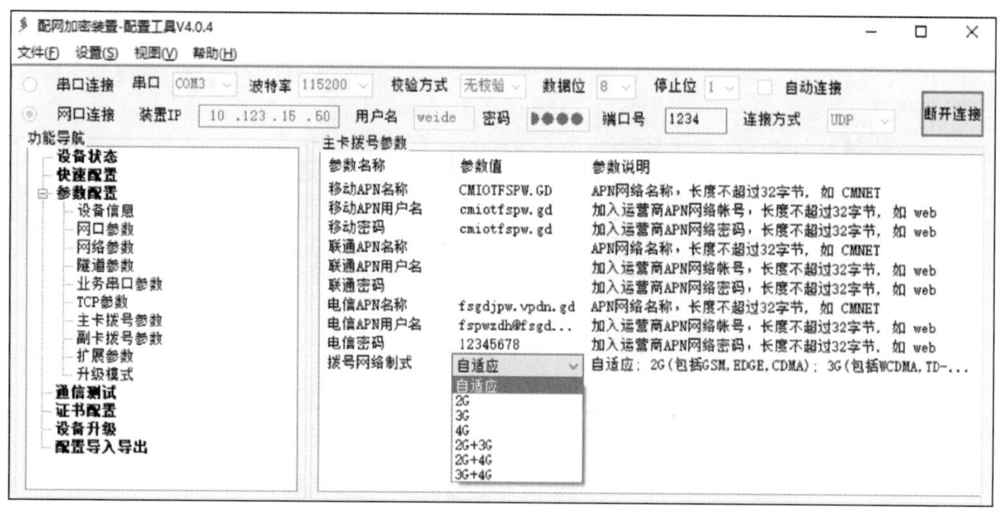


(c)

图 3.3-6 无线公网加密终端信号质量分析示意图（二）

（b）检查模块隧道建立；（c）强制切换模块通信信道

### 3.3.4　电力线载波通信故障处理

1. 故障现象

由于诸多外界因素的影响以及元器件的自然老化，电力载波通信设备在运行过程中，必然会发生故障或者损坏。

2. 故障原因

电力线载波机发生故障的原因有很多，具体情况需要具体分析。因此维修人员必须掌握载波机故障的检查方法，熟悉常见故障的类型。在日常运维过程中，电力载波通信设备产生故障的主要原因有：

（1）电源系统的故障。

（2）公共电路故障。

（3）RXD 和 TXD 数据信号连接接线故障。

（4）载波机参数设置故障。

（5）载波机与终端设备网络连接故障。

3. 故障处理

（1）电源系统的故障。

电源系统的故障应检查电源输入公共电路是否存在故障。

（2）公共电路故障。

载波电路出现故障时，在两端设备供电正常的条件下，根据设备液晶屏主菜单所显示的状态，判断本地与远端设备是否正常连接。

在对端设备带电工作正常的条件下，根据以上设备状态显示情况，若判断电路未连接，应检查公共电路是否正常，包括：载波通道电力线路是否处于检修断开或挂接地线状态；结合滤波器接地开关是否打开（正常状态下该接地开关为打开状态）；连接载波设备的高频电缆是否发生故障。

（3）RXD 和 TXD 数据信号连接接线故障。

设备连接正常，但两端不能传输数据处理办法：RXD 是数字终端发出的数据 TXD 是外部设备发出的数据。当外接设备为数据终端设备（Data Terminal Equipment，DTE），数字终端的信号与 DTE 的信号一一对应时，即 RXD 对 RXD，TXD 对 TXD；当外接设备为数据线路终端设备（Data Circuit-terminating Equipment，DCE），数字终端与 DCE 设备相连时，收发信号应交叉，即 RXD 对 TXD，TXD 对 RXD。

（4）设备参数配置故障。

由于数字电力线载波机有集成化、数字化、智能化的特点，设备参数设置和配置决定了设备能否正常工作。若出现载波通信不通的情况，则应根据实际应用情况检查节中接口参数的配置。常见设置错误有数码极性、波特率、中心频率及频偏等参数设置错误。

（5）载波机与终端设备网络连接故障。

设备连接正常，但两端与终端设备之间不能传输数据，网络连接异常，通常的处理办法是用已检验正常的网络连接线、测试电脑等设备，对终端设备、载波机进行分别连接，确认网络连接故障点。

### 3.3.5 光缆故障处理

1. 故障现象

线缆线路常见的障碍现象有：

（1）一根或几根光纤原接续点损耗增大。

（2）一根或几根光纤衰减曲线出现台阶。

（3）一根光纤出现衰减台阶或断纤，其他完好。

（4）原接续点衰减台阶水平拉长。

（5）通信全部阻断。

2. 故障原因

（1）光纤接续点保护管安装问题或接头盒漏水。

（2）光缆受机械力扭伤，部分光纤断裂但尚未折断开。

（3）光缆受机械力影响或由于光缆制造原因造成。

（4）在原接续点附近出现断纤障碍。

（5）光缆受外力影响挖断、炸断或塌方拉断。

（6）供电系统中断。

3. 故障处理

配网光缆故障定位主要是根据故障情况判断哪条光缆发生故障中断，然后通过 OTDR、通信 GIS 系统等查找断点位置。

（1）根据故障现象判断哪条光缆故障中断。

配网运维人员接到网管通知有光路中断，需考虑光缆中断可能，且依据中断的具体光路，迅速判断出哪条光缆存在故障。示例如图 3.3－7 所示。

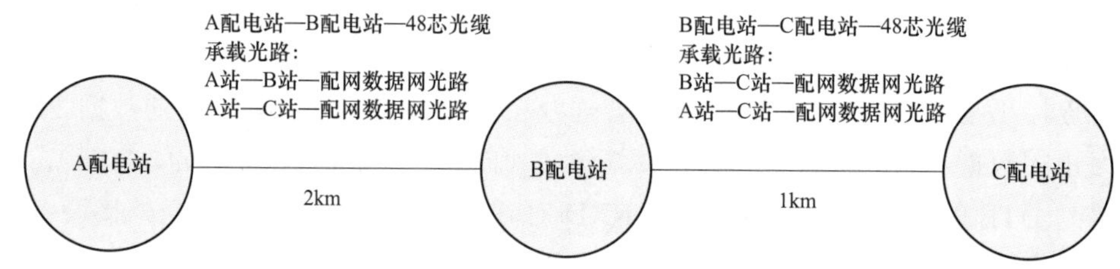


图 3.3－7 光缆光路示意图

若运维人员接到网管通知 A 站—B 站—配网数据网、A 站—C 站—配网数据网光路中断，则可判断是 A 配电站—B 配电站—48 芯光缆中断。

若运维人员接到网管通知 B 站—C 站—配网数据网、A 站—C 站—配网数据网光路中断，则可判断是 B 配电站—C 配电站—48 芯光缆中断。

（2）确认光缆中断点。

判断出哪条光缆中断后，例如图 3.3－8 所示，假设 A 配电站—B 配电站—48 芯光缆中断，我们安排一组人员前往 A 配电站，在 A 站使用 OTDR 测试光缆（一般为明确故障地点，建议将光缆空余纤芯全部测试一遍），若发现光缆纤芯全部在同一地点中断，如图 3.3－8 所示，则可判断光缆在此处中断，且故障点距离测试点 A 站为 10.27km。

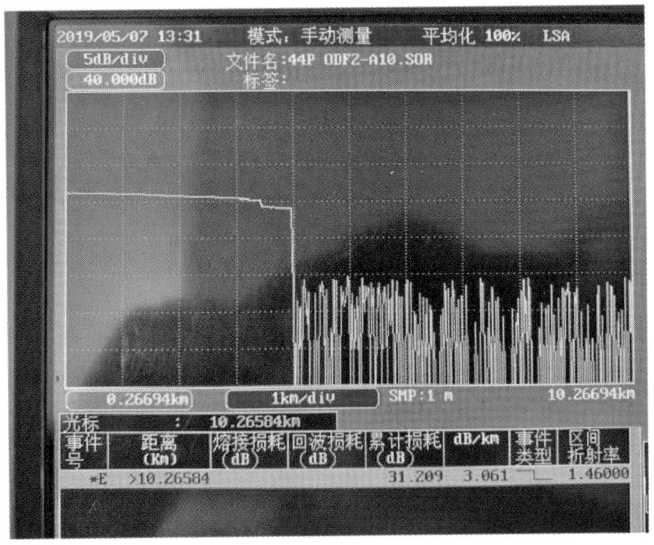


图 3.3－8　光纤 OTDR 测试曲线

部分情况下光缆故障可能只是中断一部分纤芯，此时光缆上承载的光路只有部分中断，无法直接判断具体是哪条光缆中断，针对此种情况需通过 OTDR 判断故障光缆。例如 A 站—C 站—配网数据网光路中断，从图 3.3－11 中可以看到该条光路经过两条光缆，若在 A 站使用 OTDR 测试该条光路所在纤芯，发现纤芯在 2.5km 处中断，由于 A 配电站—B 配电站—48 芯光缆长 2km，则可判断故障原因为 B 配电站—C 配电站—48 芯光缆中断，且中断距离大约为至 B 配电站 0.5km 处。

（3）根据中断距离确认光缆大致在何处中断。

近几年新建的配网光缆全部是管道光缆，常见中断原因是外力施工破坏、小动物咬伤及光缆盘缆弯曲半径过小导致弯折等。

配网光缆投运之后会全部录入通信 GIS 系统中（图 3.3－9）。

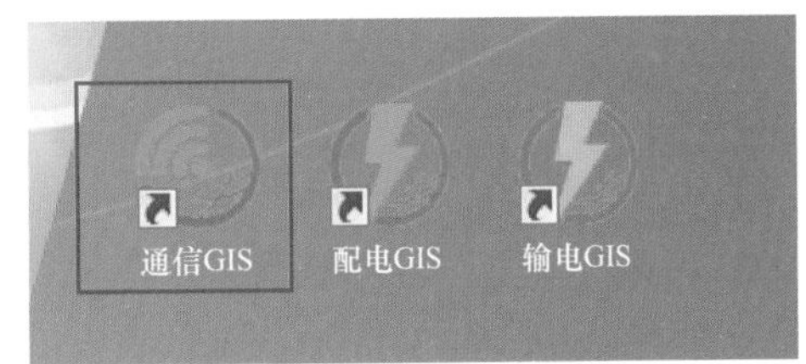


图 3.3－9　通信 GIS 系统

依据 OTDR 测试得到的故障点，我们可进入通信 GIS 系统，通过距离量测判断出故障点大致在什么位置，如图 3.3－10 所示，故障光缆为绿色，选取 OTDR 测试的故障点距离 W116 公用配电站约 500m，点击“工具”—“距离量测”，在图上找到距离 W116 公用配电站 500m 大致在什么位置，然后安排人员前往该地点，进行现场勘查。另外，需要注意光缆在图上是否标注有盘留（如图 3.3－11 所示蓝色圆圈标注，图 3.3－12 为盘留现场实际图），盘留意味着光缆在此处盘了十几圈作为余缆备用，假如故障光缆在距 W116 公用配电站 500m 范围内有盘留，则实际故障点距 W116 公用配电站约 400m。

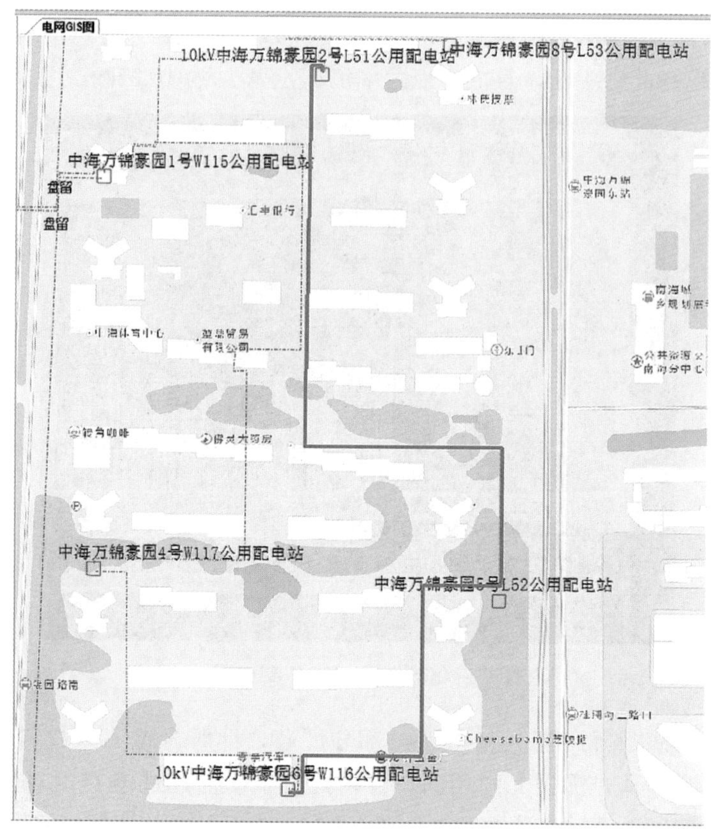


图 3.3－10　通信 GIS 光缆走向图 1

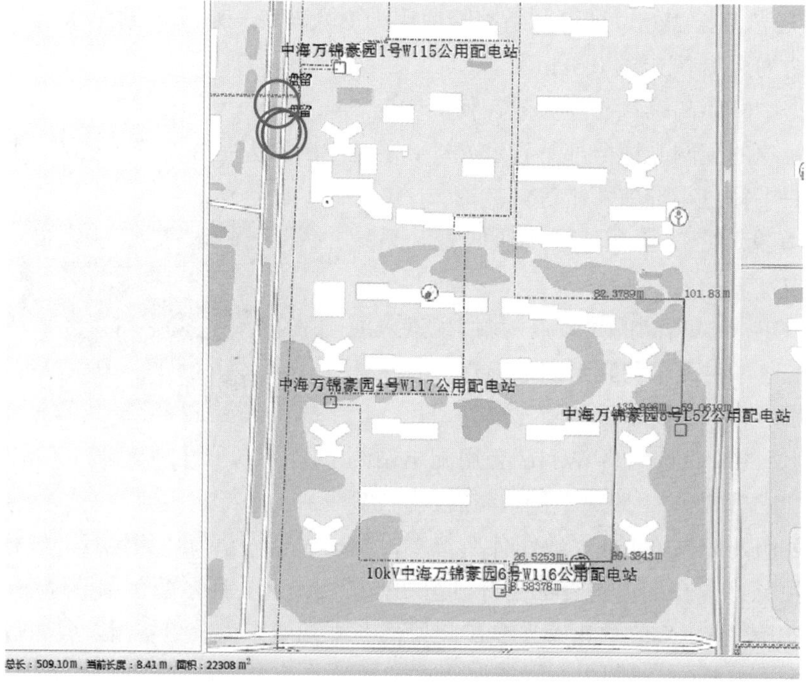


图 3.3－11　通信 GIS 光缆走向图 2

（4）前往现场查找故障点。

安排人员前往3.3.5中“3. 故障处理”的步骤（3）所示地点，沿电缆沟在附近地点进行检查，若存在施工则极大可能是由于施工破坏导致光缆中断（图3.3－13）。

图3.3－12　光缆井光缆盘留实际图

图3.3－13　光缆外力破坏点示意图

若附近地面没有施工迹象则判断可能是光缆弯折或被小动物咬断，如图3.3－14所示，A配电房—B配电房光缆中断，OTDR测试距离A配电房500m处光缆中断（图中红叉标注位置），现场附近确认无施工，中断点附近勘查确认有A、B两个电缆井，根据图中距离判断故障点在A、B两个电缆井之间，常见处理方法是在B电缆井处将光缆剪断，一般建议此时在A配电房处用OTDR再进行测试，确认故障点距离不变，防止出现光缆中断点在B电缆井—B配电房之间的情况出现。然后在A电缆井处将光缆抽出，检查光缆就可找到故障点。

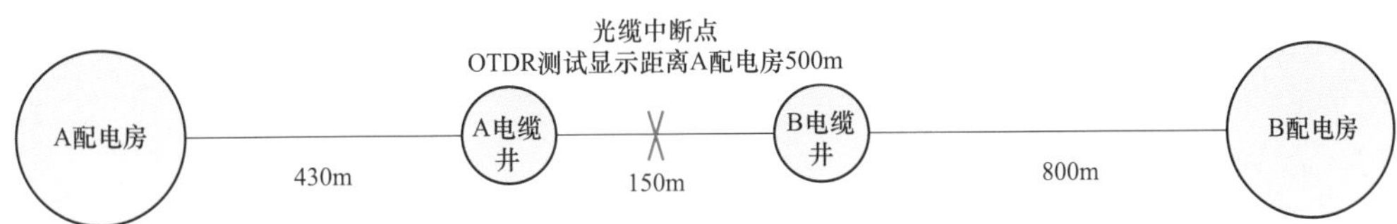


图3.3－14　光缆光路中断点示意图

（5）作业终结。

找到光缆故障点后，班组后续需联系维保单位进行光缆修复，同时配合进行光缆熔接完成后的测试及业务恢复工作。

## 3.4 配电自动化应用综合故障处理

### 3.4.1 常规应用问题及处理

1. 配电自动化开关选点不合理

（1）故障现象。

配电自动化系统故障隔离停电范围大，故障恢复时间长，供电可靠性未得到有效改善，甚至部分区域无法有效得到保护。

（2）故障原因。

部分早期线路在配电自动化规划设计时对配电自动化开关的选点不合理，如分段开关安装位置未综合考虑线路结构与负荷分布情况选点，主干线路安装自动化设备过多，线路分支与分界开关安装不完善，用户分界负荷开关串联安装等。部分线路由于后期供电区域用户的发展，导致线路拓扑结构和开关分布发生重大变化，而配电自动化设备未及时增加或改造。以上情况均可能降低配电自动化动作成功率，造成故障隔离与恢复供电效果差，严重的甚至影响保护的选择性以及馈线自动化逻辑的正常运行。

（3）故障处理。

完善配网网架，梳理和优化分级保护和馈线自动化终端的布点。普通线路可按短路故障三级继电保护，长线路配置中间继电器，接地故障可按五级继电保护配置。馈线自动化主干线路分段开关原则上不超过 3 个，分支开关 1 个。对于特殊线路开展一线一案，调整配电自动化设备部署和整定。

2. 不同馈线自动化类型混用

（1）故障现象。

馈线自动化类型不同导致故障处理过程中馈线自动化逻辑出现混乱，造成配电自动化故障隔离与恢复供电失败。

（2）故障原因。

部分线路因历史原因，不同类型的馈线自动化逻辑在同一线路中交错配置，具备馈线自动化逻辑和不具备馈线自动化逻辑的开关混用，原有非自动化断路器设备未退出保护功能，但无法满足分级保护以及和馈线自动化逻辑配合的要求，造成馈线自动化逻辑的失败，影响故障处理和供电可靠性。

（3）故障处理。

原则上同一组馈线（例如同一变电站同段母线上的馈线或具有联络开关的一组馈线）仅采用一种馈线自动化类型。不同馈线自动化类型可以在分级保护的基础上实现，需要分级保护动作能够启动馈线自动化逻辑，馈线自动化逻辑也要满足与分级保护协调配合的要求。

3. 配电自动化模式与设备选型不符

（1）故障现象。

配电开关类型不支持配电自动化模式的选择，导致故障隔离或恢复供电失败。

（2）故障原因。

部分地区设备采购与应用分离、设备厂家技术支持不足，导致配电自动化模式选择与设备选型不符。例如负荷开关用于分级保护的关键节点导致无法实现分级保护，分界负荷开关设备安装于分段、分支线路等，影响配电自动化故障处理。

（3）故障处理。

建立完善、规范的配电自动化设备台账，针对与配电自动化模式不匹配的设备，结合停电计划进行更换。

4. 配电自动化系统遥控操作失败

（1）故障现象。

遥控操作失败是早期配电自动化系统常见的问题之一，严重影响故障处理或配网运行控制，甚至危及人身和设备安全。

（2）故障原因。

常见遥控失败的原因包括：开关操作机构内部控制回路损坏导致遥控操作失败；部分开关在检修或其他操作时设置为当地模式无法执行远方遥控；无线通信速度缓慢，现场产生变位但变位信号超出上送至主站的要求时间，判断为遥控失败。

（3）故障处理。

针对开关操作机构的问题，结合负荷转供及时检验和操作开关，防止机构卡涩。遥控前检查开关是否在线、当地远方遥信变位是否正确等。针对通信问题，改善通信通道延迟或优化遥控策略。

5. 配电终端或故障指示器在线率低

（1）故障现象。

配电自动化终端在线率低，影响配电自动化系统的应用效果，甚至造成无法有效处理线路故障。

（2）故障原因。

配电自动化终端或故障指示器的在线率问题是目前影响配电自动化稳定、有效运行的关键。造成配电终端或故障指示器在线率低的原因主要有三类：一是通信通道问题，包括通信通道不稳定、通信通道中断、通信数据量太大导致信息传输堵塞等；二是终端或指示器设备问题，包括设备通信模块损坏、装置运行异常等；三是设备电源问题。

（3）故障处理。

严格把控入网设备质量，选择与配电自动化模式及通信数据量匹配的通信方式，加强配电自动化运维管理，对相关问题分类梳理并解决。

6. 配电终端取电问题

（1）故障现象。

配电自动化终端或故障指示器供电电源不稳定，严重影响设备的正常运行。

（2）故障原因。

目前配电终端取电一般分为电压互感器取电、电流互感器取电、太阳能取电等，实际运行过程中，常因无法正常给终端供电造成终端无法正常运行。采用电压互感器取电方式造成取电失败的原因一般是电压互感器损坏或取电的电压互感器安装位置错误，例如单电压互感器安装在负荷侧；采用电流互感器取电方式的问题主要是部分线路整体负荷电流或者线路末端负荷电流太小，无法稳定传变；采用太阳能取电的缺点是光照不足可能导致无法获取电源。

（3）故障处理。

根据具体应用场景合理选择取电方式，例如，对于负荷较小的长线路末端，不采用电流互感器取电的方式；对于阴雨天气较多的区域尽量不采用太阳能取电。采用太阳能取电方式时，规范太阳能板的安装，避免造成遮光、方向不合理等问题。

## 3.4.2 短路故障应用问题与处理

1. 线路末端故障变电站出线保护拒动

（1）故障现象。

长线路末端发生短路故障，变电站出线断路器无法可靠动作。

（2）故障原因。

对于配网长线路发生末端短路故障时，由于线路阻抗大，短路故障电流较小，变电站出线断路器Ⅲ段保护一般按躲过线路负荷电流和冷启动电流整定，因此，线路末端故障电流可能低于保护动作定值，导致保护拒动，如图 3.4－1 所示。

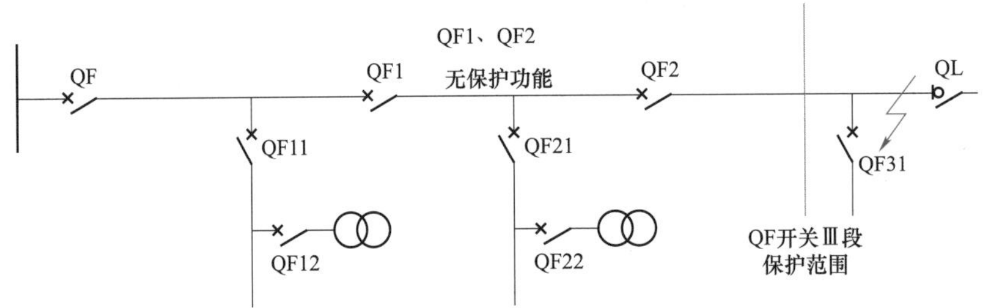


图 3.4－1　长线路末端故障无保护

（3）故障处理。

在躲过线路最大负荷电流和冷启动电流的基础上，尽量降低电流定值。若因负荷电流太大或上下级配合限制，电流定值无法降低，可在线路上安装中间断路器，配置三段式电流保护解决。

2. 线路保护与变电站出线保护无法配合

（1）故障现象。

部分线路虽然在分段开关、分支开关或分界开关配置了三段式电流保护，但是无法与变电站出线保护配合，不具备选择性。

（2）故障原因。

目前，变电站出线断路器的短路保护也采用三段式电流保护，其中，Ⅰ段保护的整定原则是保护配电线路全长，这会导致变电站出线断路器的Ⅰ段保护区过大，线路上即使配置了短路保护也无法与变电站出线保护形成有效配合。

（3）故障处理。

取消变电站出线开关Ⅰ段保护，配置Ⅱ段和Ⅲ段保护，通过时间级差与线路上的开关配合。或者提高Ⅰ段保护的定值，缩小保护区，Ⅰ段保护区外的故障，变电站出线开关Ⅱ段和Ⅲ段保护通过时间级差与线路上的开关配合。

3. 取消Ⅰ段保护近端故障带来的问题

（1）故障现象。

部分短路故障分级保护配置下，短路故障导致母线电压暂降幅度大，影响负荷供电。

（2）故障原因。

为了满足配电线路分级保护的选择性要求，部分变电站出线断路器取消Ⅰ段保护，发生母线近端故障时，短路故障依靠出线开关的Ⅱ段保护切除故障，由于母线近端故障短路电流大，故障相电压降低幅度大，采用Ⅱ段保护切除故障导致故障持续时间长，在对变压器带来冲击的同时，母线上的电压暂降时间也较长，会对一些对电压暂降敏感的负荷造成较大影响。

（3）故障处理。

不取消Ⅰ段保护，采用提高Ⅰ段保护的定值、缩小保护区的方案，或者采用电流电压联锁速断保护代替Ⅰ段保护。对于要求比较高的场合，也可以采用基于光纤或 5G 的纵联保护。

4. 分级保护线路开关越级跳闸动作

（1）故障现象。

配电线路分级保护越级跳闸严重，无法满足选择性要求。

（2）故障原因。

采用变电站出线开关、线路分段开关、分支开关、分界开关配置短路故障分级保护时，故障越级跳闸的原因和级差配合的原理有关：采用定值配合时，由于配电线路较短，不同位置故障时短路电流差异不大，不同运行方式时短路电流差异明显，导致定值整定困难，保护区存在重叠，造成上级开关越级动作；采用时间级差配合时，由于时间级差太小，或开关老化动作固有延迟时间增大，导致上级开关越级跳闸。

（3）故障处理。

优化开关部署位置，减少级差配合，或增加越级跳闸后的重合闸措施，恢复故障点上游非故障区段供电。

5. 分级保护变电站Ⅰ段保护区内故障造成线路停运

（1）故障现象。

变电站近端故障时，由变电站出口断路器Ⅰ段保护动作切除故障，造成线路停运，如图 3.4－2 所示。

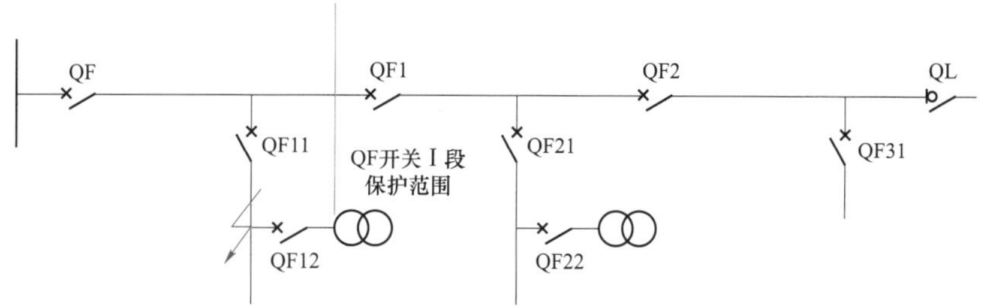


图 3.4－2　变电站出口断路器Ⅰ段保护范围内故障

（2）故障原因。

部分母线近端分支或用户侧的故障，由于位于变电站出口断路器Ⅰ段保护区内，变电站出线开关仍会跳闸，由于无法与分支开关或分界开关配合，造成线路全线停运。

（3）故障处理。

变电站Ⅰ段保护区内的分支开关和分界开关可不配置重合闸，发生在变电站Ⅰ段保护区内的分支线路故障或用户侧故障时，由变电站出线开关和分支开关、分界开关跳闸切除故障，变电站出线开关重合闸恢复主干线路的供电。

6. 短路故障时故障指示器拒动误动

（1）故障现象。

部分故障指示器在短路故障时仍会造成拒动或误动。

（2）故障原因。

线路上的故障指示器在发生短路故障时拒动或者误动的原因：一是故障指示器本身设计质量有问题；二是定值整定有问题，其中定值整定的问题主要有定值低于故障指示器下游最大负荷电流或冷启动电流导致误动和定值高于下游线路末端短路故障电流导致拒动。

（3）故障处理。

加强入网检测和到货检测，保证产品质量；提高运维管理水平，确保装置运行正常；精确计算线路和故障电流，优化整定定值。

### 3.4.3 接地故障应用问题与处理

1. 小电流接地故障检测准确率远低于小电阻系统

（1）故障现象。

配网故障处理统计中，小电流接地系统单相接地故障检测可靠性及正确动作率均低于小电阻接地系统。

（2）故障原因。

故障原因：一是小电阻接地系统常用于电缆占比较高的城市配网，相比架空线为主的小电流接地系统，小电阻接地系统发生的单相接地故障过渡电阻普遍较低，因此故障检测更容易，正确动作率会更高；二是对故障检测的准确率统计标准不同，小电流接地系统单相接地故障以零序电压越限为检测依据，甚至能够反映过渡电阻超过 5kΩ的情况，而小电阻接地系统的零序过电流保护，仅对过渡电阻低于 200Ω（以定值 30V 为例）的故障启动保护，对于真实发生的高阻故障由于保护未动作，不纳入统计，因此带来小电阻接地系统接地故障检测准确率高的假象。

（3）故障处理。

采用统一统计标准，小电流接地系统单相接地故障保护准确率将远高于小电阻接地系统，此外，对于含有架空线路的小电阻接地系统配网，应配置小电阻接地系统高阻保护。

2. 小电流接地故障配电自动化开关或故障指示器拒动和误动

（1）故障现象。

小电流接地系统中，配电自动化开关或故障指示器在界内发生单相接地故障时经常拒动，在其他线路或本线路界外的区域发生故障时经常误动。

（2）故障原因。

目前，大部分配电自动化开关或故障指示器均采用零序电流幅值法判断故障。当开关或故障指示器界内（下游）发生高阻故障时，故障电流幅值可能低于开关或故障指示器的定值造成拒动；如果开关或故障指示器界外（上游或其他线路）发生不稳定电弧故障时，可能导致开关或故障指示器检测的零序电流幅值大于定值造成开关误动。

此外，也有部分开关或故障指示器由于下游电容电流估算误差大，造成定值低于下游电容电流，造成界外故障频繁误动。

（3）故障处理。

精确估算故障指示器下游电容电流，优化门槛值设置或采用暂态方向法等不受过渡电阻和不稳定电弧影响的故障检测保护方法。

3. 小电阻接地系统高阻接地故障无法检测

（1）故障现象。

小电阻接地系统中，部分高阻接地故障无法有效检测。

（2）故障原因。

小电阻接地系统中，配电自动化终端或故障指示器一般配置零序过电流保护检测接地故障。由于零序过电流保护定值设置比较高，一般大于30A，因此，只有过渡电阻低于200Ω的接地故障能够有效检测。由于小电阻接地方式下系统零序阻抗较小，发生高阻单相接地故障时零序电压也比较低，因此，无法通过零序电压定值实现高阻故障的检测，部分混合线路中发生高阻接地故障时，无法有效检测。

（3）故障处理。

在保护定值大于检测点下游最大电容电流的前提下，尽量降低零序过电流保护定值或者采用具备小电阻接地系统高阻接地故障检测功能的设备。

4. 方向法设备判断故障方向与实际故障相反

（1）故障现象。

采用无功功率、有功功率或者暂态首半波法、暂态方向法、行波法等检测故障方向判断故障位置的分级保护或馈线自动化系统，实际运行过程中故障方向的判别结果与实际故障相反。

（2）故障原因。

采用上述检测故障方向的接地故障检测方法要求零序电压与零序电流的方向必须准确，当方向错误时，会造成界内故障拒动，界外故障误动。方向错误的主要原因：

1）一二次成套开关在安装时方向装反，如图3.4－3所示。

2）独立的电压互感器或传感器以及独立的零序电流互感器方向装反。

3）在运行过程中二次电缆的航空插头接错。

（3）故障处理。

严格按照出厂开关、互感器的标识要求安装，如果确有方向安装错误的，可以通过现场调整或者装置软件极性调整功能进行纠正。

图 3.4－3　现场开关方向安装错误案例

5. 就地型馈线自动化处理复杂接地故障失败

（1）故障现象。

采用就地型馈线自动化系统处理接地故障时，如果系统发生跨线接地故障或者继发性故障，将导致馈线自动化故障处理逻辑失败，甚至造成全线停电。

（2）故障原因。

该问题主要是由于电压时间型等馈线自动化系统采用了短路故障处理的逻辑来处理接地故障，当系统发生跨线故障或者继发性故障时，就地型馈线自动化由于无法准确判断故障位置，导致逻辑判断错误，造成故障隔离与恢复供电失败，如图 3.4－4 所示。

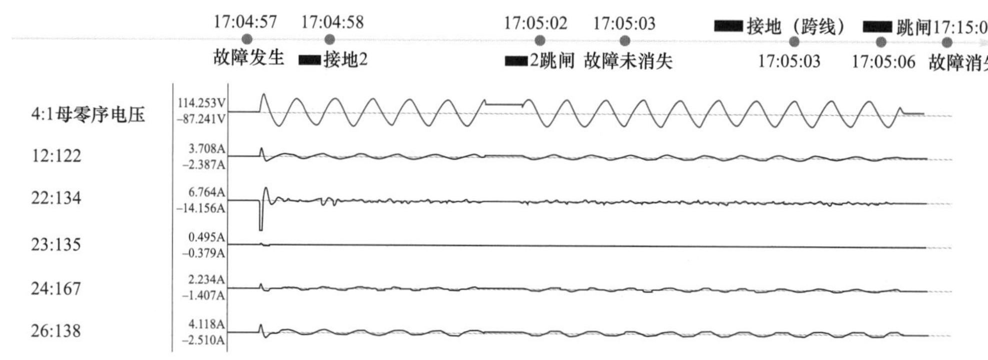


图 3.4－4　继发性故障典型案例

（3）故障处理。

采用集中型、智能分布式等能够判断故障线路和故障方向的馈线自动化原理，增加适用于检测跨线故障或继发性故障的动作逻辑或者采用具备跨线故障或继发性故障检测功能的多级暂态方向保护处理接地故障。

6. 集中型配电自动化接地故障处理效果不理想

（1）故障现象。

集中型配电自动化系统在处理短路故障或小电阻接地系统的单相接地故障时效果明显，但是在处理小电流接地系统单相接地故障时应用效果不理想。

（2）故障原因。

目前的集中型配电自动化系统主要采用暂态零序电流波形相似法或者暂态零序电流比较法来定位故障，由于线路上的配电终端或故障指示器不具备时间同步的功能，导致故障信息无法同步，对于间歇性接地故障可能导致定位失败。此外，采用故障指示器的配电自动化系统受故障指示器三相合成不同步的影响，准确率更低。

（3）故障处理。

采用具备时间同步功能终端设备或采用暂态方向法等不受时间同步影响的保护原理。

7. 外施信号法间歇性接地故障时失效

（1）故障现象。

外施信号法接地故障处理系统在发生间歇性接地故障时，故障区段定位成功率较低。

（2）故障原因。

外施信号法接地故障处理系统在检测到接地故障后，通过信号发生装置施加一个特征电流信号，特征电流流经故障线路、接地故障点和大地后返回外施信号发生装置。安装在线路上的故障指示器或配电终端检测到该电流信号后给出故障位置。由于配网接地故障中有较多的不稳定间歇性弧光故障，会导致该信号注入不连续，以及注入信号的特征不完整，配电终端或故障指示器检测出现困难，如图 3.4－5 所示。

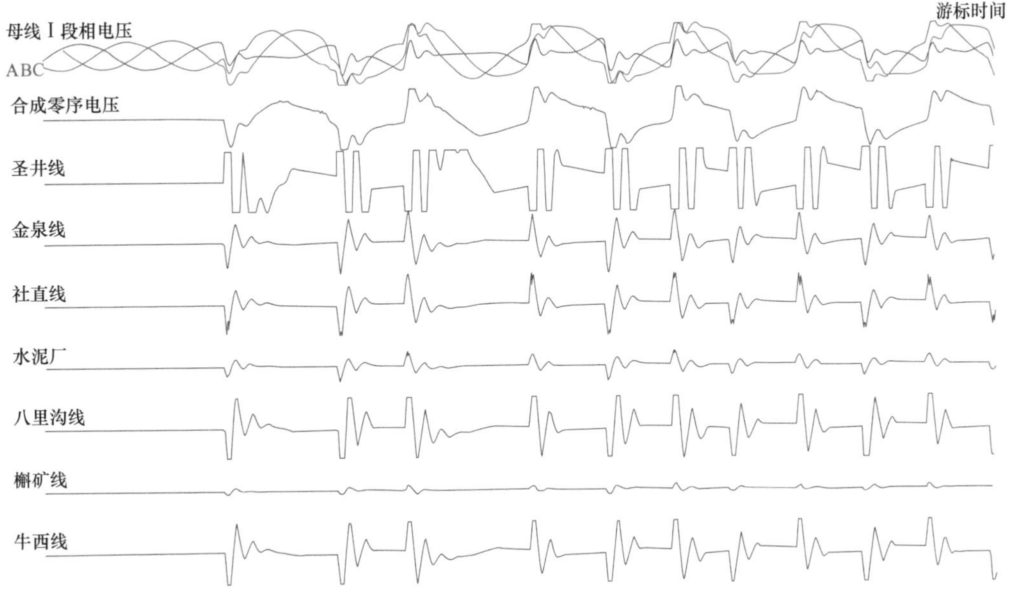


图 3.4－5　不稳定电弧故障录波

（3）故障处理。

配合使用暂态方向等原理的接地故障检测方法，在间歇性电弧故障时，暂态分量更丰富，形成互补。

8. 虚幻接地导致配电自动化处理失败

（1）故障现象。

配电自动化设备判断系统发生接地故障，但无法查找到故障点，系统参数发生变化时，接地故障自动消除。

（2）故障原因。

这类问题一般是由于电压互感器断线、铁磁谐振等虚幻接地造成零序电压升高，配电自动化设备误启动保护或馈线自动化逻辑，由于无法确认到故障位置造往往会造成故障处理失败，或在改变系统参数后谐振条件被破坏而恢复。铁磁谐振波形图如图 3.4－6 所示。

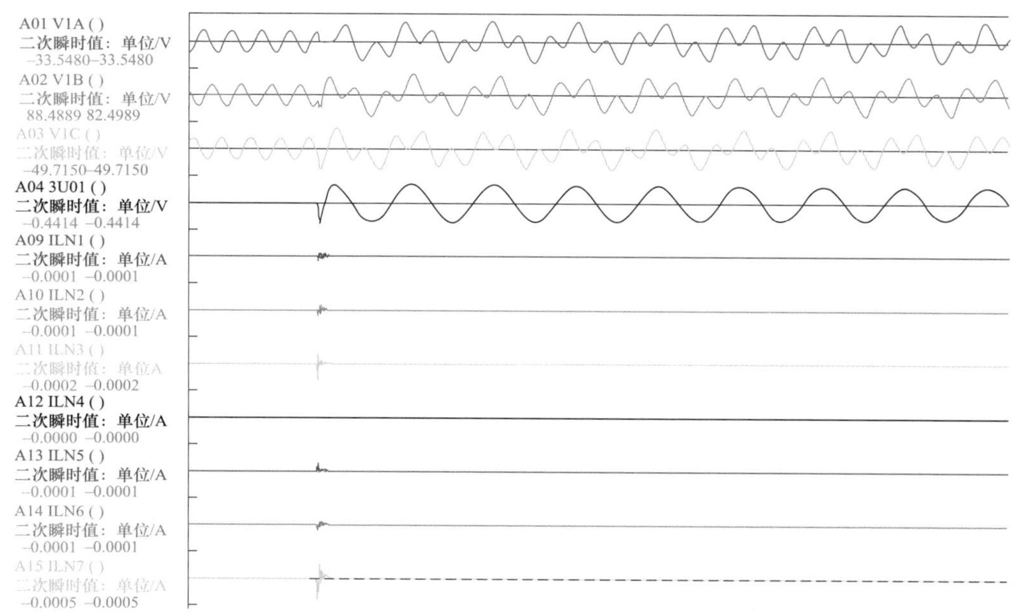


图 3.4－6　铁磁谐振波形图

（3）故障处理。

针对这类问题，需要在配网接地故障保护或馈线自动化设备中增加虚幻接地识别功能，检测到发生虚幻接地时，告警并自动闭锁保护和自动化逻辑，防止出现误动而导致供电中断。

# 第 4 章　配电自动化系统运维能力提升

## 4.1　配电自动化系统运维存在问题与能力提升举措

### 4.1.1　配电自动化系统运维存在问题

1.“三盲”问题

三盲问题是我国配电自动化系统中最为常见的问题，三盲问题在实际的工作中具体体现为工程技术人员对于配电系统高级应用的盲目追求，对于大型配电系统主站建设的盲目追求，对于“三遥率”的盲目追求。工程技术人员对这些高级应用盲目追求，缺乏对实际情况的充分考量，浪费了大量的资源，并没有解决相应的实际问题。

2. 对于遥控操作的关注度不够

在实际工作中，有很多电力工程的技术人员对于配电系统的自动化并不信任，甚至产生抵触情绪，这些都大大降低了工作效率。

3. 配电自动化运维体系的管理分工混乱

日常的配电自动化运行维护是由很多部门一起负责，由于权责不清，导致很多工作内容出现交叉，严重影响了配电自动化设备的运行效率与工作质量。

4. 专业技术人员的缺乏

高水平专业技术人员的缺失对配电系统智能化和自动化转型造成了严重的影响，很多工作人员停留在以往传统的运维体系里，很难适应新形势下的电网建设。

5. 厂家多，运维人员工作量大

在配电自动化系统的运维管理方面，有些地区的配电设备厂家很多，这些厂家对配电自动化设备的规格要求各有不同，厂家使用的控制面板和维护平台都不是统一的，这就造成配电自动化运维管理人员工作量大。这种情况在我国是普遍存在的，当前由于不同厂家自身的原因导致一些地区的运行维护工作量较大，这对配电自动化系统来说是非常难解决的问题。

6. 没有专门的运维部门

由于配电自动化系统在我国发展的时间还不长，许多地方并没有专门的配电自动化运维人员，而是仅靠所成立的配电二次运检班的少数几个人对数以千计的配电自动化设备进行运行维护管理，这对配电自动化运维管理来说显然是不利的。现在有一些配电自动化系统规模较小的单位，还能够通过工作人员的兼职来解决问题，随着配电自动化系统的规模不断增大，兼职的工作人员无法完成大量的工作内容，从而使配电自动化系统得不到良好的运维保证，最终导致整个系统出现各种各样的问题。因此，在配电自动化系统中，设立专门的运维部门是非常必要的。另外，如果在配电自动化系统管理中没有设立专门的运维部门，只是通过其他工作人员进行兼职，就不能很好地明确兼职人员在运维工作中的职责。特别是随着配电自动化系统中运维工作量的加大，如果不能明确每个运维工作人员应该履行的职责，就会使整个配电系统的运维工作陷入混乱状态，从而造成配电自动化系统的不稳定，对人们的用电造成极大的影响。

7. 运维工作人员没有专业的运维技能

我国配电自动化系统的运维技术还不够完善，能够同时掌握自动化、继电保护和配电一次设备运维技术的复合型运维工作人员还不多。大部分的运维工作人员没有受到过专门的培训，对运维技术了解不多，导致配电自动化系统出现故障时不能及时修复，甚至造成整个配电自动化系统的瘫痪。针对这种情况应该全面对运维工作的工作人员进行培训。由于配电自动化系统中涉及通信、自动化、计算机等许多专业的知识，工作人员对这些知识的运用需要做到融会贯通，因此，提高运维工作人员的技术素质是目前配电自动化运维管理工作的一大难题。

8. 主站系统功能不完善

主站系统功能不完善是我国配电自动化系统中运维工作管理的一个重要问题，主站系统是配电自动化系统的主要部分，相当于配电自动化系统中的大脑，对各个分路的分站系统有着控制作用。如果主站系统的功能不完善，就会导致配电自动化系统中的故障难以确定和排查，不能及时有效地解决配电自动化系统中出现的问题。配电自动化系统在我国还没有得到良性发展，许多地方仍然存在隐患，特别是主站系统功能方面的问题比较多。由于系统的不稳定可能会导致整个配电自动化系统在运行中出现各种各样的问题。因此，在我国配电自动化运维管理方面，完善主站系统的功能和稳定性，是解决配电自动化系统中各种问题频发的根本途径，这也是我们必须重视的问题。

9. 配电自动化前期工程建设对后期实用化应用水平影响很大

前期工程建设对后期实际应用影响最突出的是前期方案的制订和设备的选型，由于经验不足，在配电自动化建设时未重点对建设方案进行优化和调整，导致接入配电自动化系统的线路出现负载率较高、联络率低、终端安装位置不合理、负荷转供能力低等问题。

10. 终端质量把关不严

目前，“三步走”是最常见的终端验收模式，即到一批—安装一批—验收一批。该方式的优点是安装效率高，缺点是验收难度大，容易出现“带病”安装的弊端，如终端与主站的数据交互存在异常，在某一时刻终端未离线，与主站的 ping 协议正常，但终端既不响应主站的总召、对时等信息，也不向主站主动上送任何遥信、遥测信息，处于“假死”状态，不能实时正确反映断路器真实状态。

11. 图模维护工作繁杂

图形信息分为地理接线图与基于地理接线图生成的线路单线图和环网图。地理接线图与单线图由国家电网公司 PMS 系统生成，但新生成的单线图中出现设备拥挤、新旧设备重叠或者相互覆盖的情况需要人工调整，这大大增加了维护工作量。PMS 系统中经过单线图模型校验后，仍存在模型线段不连续、连接混乱无法检查的情况，当此类单线图提交至主站进行设备异动后影响馈线自动化（FA）故障定位、电源跟踪等基本功能，影响 FA 功能的应用，重复多次进行设备异动后此类问题仍然存在。

12. 缺乏统一维护的技术手段

安装多厂家、多型号的终端设备时，不同终端的服务平台或调试方法不同，各厂家技术水平参差不齐，缺乏统一管理和统一维护的技术手段。

13. 运行异常

随着配电自动化终端接入数量的不断增加，配电自动化系统主站获取的数据规模也在日益增长。由于数据的采集、传输等环节存在误差，终端设备和通道也会出现各种不正常的运行状况，因此 SCADA 系统获取的实时采样值中不可避免地存在着异常数据，这些数据存在于主站系统的数据库中，导致配电自动化系统运行异常。

### 4.1.2　配电自动化系统运维能力提升举措

1. 制定“三盲”问题的管理目标

配电自动化的建设改造过程中首要解决的就是意识方面的“三盲”问题，“三盲”问题的产生的主要原因是工程技术人员在工作中不能实事求是。要想真正解决“三盲”问题就要制定管理目标，坚持合理化的原则，完善具体方案，加强配电系统的监测力度。工程技术人员要做到结合配电自动化系统的建设成本合理优化工程的建设；在追求高级应用的过程中要坚持因地制宜的原则，根据电网建设地区的供电结构进行细致研究，从而做到合理增设配电自动化设备高级应用。除此之外，工程技术人员还应将更大时间跨度内的预测工作量与主站的建设规模相比对，保证主站的建设规模与自动化设备的工作需求相匹配，有效利用国家资源。在管理目标中设立的“三遥率”(具备遥信、遥测、遥控的终端在所有终端中所占的比率)。应作为工程技术人员的技术追求，努力提高配电自动化设备的“三遥率”。通过解决配电自动化系统运维过程中的“三盲”问题，可以帮助配电自动化系统运维管理人员更好地了解系统运行的特点，从而提升他们的工作效率和管理水平。

2. 有效推进遥控控制模式实用化

国家对于配电自动化系统的升级建设就是为了更好地提高运维管理水平，而很多技术人员对遥控处于过于谨慎的状态，这样固守传统，很难提升运维管理水平。对于配电自动化系统的运维管理工作，管理人员首先要提高对自动化设备的认知程度，充分发挥其各项优势，做到运维管理效率的最大化。在实际工作中，运维管理人员要详细了解自动化设备的运行特点，并结合配电自动化系统的整体情况，保证配电自动化装置的正确安装与运维，减少运行故障。配电系统的遥控、遥测是减少故障处理时间，减少工作人员工作量的有效途径，它能够大幅度降低运维成本，从而促进供电企业的可持续发展。配电自动化装置遥控模式的实用化是推进国家电网配电系统自动化向智能化发展的关键一步，但这个过程不是一蹴而就的，强迫技术人员适应遥控控制模式可能会适得其反，所以应该在实际工作中不断去磨合，从而推进遥控控制模式实用化。

3. 科学优化管理分工工作

如今许多工作领域都面临着多头管理、权责不清的问题，在配电自动化运维体系管理工作中也不例外。管理人员需加强配电自动化运维体系的管理分工工作，在做到权明责晰的同时加强各个单位部门之间有效的信息交流。在此基础上，各个单位应互相合作有效解决设备异常等问题，共同探索建立一套配电自动化运行设备的检修方案，提升工作的质量和效益。

4. 加强配电自动化系统人才队伍建设

配电自动化运维体系的建设与发展离不开优秀人才的支撑，这项工作需要专业人员的经验积累，同时也需要专业人员具备更高水平的知识体系和对于新兴科技的理解与应用，只有不断完善人才队伍的建设才能真正解决转型时期的阵痛。在实际工作中，工程技术人员要深入了解实际调度工作的相关内容，从提升自动化运行的效率角度进行自我调整，避免陷入对新兴技术的怀疑与畏惧之中。日常的交流学习也至关重要，经验的累积也只有通过更多形式的经验分享才能产生质的飞跃，同时也能快速带动新进人员的成长，这样整个配电自动化运维体系就能形成一个良性的循环。

5. 明确设备运维分工，提高设备终端在线率

选取典型分局试点建立相关运维机构，制定管理规范，初步提出以下构想：

（1）将配电自动化系统分为主站、通信和终端三部分，主站系统由调度部门负责，通信部分由通信部门负责，终端部分由分局运维班负责，生产设备管理部作为总牵头部门。通过竞岗及组聘方式，搭建涵盖电气工程、自动化、通信专业人员的配电自动化运维班。通过专门的配电自动化操作及运维管理培训，以及购置相应的通信及配电自动化方面的专业测试仪器，实现配电自动化系统日常运维。

（2）采用外委模式，将配电自动化通信、终端维护工作整体外委。具体有以下两种方案：方案一为委托代维公司开展日常巡视、故障查找确认及故障设备维修三项工作。但由于配电自动化设备种类多、厂家多，代维公司自行维修成本高，维修费用亦无法包含在代维费用中，所以此方案较难实现。方案二在方案一基础上扣除故障设备维修工作，仅包括日常巡视及故障查找确认工作。其中日常巡视主要为按规定开展定期巡视及缺陷检查，故障查找主要为主站发现终端掉线时进行故障查找及确认，后续维修工作转由专业部门或设备厂家处理。此方案对代维公司要求较低，外委费用较少。

（3）修订调度管理规程，调整值班制度，加强遥控操作应用。按照目前的运行规程，操作开关时需一人操作一人监护，而分局的配网监管员为单人值班，单人进行遥控操作视为违规。为推广应用遥控功能，应依据配电自动化系统功能修改相关规程，将分局配网监管员由单人值班改为2人值班，实现“双机双控”的模式（即操作时操作人员在一台工作站登录将开关编号输入，监护人员在另一台工作站登录确认），以满足相关规程要求，实现遥控操作，并确保配电网系统安全运行。

6. 配电自动化设备的统一性

由于每个厂家使用的配电自动化设备的型号、指示面板等存在差异，使得配电自动化运维工作人员的工作量增大。解决这个问题的最好办法就是在建设配电自动化系统时，在不违反相关法律法规和相关厂家的规章制度的情况下，尽量使每个厂家使用的配电自动化设备都统一型号。这样一旦某个厂家的配电自动化设备出现故障，它能及时地更换有故障的设备，而不会对其用电造成影响。同时配电自动化设备型号的统一，方便运维工作人员有针对性地

对配电自动化设备相关技能进行钻研，以便更好地进行配电自动化运维工作。例如使用国网统一标准的一二次融合设备。

7. 培养运维技术人才和外委运维相结合

由于配电自动化系统运维技术的高要求，在现有的配电自动化系统运维部门很少有掌握全面运维技能的人才。目前，在运维部门中普遍存在故障不能及时排除的问题，这对配电自动化运行是非常不利的，为此，厂家可以采取培养技术人才和委外运维相结合的方式解决这个问题。配电自动化系统涉及计算机、自动化和机械等很多方面的专业知识，而运维部门大多数的运维员工很难达到这样高的要求，因此需要运维部门建立专门的培训机制，在最短的时间内培养出相应的人才。只有这样才能及时有效地解决运维工作中出现的各种问题。另外，由于配电自动化培养全技术人才的时间跨度会比较长，所以在技术人员培养还未完成之前，需要建立外委运维机制，一旦配电自动化系统中出现故障，运维单位厂家就要在第一时间请专业人员对系统故障进行鉴定和排除，不能影响配电自动化系统的正常运行。同时，在外委运维人员进行检查和修复的过程中，也可以对运维部门的工作人员进行现场经验传授，培养他们的实战技能。

8. 开展配电自动化系统应用工作

按照“边建设、边应用”的指导思想，在进行配电自动化建设工作的同时，同步组织开展配电自动化系统应用工作。与主网调度自动化（EMS）强调电网节点全覆盖、设备全监控不同，配电自动化建设要求必须充分考虑配网设备点多面广、辐射状运行、配套设施建设难度大等特点，以及网架特点、供电可靠性要求，对配电终端的配置模式（三遥、两遥、一遥）和部署位置进行科学计算和充分论证。在前期工程建设中，以馈线自动化（FA）功能为核心对建设方案进行优化和调整，充分考虑实现故障隔离与负荷转供，提升配电自动化实用化应用效果。

9. 提高 PMS 系统运行稳定性及运行速率

减少人工生成或调整单线图的时间，并且在 PMS 系统内健全单线图模型校验或拓扑检查功能，便于进行系统内的单线图维护及设备异动流程。针对配电网调控员当前的主要用户，完善红黑图管理。

10. 合理分组

由于终端设备涉及型号多、厂家多，因此还需按照不同类型将这些终端设备进行分类（工作组），以此提升后期运维的专业化水平与便捷性。此时，还能不断积累消缺经验，并将终端设备的参数，以及安装调试等参数编入《厂站接入手册》，这样能提升运维工作的持续性和可替代性。

11. 构建长效机制

配电自动化的基础数据管理具有长期性的特征。因此，应围绕终端设备数据存在的问题，加强专项整顿，做好必要的巡视和备件管理工作，有效协调各个部门，提升实时数据的准确性。针对终端设备点多、面广、异动频繁等突出问题，制定相应的规范与操作标准，同时制定出相应的信息模型，保证信息流动的准确性与通畅性。

## 4.2 配电自动化系统终端远程维护

### 4.2.1 远程维护总体要求

（1）远程运维宜根据配电自动化主站运维模块自动监测并进行维护，就地运维采用就地运维工具进行现场维护，并通过移动运维工具与配电自动化主站进行信息实时同步，获取运维信息。

（2）远程运维和就地运维信息同步发送至配电自动化主站。

（3）根据终端数量配置运维人员、备品备件、工器具（含安全工器具）等运维资源，并对运维资源进行安全有效管理。

（4）终端运维的功能、性能参数按照 DL/T 721—2013《配电自动化远方终端》中 4.4、4.5 的规定执行，现场检测验收方法按照 DL/T 1529—2016《配电自动化终端检测规程》中的规定执行。

（5）信息安全技术要求。

1）终端运维的信息安全应满足 GB/T 36572—2018《电力监控系统网络安全防护导则》的要求。

2）远程运维和就地运维时，应对运维人员进行身份认证和权限管理。

3）就地运维工具与终端间基于数字证书体系的身份认证，对控制指令、参数修改须采取身份认证及数据完整性验证。

4）远程运维和就地运维的内容及操作应自动生成不可修改的日志记录。

### 4.2.2 远程运维要求和方法

1. 一般要求

（1）终端远程运维应通过配电自动化主站监测终端遥测、遥信、遥控、通信、终端本体、电源系统等异常状态及告警进行远程维护。

（2）终端远程运维宜采用 DL/T 634.5101、DL/T 634.5104，宜支持 https 文件传输。

（3）远程运维前，配电自动化主站对相应设备设置标识牌。

（4）远程运维后，应经验收合格方可恢复运行，配电自动化主站对相应设备清除标识牌。

（5）远程运维时，首先检查终端通信在线状态，异常时，通知运维人员就地维护。

（6）远程运维时，不应引起误出口、误闭锁/解锁。

2. 远程参数召唤与下装

根据配电网运行方式变化需求，进行远参数召唤与下装程序如下：

（1）读取终端固有参数、运行参数和动作参数，与整定参数比较，校验参数一致性。

（2）对终端软压板进行投退。

（3）切换动作参数定值区。

（4）对运行参数的动作参数进行下装，远程参数下装全部完成后，激活运行。

### 3. 程序远程升级与管理

程序远程升级与管理程序如下：

（1）读取程序版本号，校验版本号一致性。

（2）对终端单个或批量程序下载。

（3）对程序进行安装、启动运行、停止运行、卸载。

### 4. 远程数据异常监测与维护

（1）遥测数据异常监测与维护。

遥测数据异常监测与维护按以下程序进行。

1）遥测数据无效、超出量程或超出限值，维护步骤如下：

① 首先进行远程总召唤，查看终端上送数据是否正常。

② 数据仍异常时，通知运维人员就地维护。

2）电压数据异常波动、消失，数值与额定值相比偏差较大，发生低电压或过电压，维护步骤如下：

① 首先进行远程总召唤，查看终端上送数据是否正常。

③ 数据仍异常时，查看历史告警数据，检查是否有线路故障发生。

③ 召唤数据异常线路的相关故障事件、录波文件等，检查是否发生线路短路、接地故障。

④ 无线路故障发生时，通知运维人员就地维护。

3）电流数据异常波动、环网柜/开关站母线进出线电流不平衡，维护步骤如下：

① 首先校核配电自动化主站点表配置及遥测系数配置是否正确。

② 若参数配置正确，查看该线路是否发生短路、接地故障，影响电流值。

③ 线路运行正常时，分别召唤三相电流值，分析三相电流值是否合理。

④ 三相电流均不匹配时，通知运维人员就地维护。

（2）遥信数据异常监测与维护。

遥信数据异常监测与维护按以下程序进行。

1）遥信上送变位状态信息与图模开关位置状态不对应，维护步骤如下：

① 首先校核遥信点号与图模开关位置配置一致性。

② 配置无误时，远程召唤遥信 SOE 历史记录，校核变位信息。

③ 遥信历史记录正常时，通知运维人员就地维护。

2）遥信变位上送 COS 与 SOE 匹配不一致，COS 或 SOE 未完整上送，维护步骤如下：

① 远程召唤遥信 SOE 历史记录，校核 COS 和 SOE 是否匹配。

② 遥信历史记录仍异常时，通知运维人员就地维护。

3）同一遥信频繁上送分合变位信息，维护步骤如下：

① 远程召唤遥信滤波时间参数，查看参数合理性，参数不合理时，进行远程下装正常参数。

② 遥信滤波参数合理，通知运维人员就地维护。

4）遥信上送错误变位、动作信息，维护步骤如下：

① 远程召唤遥信 SOE 历史记录，校核变位信息。

② 遥信历史记录仍异常时，通知运维人员就地维护。

（3）遥控异常状态监测与维护。

遥控异常监测与维护按以下程序进行。

1）遥控选择、执行、撤销异常，无法进行遥控操作，维护步骤如下：

① 检查防误闭锁状态，确认被控开关处于非闭锁状态。

② 检查开关当前状态是否与分合闸控制指令符合，开关为合位时，可以进行分闸操作，开关为分位时，可以进行合闸操作。

③ 检查软连接片投退状态，若遥控软连接片退出时，需要将软连接片投入后再进行遥控操作。

④ 检查信息安全配置，检查主站和终端的信息安全证书和密钥是否匹配，如果不匹配，则需要重新导入证书和密钥。

⑤ 远程不能恢复时，通知运维人员就地运维。

2）遥控超时，遥控执行操作后，未返回执行成功信息或开关未按操作指令动作，维护步骤如下：

① 远程召唤遥信变位信息和 SOE 历史记录，校核开关变位信。

② 远程不能恢复时，通知运维人员就地运维。

（4）通信在线状态异常监测与维护。

通信在线状态异常监测与维护按以下程序进行。

1）终端通信在线状态退出，维护步骤如下：

① 首先应校核通信参数配置正确性：以太网通信/无线通信时，校核 IP 地址、子网掩码、网关等配置信息：串口通信时，校核串口波特率、校验方式等配置信息。

② 校核规约配置正确性：校核规约选择是否匹配，规约的通信地址、信息体地址等是否匹配。

③ 通过网络指令检查以太网通信/无线网络通信是否正常。

④ 采用无线网络通信时，远程查看信号强度、通信通道情况。

⑤ 远程不能恢复时，通知运维人员就地运维。

2）终端通信在线状态频繁投退，维护步骤如下：

① 首先应通过网络指令检查以太网通信/无线网络通信是否正常。

② 采用以太网通信时，查看网络负载是否正常。

③ 采用无线网络通信时，查看信号强度、通信通道在线情况。

⑤ 远程不能恢复时，通知运维人员就地运维。

（5）终端本体异常状态与维护。

终端自检信息异常告警，采取以下程序。

1）根据自检告警信息，校核数据状态，并进行处理。

2）采集数据正常时，告警信号进行远程复位，继续观察数据采集情况和告警信号是否再次出现。

3）远程不能恢复时，通知运维人员就地运维。

（6）电源系统异常维护。

电源系统异常监测与维护按以下程序进行。

1）电源系统交流失电告警，维护步骤如下：

① 校核线路电压数据是否正常，电压数据异常时判断为线路故障。

② 电压数据正常时，通知运维人员就地运维。

2）后备电源蓄电池电压低，维护步骤如下：

① 校核线路电压数据是否正常，电压数据异常时判断为线路故障。

② 电压数据正常时，校核电源管理模块上送蓄电池容量及内阻信息，检查蓄电池容量是否正常。

③ 远程不能恢复时，通知运维人员就地运维。

# 第5章 新 型 配 网

## 5.1 新型配电系统

1.“双碳”背景下配电系统的新特征

（1）分布式新能源和储能接入导致供电多元化。

（2）电能加速替代，用电互动化与电力市场化特征凸现。

（3）直流配电及新型电力电子装备大规模应用。

（4）数字化和智能化技术大规模推广和使用。

2.“双碳”背景下配电系统面临的主要挑战

新特征下，配电系统主要面临以下三个方面的问题：

（1）静态问题，即由于分布式电源与电动汽车等负荷不确定性引发的经济调度与运行问题。

（2）动态问题，即由于电力电子装备低惯性特征与复杂的动态相互作用引发的稳定及电能质量恶化问题。

（3）管理问题，即大量非电网资产管理与调控问题。

针对上述问题，应着重解决：

（1）电力电量平衡问题：源荷不确定性导致峰谷差增大、网损增加、资产利用率降低。

（2）动态稳定问题：电力电子装备规模化接入、微电网（群）大量形成，稳定特征复杂、电能质量恶化。

（3）数据资产管理问题：数据和多业务形态融合、信息安全保障。

3. 新型配网形态格局

“双碳”目标下，配电系统源、网、荷及管理等方面都发生显著变化，面临一系列全新问题，将呈现新的形态格局，如图 5.1－1 所示。

（1）分布式可再生能源成为配网重要甚至主力供电电源，多层级微网（群）互动灵活运行成为重要运行方式。

（2）负荷将不再只是被动受电，配网运行模式也将从“源随荷动”变为“源荷互动”，柔性负荷深度调节参与源荷互动。

（3）基于电力电子的配电设备灵活调节电力潮流，提高配电网络的灵活性，全面提升配网运行水平。

（4）数字赋能，实现系统全景状态可观、可测、可控，提升配网管理水平及能源利用效率。

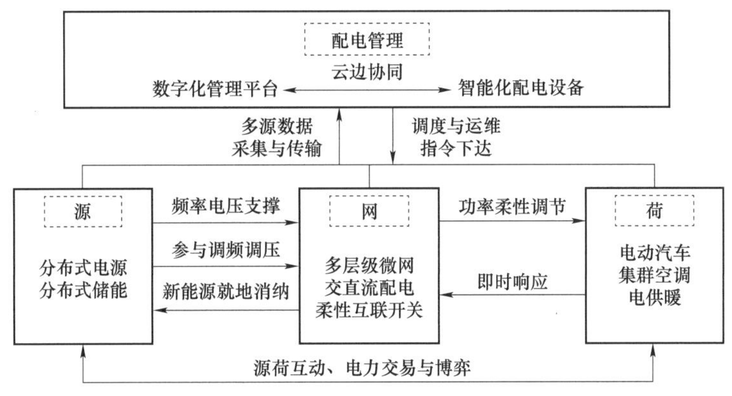


图 5.1－1　新型配电系统形态

## 5.2　智能配电应用

当前，数字技术开始广泛融入配电网领域，但尚未全面打通、深度融合，导致数字化应用场景总体规模不大、种类不够丰富、赋能价值较小，主要集中在配电装（设）备局部硬件领域。未来，随着“云大物移智链”技术与智能配网加速深度融合，以“数据＋模型＋算法＋计算能力＋软件定义”为核心驱动力的智能配电物联网生态系统建设全面铺开，智能应用场景将加速丰富深化，对行业发展的牵引效应与乘数效应将日益凸显，有望成为配电物联网行业探索新技术、孵化新模式、打造新产品与催生新业态的“试验田”与“体验地”，有力支撑智能配电物联网行业全要素、全业务、全流程数字化转型。

1. 生产流程类智能应用场景

此类场景主要面向配电现场的生产过程优化，平台通过强化一二次融合柱上开关、环网柜、变压器等主要装备数字化水平，建立覆盖 5G、宽带载波、低功率广域无线接入的全域互联网络通信能力，提升配网隔离自愈、感知监控、过程跟踪等功能自动化水平，强化智能网关、微传感、无人机等终端设备应用，同时结合设备历史数据和实时运行数据，构建配网数字孪生系统，实现配网设备运维智能感知、设备生产线能耗管理智能优化、质量管理智能高效与工艺流程自动优化。

2. 决策管理类智能应用场景

借助智能配电物联网生态系统，可打通配网设备资产数据、现场作业数据、电网运行数据、企业管理数据和产业供应链数据，有效针对市场变化做出快速智能决策，实现企业管理更加现代化，其具体智能应用场景主要体现在三个方面：

（1）配网抢修指挥场景方面，基于平台数字化指挥调度云仓，通过配电房/台区运行监测、负荷实时监测、电能质量异常监测、巡视巡检作业过程可视化、故障抢修资源可视化等，实现故障事件主动智能预警、抢修决策报告自动生成、抢修资源快速统筹调配、指挥抢修全过程跟踪管控。

（2）供应链管理场景方面，智能配电物联网生态系统可实时采集和汇聚设备运行数据、工艺参数、质量检测数据、物资库存数据、物资消耗数据和进度管理数据，通过大数据、云计算、人工智能等数字技术分析与处理，可智能精准匹配供需资源、协同优化供应链流程、畅通产业链内外循环，实现供应链零库存管理，维护供应链安全稳定。

（3）风险管控场景方面，平台结合工作票、AI 视频识别、作业类别、作业环境、作业时长等因素，通过智能风险评估与自动风险管控，实现对现场作业人员及时安全风险预警与远程精准风险管控。

3. 资源配置类智能应用场景

智能配电物联网生态系统集成各类设备、系统、业务等数据，可对特定场景进行深度数据分析挖掘，自动优化设备或设计、生产、经营等具体环节，同时打通产业链要素，提升上下游企业协同和资源整合配置能力，拓展创新型应用发展空间。

在资产管理服务场景，基于设备健康及运行状况动态参数的数字化以及反映设备结构性能方面的静态参数（包括 3D 可视化），平台通过大数据、云计算和人工智能技术深度分析优化，实现降低设备运维成本，提高资产使用效率。例如，海尔依托 COSMOPlat 平台通过打通需求搜集、产品订单、原料供应、产品设计、生产组装和智能分析等环节，打造了适应大规模个性定制、全过程订单追踪模式的生产系统，形成 6000 多种个性化定制方案。

## 5.3 新型配网技术

结合目前新型配电系统面临的关键问题及关键技术的发展现状，需重点关注下列技术。

1. 分布式电源与微电网技术

（1）研究分布式新能源发电、储能的构网技术，实现新能源与储能独立组网运行。

剖析电网的本质，厘清构建电网对新能源发电和储能运行的根本要求。研究多时间尺度构网控制技术，包括：具备构网能力的新能源与储能的协调控制，研制相应的新能源和储能并网装备；研究电网频率和电压与新能源和储能装备的深层联系，提出频率和电压建立与调节方法；研究新能源发电与储能集群控制技术，研制地区、变电站、馈线以及场站多层级能量管理系统，使得新能源发电与储能有序构网运行；研究新型配电系统的稳定机理、失稳特征与稳定问题分类等。

（2）研究软件定义配电网和微电网，实现多层级微网（群）互动运行与网架灵活控制技术。

配电网络架构和边界条件相对固定，严重制约了微电网（群）重构的灵活性与供电恢复弹性。软件定义理论为解决上述问题提供了思路。通过探索软件定义配电网和微电网整体架构、原理与技术、应用功能定义与应用场景，充分考虑区域分布式能源和灵活性负荷资源的种类和分散性，研究基于软件定义平台的微电网孤岛划分策略、孤岛检测技术、自适应重构策略及并网恢复策略，使微电网服务、控制与硬件分离，可解决传统微电网（群）基于确定性源网荷约束的集中控制策略的灵活性不足和实时性差的问题，实现微电网不同模式平滑切换的灵活可恢复与安全稳定经济运行。

2. 源荷互动技术

（1）发展全方位电力市场机制，提高电力用户主动参与源荷互动的积极性。

研究与新型配电系统契合的电力市场机制，丰富电价形成机制，还原电力商品属性；制订分时、分区及响应形态的源荷互动市场机制，利用市场手段撬动用户主动参与的积极性。

（2）发展高性能分布式储能及源网荷储深度互动技术，解决峰谷差、设备利用率低等静态问题。

大容量、安全、稳定、经济、高效、响应迅速的分布式储能装置是平抑配电系统峰谷差的关键设备。另外，还需要研究结合分布式电源、储能、可控负荷、柔性联络开关等一切可调资源的源网荷储深度互动技术，以提升系统调峰能力。其中，计及互动过程中各种不确定性因素的优化调度技术以及基于发电曲线跟踪的负荷主动响应机制是实现源网荷储深度互动的核心手段。

3. 直流配电技术

（1）发展紧凑型经济型直流配电设备与交直流混合微电网群协同控制技术，提升新能源渗透率及运行经济性。

（2）发展典型应用场景的定制化直流配用电供电模式，充分发掘直流配电优势。

4. 数字赋能技术

（1）发展一、二次融合智能化装备与多源数据融合及处理技术在配电系统中的应用，实现系统全景状态感知，提升运行管理水平。

（2）发展数字孪生、配电物联平台等技术在新型配电网中的应用。

## 5.4　配电自动化技术

为了实现我国“碳达峰、碳中和”的重要目标，有源配电网建设将作为智能配电网的发展的一个新阶段，对先进配电自动化建设提出了新的建设要求。

（1）面对各种形式的 DG、储能、电动汽车充换电设施和可调节负荷的接入，配网调度与控制需要充分考虑多主体资源的灵活互动，提升电网弹性和韧性。

（2）面临主配网业务应用依赖程度越来越高的运行现状，实现基于调配一体化分析计算架构的主配网高级应用协同运行。

（3）抓住无线网络、物联网等新型数字基础设施建设的机遇，构建“全息感知、无人监视、业务定制”的配网运行状态管控体系，实现管控模式从“人工”到“智能”的转变。

（4）将电力业务与互联网技术深度融合应用，推进配网数字化服务建设。分布式电源交易方面。随着国民经济的发展和电力需求的增长，分布式能源成为能源市场的重要组成部分，在增量配售电市场放开、万余家售电公司参与竞争的格局下，分布式能源是电力市场化交易发展的趋势，推动清洁能源的就近消纳对能源结构发展有着历史性的意义。区块链技术具有去中心化、账本公开透明和可追溯的优势，与分布式能源无中心的特点相契合，因此区块链技术适用于解决分布式能源交易数据量繁多、无信任中心的问题。基于 Hyperledger

Fabric 的区块链联盟链，以超级账本的形式将其应用在分布式能源交易当中，设计交易匹配机制和信誉积分制度，实现一种新的分布式能源交易平台。综合双边拍卖机制及市场供求关系双向撮合交易，并将交易消息盖上时间戳上链进行全网公示，使整个交易无须信任中心便可透明、安全、全自动化运行。同时引入信誉积分制度，对用户的交易执行情况做出监管，以便有利于约束平台用户的诚信交易。

人工智能方面。配网运行管控机器人能够对能源互联网运行态势自动准确感知、事件自动智能处置、无感式人机交互。构建对电网运行的自动巡视，开展双向供电路径分析，建设用户供电路径专题图自动生成、供电用户集自动分析、负荷转供策略自动生成、电网风险预警实时播报、低频减载/拉路序位列表智能修编等智能应用，实现事故态下电网智能决策辅助处置，正常态下趋势预警以及计划检修操作自动提示辅助功能，实现中低压配网调度运行的智能化，支撑公司实现快速完成向绿色低碳、智能可控、供需互动的能源互联网建设方向的转化。

# 附录A 应急演练模板

**一、演练工作组织**

（一）统筹指挥组

组 长：

××× 职务

副组长：

××× 职务

……

成 员：

××× 职务

主要职责：根据此次网络安全攻防演练工作安排，指挥协调、统筹整体网络安全演练工作，下达重要操作指令。

（二）攻防演练组

组 长：

××× 职务（一般由网络安全主管部门主任担任）

成 员：

××× 职务（由网络安全监控相关专业人员担任）

主要职责：根据网络安全攻防演练工作安排，负责编制网络安全攻防演练脚本方案，开展配电自动化主站系统的网络安全专项攻击，并针对本次网络攻防演练发现的问题，进行梳理后汇编形成报告。

（三）监测处置组

××× 职务

……

主要为各配电自动化相关负责人员和配网调控监控人员。

主要职责：负责信息安全系统监视工作，发现并识别网络攻击，并发布攻击预警，采取相应的应急处置预案，上报统筹指挥组。负责指导主站系统关停及恢复工作，并及时修补业务系统漏洞，完成系统的正常恢复。负责牵头开展网络安全事件总结和分析工作。

**二、演练阶段安排**

（一）自查备战阶段

1. 开展演练专项行动筹备工作

2. 开展网络安全信息自查工作

（二）攻防演练阶段

（三）复盘总结阶段

**三、工作保障要求**

针对性地对网络安全，信息安全等各方面进行保障要求教育，按照各公司要求进行编写。

**四、演练考核评价**

针对演练过程中暴露的问题和对演练开展过程进行综合评价。

**五、演练联系方式**

××× 职务 联系方式

……

# 附录 B　配电自动化终端巡视作业指导书模板

## 配电自动化终端巡视作业指导书

编号：

### 一、基本信息

<table>
<tr><td>巡视班组</td><td></td><td>巡视开始时间</td><td></td><td>巡视结束时间</td><td></td></tr>
<tr><td>巡视任务</td><td colspan="5"></td></tr>
<tr><td>巡视地点</td><td colspan="5"></td></tr>
<tr><td>工作负责人</td><td></td><td rowspan="2">工作人员</td><td colspan="3" rowspan="2"></td></tr>
<tr><td>班长确认</td><td></td></tr>
<tr><td>所属线路</td><td></td><td>所属开关站</td><td></td><td>所属屏柜</td><td></td></tr>
<tr><td>终端名称</td><td></td><td>终端型号</td><td></td><td>终端类型</td><td></td></tr>
<tr><td>电压等级</td><td></td><td>电压互感器变比</td><td></td><td>电力互感器变比</td><td></td></tr>
<tr><td>出厂编号</td><td></td><td>出厂日期</td><td></td><td>投运日期</td><td></td></tr>
</table>

### 二、巡视前的准备工作

| 序号 | 准备项目 | 内容 | 工作负责人确认 |
|---|---|---|---|
| 1 | 仪表、工具类 | 专用测试笔记本电脑、相机、安全工器具等，检查仪器仪表是否外观完好并在有效期内 | 确认（　　） |
| 2 | 图纸、资料类 | 现场一次设备图纸（在运，停运、备用），信息表、说明书等 | 确认（　　） |
| 3 | 核对上次巡视记录 | 核对被巡视终端的故障记录和相关的巡视作业指导书，比对后，找出本次巡视重点 | 确认（　　） |

### 三、巡视危险点

| 序号 | 危险点名称 | 危险点控制措施 | 工作负责人确认 |
|---|---|---|---|
| 1 | 误入间隔，触电伤亡 | 进入巡视现场首先核对终端名称和编号 | 确认（　　） |
| 2 | 误碰误动，引起运行设备误动 | 对运行中的设备禁止触碰，并设专人监护 | 确认（　　） |
| 3 | 与带电设备安全距离不够 | 与带电的线路或者设备保持安全距离 | 确认（　　） |

## 四、巡视内容

| 序号 | 巡视内容 | 巡视标准 | 巡视结果 |
|---|---|---|---|
| 1 | 屏柜外观、铭牌、标识检查 | 屏柜的外观、铭牌整洁，标识正确，字迹清晰 | 确认（　　） |
| 2 | 屏柜门检查 | 屏柜门完好、密封，有防小动物措施 | 确认（　　） |
| 3 | 终端有无故障响动 | 无不正常的声音 | 确认（　　） |
| 4 | 远方、就地位置检查 | 远方就地位置与实际运行状态相符 | 确认（　　） |
| 5 | 控制压板检查 | 控制压板投退状态与实际运行状态相符 | 确认（　　） |
| 6 | 电源、操作开关检查 | 电源、操作开关与实际运行状态相符 | 确认（　　） |
| 7 | 装置指示灯检查 | 终端装置各种指示灯正常 | 确认（　　） |
| 8 | 通信模块指示灯检查 | 通信模块指示灯正常 | 确认（　　） |
| 9 | 开关位置检查 | 开关位置指示灯、主站状态、现场开关位置一致 | 确认（　　） |
| 10 | 蓄电池外观 | 蓄电池外观无鼓胀、漏液、变形 | 确认（　　） |
| 11 | 对时系统检查 | 各个设备时间一致 | 确认（　　） |
| 12 | 终端装置设备清扫 | 清洁、无积尘 | 确认（　　） |

## 五、巡视结论

| 序号 | 项目 | 内容 | 结果 |
|---|---|---|---|
| 1 | 结论 | 是否正常 | 正常（　　） |
| 2 | 发现问题 | | 确认（　　） |
| 3 | 处理结果 | | 确认（　　） |
| 4 | 备注 | | |

## 六、填写要求

确认结果正常则填写“√”，故障则填写“×”，无需执行则填写“○”。

# 参　考　文　献


［1］徐丙垠，薛永端，冯光，王超. 配电网接地故障保护若干问题的探讨［J］. 电力系统自动化. 2019（20）.

［2］薛永端，徐丙垠，冯祖仁，等. 小电流接地故障暂态方向保护原理研究［J］. 中国电机工程学报，2003，23（7）：51－56.

［3］薛永端，徐丙垠，李天友，等. 配网自动化系统小电流接地故障暂态定位技术［J］. 电力自动化设备，2013，33（12）：27－32.

［4］王超，张海台，胡安锋，等. 小电流接地故障暂态定位技术应用［J］. 供用电，2015，32（9）：50－55.

［5］赵鹏，董旭柱. 中国智能配电与物联网行业发展报告 2021［M］. 北京：电子工业出版社，2022.

［6］董旭柱. 新型配电系统形态特征与技术展望［J］. 高电压技术，2021（9）.

［7］黄旭. 配电自动化系统运维管理现状及改进措施［J］. 电力设备，2017（12）.